变电运行与变电维修

主　编　吕守国　陈培峰　姜建平
副主编　冯玉柱　王安山　乔耀华　孔祥翠
　　　　王彦博　菅有为　董祥宁　张振华
　　　　陈仁刚　惠　杰　杨晓滨　贾明亮
　　　　周　洋　冯迎春　蔡俊鹏　崔　勇

延边大学出版社

图书在版编目（CIP）数据

变电运行与变电维修 / 吕守国，陈培峰，姜建平主编. —延吉：延边大学出版社，2018.10
ISBN 978-7-5688-6233-2

Ⅰ. ①变… Ⅱ. ①吕… ②陈… ③姜… Ⅲ. ①变电所—电力系统运行②变电所—检修 Ⅳ. ①TM63

中国版本图书馆 CIP 数据核字（2018）第 251414 号

变电运行与变电维修

主编：吕守国　陈培峰　姜建平
责任编辑：沈晓娟
封面设计：聚华传媒
出版发行：延边大学出版社
社址：吉林省延吉市公园路 977 号　　邮编：133002
网址：http://www.ybcbs.com
E-mail：ydcbs@ydcbs.com
电话：0433-2732435　　　　　　　传真：0433-2732434
发行部电话：0433-2732442　　　　传真：0433-2733056
印刷：济南柯奥数码印刷有限公司
开本：787×1092 毫米　　1/16
印张：22.25　　　　　　　　　　字数：300 千字
版次：2019 年 6 月第 1 版
印次：2019 年 6 月第 1 次印刷

ISBN 978-7-5688-6233-2
定价：88.00 元

前 言

随着我国国民经济的飞速发展,工农业生产和人民生活用电与日俱增,为满足生产、生活用电的需要,变配电所等电力设施相继投运。为了适应这一新形势的发展,必须进一步贯彻国家电网公司"安全第一、预防为主"的安全生产方针,努力提高变电运行人员的技术素质和管理水平,用好电、管好电,保证电气设备长期安全经济运行,防止各类事故的发生。

本书由吕守国,陈培峰,姜建平编写,内容主要包括变电运行基础知识、设备巡视,倒闸操作,电气一次设备运行,电气一次设备异常运行及其处理,继电保护及自动化装置运行、检查与异常处理,变电站综合自动化装置运行及事故处理,站用电运行及异常处理,变电站事故处理,电气设备验收。本书以岗位实用为主,图文并茂,内容丰富,充分体现了理论和实际相结合,在编写的过程中做到有针对性、可操作性和最大限度地保证其实用性,在内容结构上体现了新技术、新设备、新工艺和新方法。

在编写过程中,笔者参阅了大量的相关专著及论文等,在此对相关文献的作者,表示感谢。由于编写水平有限,书中难免存在不妥之处,敬请各位专家、读者批评指正。

目 录

第一章 变电运行基础知识 …………………………………………… 1
    第一节 变电运行概述 ………………………………………… 1
    第二节 变电站的管理制度 …………………………………… 11

第二章 设备巡视 ……………………………………………………… 56
    第一节 巡视规定 ……………………………………………… 56
    第二节 巡视项目 ……………………………………………… 60

第三章 倒闸操作 ……………………………………………………… 89
    第一节 倒闸操作基本知识 …………………………………… 89
    第二节 变电站倒闸操作 ……………………………………… 100

第四章 电气一次设备运行 …………………………………………… 120
    第一节 变压器 ………………………………………………… 120
    第二节 高压断路器 …………………………………………… 131
    第三节 高压隔离开关 ………………………………………… 135
    第四节 互感器 ………………………………………………… 137
    第五节 电力电容器、电抗器 ………………………………… 140
    第六节 母线、避雷器及消弧线圈 …………………………… 145
    第七节 高压电力电缆 ………………………………………… 150
    第八节 高压开关柜、GIS 设备 ……………………………… 151

第五章 电气一次设备异常运行及其处理 …………………………… 161
    第一节 变压器 ………………………………………………… 161

  第二节 高压断路器 ·· 170

  第三节 高压隔离开关 ·· 172

  第四节 互感器 ·· 175

  第五节 高压断路器、高压隔离开关操作机构 ······························ 177

  第六节 电力电容器、电抗器、母线 ······································ 180

  第七节 防雷设施 ·· 182

  第八节 电力电缆 ·· 184

  第九节 小电流接地系统单相接地的分析处理 ······························ 185

第六章 继电保护及自动化装置运行、检查与异常处理 ···························· 187

  第一节 线路继电保护 ·· 187

  第二节 主变压器继电保护 ·· 206

  第三节 母线继电保护 ·· 216

  第四节 失灵保护与保护拒动 ·· 230

  第五节 备用电源自动投入装置 ·· 238

  第六节 低压低频减载 ·· 246

  第七节 故障录波 ·· 252

第七章 变电站综合自动化装置运行及事故处理 ································ 264

  第一节 变电站综合自动化系统构成 ···································· 264

  第二节 巡视、操作、运行注意事项 ···································· 276

  第三节 异常处理 ·· 286

第八章 站用电运行及异常处理 ·· 298

  第一节 站用电系统 ·· 298

  第二节 直流系统 ·· 304

第十章 电气设备验收 ·· 313

  第一节 验收的规定 ·· 313

  第二节 新设备验收 ·· 315

  第三节 设备检修后验收 ·· 330

参考文献 ··· 345

第一章 变电运行基础知识

第一节 变电运行概述

一、电力系统和变电站简述

（一）电力系统

世界上大部分国家的动力资源和电力负荷中心分布是不一致的。例如，水力资源都是集中在江河流域水位落差较大的地方，燃料资源集中在煤、石油、天然气的矿区。而大电力负荷中心则多集中在工业区和大城市，因而发电厂与负荷中心往往相隔很远的距离，从而发生了电能输送的问题。水电只能通过高压输电线路把电能送到用户地区才能得到充分利用。火电厂虽然能通过燃料运输在用电地区建设电厂，但随着机组容量的扩大，运输燃料常常不如输电经济。于是就出现了所谓的坑口电厂，即把火电厂建在矿区。为降低输电线路的电能损耗，发电厂的电能经过升压变压器再经输电线路传输，经高压输电线路送到距用户较近的降压变电所，经降压分配给用户，即形成了电力系统。电力系统的模型如图 1-1 所示。

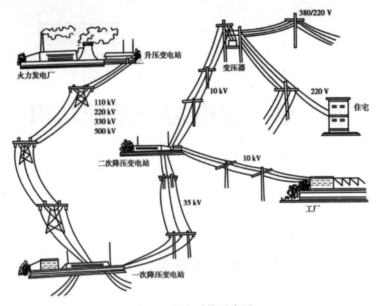

图 1-1 电力系统示意图

随着高压输电技术的发展，在地理上相隔一定距离的发电厂为了安全、经济、可靠供电，需将孤立运行的发电厂用电力线路连接起来。首先在一个地区内互相连接，再发展到地区与地区之间互相连接，这就组成统一的电力系统。

因此，把由发电、输电、变电、配电、用电设备及相应的辅助系统组成的电能生产、输送、分配、使用的统一整体，称为电力系统。把由输电、变电、配电设备及相应的辅助系统组成的联系发电与用电的统一整体，称为电力网。通常把发电企业的动力设施、设备和发电、输电、变电、配电、用电设备及相应的辅助系统组成的统一整体，称为动力系统。三者关系如图 1-2 所示。

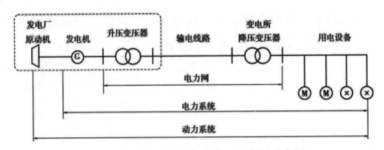

图 1-2 动力系统、电力系统和电力网示意图

我国电网经历了省级电网、区域电网、区域电网互联并初步形成全国互联电网三个阶段。随着用电量不断增长，大型水电、火电和核电等的建设，地区间电源与负荷的不平衡以及经济调度的需要，必须加快电网建设、扩大电网规模，电网电压等级也随之逐步提高，从最初较低的 6～10kV 经历 35、110（66）kV 和 220kV，发展到超高压的 330kV、500kV 和 750kV，直至目前的交流 1000kV、直流±800kV 特高压。变电站也实现了从多人值守—少人值守—无人值守，智能电网的建设，对运行人员提出了更高的要求。

我国目前发展的智能电网，是以坚强网架为基础，以信息通信平台为支撑，以智能控制为手段，实现"电力流、信息流、业务流"的高度一体化融合。智能的基本特征是能够实现信息化、数字化、自动化和互动化。目前，我国大电网安全运行控制能力和调度技术装备水平居于国际领先地位；形成了以光纤通信为主，微波、载波等多种通信方式并存的通信网络格局，以 SG186 工程为代表的国家电网信息系统建设取得阶段性成果。

未来电网将朝着以交流特高压为骨干网架、各级电网协调发展、强交强直、智能化的方向发展。

随着自动化程度的提高，现代大电网呈现出以下特点：①主网架电压等级越来越高；②各电网之间联系较强；③电压等级简化和供电电压提高；④具有足够的调峰、调频、调压容量，能实现自动发电控制（AGC）；⑤具有较高的供电可靠性；⑥具有相应的安全稳定控制系统；⑦具有高度自动化的监控系统和电量自动计量系统；⑧具有高度现代化的通信系统；⑨具有适应电力市场运营的技术支持系统；⑩有利于各种能源的合理利用；⑪具有高素质的职工队伍。

（二）变电站的作用和分类

变电站是电力系统中变换电压、接受和分配电能、控制电力的流向和调整电压的电力设施，它通过其变压器将各级电压的电网联系起来，在电力系统中，变电站是输电和配电的集结点。变电站的分类如下所述。

1. 按照变电站在电力系统中的地位和作用划分

（1）系统枢纽变电站。枢纽变电站位于电力系统的枢纽点，它的电压等级通常是系统最高输电电压，目前电压等级有 220、330、500kV 和 1000kV，枢纽变电站连成环网,全站停电后,将引起系统解列,甚至整个系统瘫痪,因此对枢纽变电站的可靠性要求较高。枢纽变电站的主变压器容量大,供电范围广。

(2) 地区一次变电站。地区一次变电站位于地区网络的枢纽点,是与输电主网相连的地区受电端变电站,任务是直接从主网受电,向本供电区域供电。全站停电后,可引起地区电网瓦解,影响整个区域供电。地区一次变电站的主变压器容量较大,出线回路数较多,对供电的可靠性要求也比较高。

(3) 地区二次变电站。地区二次变电站由地区一次变电站受电,直接向本地区负荷供电,供电范围小,主变压器的容量与台数根据电力负荷而定。全站停电后,只有本地区中断供电。

(4) 终端变电站。终端变电站在输电线路终端,接近负荷点,经降压后直接向用户供电,全站停电后,只是终端用户停电。

2. 按照变电站安装位置划分

(1) 室外变电站。室外变电站除控制、直流电源等设备放在室内,变压器、断路器、隔离开关等主要设备均布置在室外。这种变电站建筑面积小,建设费用低,电压等级较高的变电站一般采用室外布置。

(2) 室内变电站。室内变电站的主要设备均放在室内,减少了总占地面积,但建筑费用较高,适宜市区居民密集地区,或位于海岸、盐湖、化工厂及其他空气污秽等级较高的地区。

(3) 地下变电站。在人口和工业高度集中的大城市,由于城市用电量大,建筑物密集,将变电站设置在城市大建筑物、道路、公园的地下,可以减少占地面积,尤其随着城市电网改造的发展,位于城区的变电站乃至大型枢纽变电站将更多地采用地下变电站。这种变电站多数为无人值班变电站。

3. 按照值班方式划分

(1) 有人值班变电站。大容量、重要的变电站大都采用有人值班变电站。

(2) 无人值班变电站。无人值班变电站的测量监视与控制操作都由调度中心进行遥测、遥控,变电站内不设值班人员。

4. 根据变压器的使用功能划分

(1) 升压变电站。升压变电站是把低电压变为高电压的变电站,例如在发电厂需要将发电机出口电压升高至系统电压，就是升压变电站。

（2）降压变电站。与升压变电站相反，降压变电站是把高电压变为低电压的变电站。在电力系统中，大多数的变电站是降压变电站。

（三）集控站

集控站是电网运行的重要部分。集控站系统建立在调度系统与变电站之间，对多个无人值班变电站进行集中监视和控制；它在局部电网的层次上，对所辖变电站进行更高层次的综合控制和管理。除远程 SCADA 功能外，它能利用集中起来的各种细节信息进行决策、分析、处理，擅长处理细节问题，是地区调度自动化系统的前级智能信息处理节点。

随着技术的进步和人员素质的提升，集控站运行模式将向调控一体化方向发展。所谓"调控一体化"，即采取电网调度监控中心和运维操作站的管理模式，电网调度与变电监控一体化设置。调度监控中心主要承担电网调度、变电站监控及遥控操作等职责；运维操作站主要负责调度指令的分解、变电站倒闸操作、运行巡视等站内工作，两者各司其职又紧密配合。

（四）电磁环网的基本概念及特点

两条或两条以上不同电压等级的输电线路，通过变压器的磁回路或电与磁的回路连接而构成的环网，叫作电磁环网。

电磁环网对电网运行主要有以下弊端：

（1）易造成系统热稳定破坏。如果在主要的受端负荷中心，用高低压电磁环网供电而又带重负荷时，当高一级电压线路断开后，所有原来带的全部负荷将通过低一级电压线路（虽然可能不止一回）送出，容易出现超过导线热稳定电流的问题。

（2）易造成系统动稳定破坏。正常情况下，两侧系统间的联络阻抗将略小于高压线路的阻抗。而一旦高压线路因故障断开，系统间的联络阻抗将突然显著地增大（突变为两端变压器阻抗与低压线路阻抗之和，而线路阻抗的标幺值又与运行电压的平方成正比），因而极易超过该联络线的暂态稳定极限，可能发生系统振荡。

（3）不利于经济运行。电磁环网的两个电压等级线路的自然功率值相差极大，同时电压高的线路的电阻值也远小于电压低的线路的电阻值。在环网运行情况下,许多系统的潮流分配难于达到最经济。

(4) 需要装设高压线路因故障停运后联锁切机、切负荷等安全自动装置。实践说明,安全自动装置本身拒动、误动将影响电网的安全运行。

一般情况中,往往在高一级电压线路投入运行初期,由于高一级电压网络尚未形成或网络尚不坚强,需要保证输电能力或为保重要负荷而又不得不电磁环网运行。随着网络的逐渐坚强,电网将逐渐实行解环运行。

二、变电运行基本要求

电能在生产、输送、分配、使用各环节中是依靠电力系统中的电气设备及输配电线路来完成的,电气设备及线路是完成电能的生产、输送、分配和使用的执行者,而电业人员是操作电气设备及线路的执行者。因此,电气设备与输配电线路的健康状况及电业人员的素质高低,是电能在生产、输送、分配、使用过程中能否顺利进行的根本保证。

在变电站中从事运行工作的电业人员,常称为变电运行工作者或运行值班人员。所谓变电运行,就是变电运行值班人员对电能的输送、分配和使用过程中的电气设备所进行的监视、控制、操作与调节。

变电运行的基本要求是安全性和经济性。

(一) 变电运行的安全性

变电运行的安全性是从设备安全和人身安全两个角度考虑的。电气设备及输配电线路是完成电能从生产—流通—消费环节的具体执行者,必须要求其健康、可靠,而且每个环节中的电气设备与输配电线路都必须健康、可靠。只有这样,才能保证电能的生产、输送、分配、使用不被中断,才能提高用电的可靠性与社会的经济性。要保证电气设备的健康性与可靠性,首先要保证电气设备原始的健康性与可靠性,如设备的出厂合格性、设备的先进性、设备的安装与调整合乎要求。其次,设备在运行过程中,由于环境、时间的推移及其他因素的影响,设备的质量因老化而下降,特别是过电压、大电流、电弧的危害而造成设备直接与间接的损害。对这一过程的损害现象,设备是通过声、光、电、温度、气味、颜色等表现出来的。若电气设备的声音突变沉闷、不均匀、不和谐、产生弧光,电流表、电压表、功率表、频率表指示发生剧烈变动、颤动，温度突然升高，突然产生浓烈的化学异味，颜色突然改变，这些都是由于电气设备遭受冲击而产生损害（甚至是报废）的具体表现。变电运行人员此时必须判断清楚，准确、快速地做出反应，采取相应措施，将故障切除，并使故障范围尽量缩小而快速恢复供电。

（二）变电运行的经济性

变电运行的经济性是指电力系统在传输和使用电能的过程中，必须尽量降低其输送成本、流通损耗，做到节约用电。在保证电力系统安全运行的前提下，提高变电运行的经济性主要从以下3个方面入手：

①供电部门应做好计划用电、节约用电和安全用电，并在社会上做好有关的宣传工作，节约用电问题在我国尤为突出。

②加强电网管理是降低损耗的主要手段。

③分时计费制是一项重大的科学的经济技术调节手段，这在电能"储存"问题没有得到解决的情况下，使电能得到了最大的充分合理的利用，同时又使电气设备负荷均匀地运行，避免了过负荷对设备的冲击危害。

变电运行的安全和经济是相辅相成的两大基本问题，但安全必须在前，安全就是经济，而且安全是最根本的经济。

三、变电运行工作内容及岗位职责

（一）工作内容

变电运行的工作内容如下：

①按调度命令进行倒闸操作和事故处理。

②按规定进行设备巡视。

③认真进行运行监视，记录各项数据，并分析设备运行是否正常。

④按规定抄表。

⑤按规定进行维护工作。

⑥正确填写各种记录簿。值班期间进行的各项工作均应做好记录。

⑦为到站工作人员办理工作许可手续，布置安全措施，并在工作结束后进行验收。

⑧保管、整理设备钥匙、备品备件、工具仪表、图纸资料、规程文件、

安全绝缘工具、通信设备。

(二) 岗位职责

变电站人员岗位设置一般为站长、副站长、专责工程师(技术员)、值长(值班负责人)、正(主)值、副值。

1. 站长的职责

①站长是安全第一责任人,全面负责本站的工作。

②组织本站的政治、业务学习,编制本站年、季、月工作计划,值班轮值表,并督促完成。落实全站人员的岗位责任制。

③制订和组织实施控制异常和未遂的措施,组织本站安全活动,开展季节性安全大检查、安全性评价、危险点分析等工作。参与本站事故调查分析,主持本站障碍、异常和运行分析会。

④定期巡视设备,掌握生产运行状况,核实设备缺陷,督促消缺。签发并按时报出总结及各种报表。

⑤做好新、扩、改建工程的生产准备,组织或参与验收。

⑥检查、督促两票、两措、设备维护和文明生产等工作。

⑦主持较大的停电工作和较复杂操作的准备工作,并现场把关。

2. 副站长的职责

协助站长工作,负责分管工作,完成站长指定的工作,站长不在时履行站长职责。

3. 专责工程师(技术员)的职责

①变电站专责工程师是全站的技术负责人。

②监督检查现场规章制度执行情况,参加较大范围的停电工作和较复杂操作的监督把关,组织处理技术问题。

③督促修试计划的执行,掌握设备的运行状况,完成设备评级。

④负责站内各种设备技术资料的收集、整理、管理,建立健全技术档案和设备台账。

⑤负责组织编写、修改现场运行规程。

⑥编制本站培训计划,完成本站值班人员的技术培训和考核工作。

⑦制订保证安全的组织措施和技术措施,并督促执行。

4. 值长的职责

①值长是本值的负责人，负责当值的各项工作；完成当值设备的维护、资料的收集工作；参与新、扩、改建设备验收。

②领导全值接受、执行调度命令，正确迅速地组织倒闸操作和事故处理，并监护执行倒闸操作。

③及时发现和汇报设备缺陷。

④审查工作票和操作票，组织或参加验收工作。

⑤组织做好设备巡视、日常维护工作。

⑥审查本值记录。

⑦组织完成本值的安全活动、培训工作。

⑧按规定组织好交接班工作。

5. 正（主）值的职责

①在值长领导下担任与调度之间的操作联系。

②遇有设备事故、障碍及异常运行等情况，及时向有关调度、值长汇报并进行处理，同时做好相关记录。

③做好设备巡视、日常维护工作，认真填写各种记录，按时抄录各种数据。

④受理调度（操作）命令，填写或审核操作票，并监护执行。

⑤受理工作票，并办理工作许可手续。

⑥填写或审核运行记录，做到正确无误。

⑦根据培训计划，做好培训工作。

⑧参加设备验收。

⑨参加站内安全活动，执行各项安全技术措施。

6. 副值的职责

①在值长及正（主）值的领导下对设备的事故、障碍及异常运行进行处理。

②按本单位规定受理调度（操作）命令，向值长汇报，并填写倒闸操作票，经审核后在正（主）值监护下正确执行操作。

③做好设备的巡视、日常维护、监盘和缺陷处理工作。

④受理工作票并办理工作许可手续。

⑤作好运行记录。

⑥保管好工具、仪表、钥匙、备件等。

⑦参加设备验收。

⑧参加站内安全活动，执行各项安全技术措施。

四、变电运行管理模式

（一）有人值班管理模式

由变电站运行人员全面负责本变电站的监视控制、运行维护、倒闸操作、设备巡视、事故及异常处理、设备定期试验轮换、文明生产、治安保卫等全部运行工作。

这种管理模式是传统的变电站管理模式。变电站运行人员在本变电站内值班，既要对变电设备进行运行管理，又要负责变电站的治安保卫工作。其优点是变电站运行人员只负责本变电站设备的运行管理，设备数量相对较少，运行人员对设备的结构、性能及运行状况等非常熟悉，这样对变电站设备的安全运行非常有利，同时变电站的治安保卫工作也不成问题。而缺点则是有人值班变电站需要的运行人员数量较多。

（二）集控站管理模式

由集控站运行人员全面负责所辖范围内各无人值班变电站的监视控制、运行维护、倒闸操作、设备巡视、事故及异常处理、设备定期试验轮换、文明生产等全部运行工作。

集控站管理模式对每个运行值班员的业务素质要求比较高，他们除了每天对各变电站的日常监视控制、运行维护、倒闸操作、设备巡视、事故及异常处理以及调压工作外，还要负责各变电站的文明生产、小型维护和车辆管理等全部工作。这种管理模式，实际上就是把原来的一个有人值班变电站变成多个无人值班变电站，相当于变电站的围墙扩大到某一个区域，运行人员以车代步进行日常工作。其优点是对监控和操作维护工作，运行值班人员可以相互拾遗补缺。缺点是监控和操作维护工作分工不明确，专业性管理不强，影响工作质量。另外，每个值有两个值班员负责监控，每个集控站要有8个值班员负责监控,在减人增效方面效果不明显。

(三) 监控中心+操作队管理模式

由监控中心运行人员负责所辖范围内各无人值班变电站的监视控制等运行工作,由操作队运行人员负责所辖范围内各变电站的运行维护、倒闸操作、设备巡视、事故及异常处理、设备定期试验轮换等其他运行工作。

监控中心+操作队管理模式就是将集控站的监控和操作维护分成两个(监控中心和操作队)独立的班组,而监控中心又可将多个集控站的监控部分进行集中监控,操作队的管辖范围仍按原来集控站的操作维护部分。这种管理模式促进了变电运行专业内部职能的划分,监控和操作维护工作分工明确,专业性管理强,工作质量和效率大大提高。由于设立统一的集中监控中心,即一个地市供电公司设立一个监控中心,同样是每个值有两个值班员负责监控,但监控的变电站数量是每个集控站的几倍,因此减人增效的效果非常显著。当变电站增加到一定数量时,可以适当增加监控人员,以确保监控质量。

集控站管理模式和监控中心+操作队管理模式都存在一个共同的问题,就是无人值班变电站的治安保卫和防盗问题。目前解决的办法是在变电站装设"脉冲电子围栏周界报警系统",达到治安保卫和防盗的目的。

第二节 变电站的管理制度

一、调度管理

(一) 调度管理的组织形式

电能生产的发、送、变、配、用是不可分割的整体,具有生产、分配、消耗同时完成的特点,必须实行集中管理,统一调度。调度机构是电力系统生产和运行的指挥机构,是电力系统的中枢神经。我国的调度机构分以下5级:

①国家调度机构。简称国调,是指由国务院电力行政主管部门设置的全国最高电网调度机构——国家电力调度通信中心。

②跨省、自治区、直辖市的调度机构。简称网调,是指跨省电网管理部

门主管的电网调度机构。

③省、自治区、直辖市调度机构。简称省调，是指省、自治区、直辖市电网管理部门（即省级电网管理部门）主管的电网调度机构。

④地市级调度机构，简称地调，是指省辖市级的电网管理部门主管的电网调度机构。

⑤县级调度机构，简称县调，是指县（含县级市）的电网管理部门主管的调度机构。

各级调度机构在电力生产运行指挥系统中是上下级关系。调度机构既是生产单位，又是其隶属的电管（业）局的职能机构，同时对网内各发、供电企业起业务指导作用。

（二）调度管理的原则及任务

我国电网调度管理的原则是：电网运行实行统一调度，分级管理。

所谓统一调度，是指电网调度机构领导整个电力系统的运行和操作，下级调度服从上级调度的指挥，保证实现以下基本要求：

①充分发挥本系统内发供电设备的能力，有计划地供应系统负荷的需要。

②使整个系统安全运行和连续供电、供热。

③使系统内各处供电、供热的质量（如频率、电压、热力网的蒸汽压力、温度及热水的温度等）符合规定标准。

④根据本系统的实际情况，合理使用燃料和水力资源，使全系统在最经济的方式下运行。

为此，调度管理机构应进行以下主要工作：

①编制和执行系统的运行方式。

②对调度管辖内的设备进行操作管理。

③对调度管辖内的设备编制检修计划，批准并督促检修计划的按期完成。

④指挥电力系统的频率调整和调度管辖范围内的电压调整工作。

⑤指挥系统事故的处理，分析系统事故，制订提高系统安全运行的措施。

⑥参加拟订发供电量计划、各种技术经济指标（煤耗、厂用电、水耗、水量利用、线路损失）和改进系统经济运行的措施。

⑦参加编制电力分配计划，监视用电计划执行情况，严格控制按计划指

标用电。

⑧对管辖的继电保护和自动装置以及通信和远动自动化设备负责运行管理，对非直接管辖的上述设备和装置负责技术领导。

⑨对系统的远景规划和发展计划提出意见并参加审核工作，参加通信和远动自动化规划编制工作。

所谓分级管理，是指根据电网分层的特点，为了明确各级调度机构的责任和权限，有效地实施统一调度，由各级电网调度机构在其调度管理范围内具体实施电网调度管理的分工。

目前，我国电力系统尚未实现全国联网，但已建立了国家调度中心。在我国已形成了东北电网、华北电网、华中电网、华东电网、西北电网和南方电网6个跨省的大型区域电网。随着三峡输变电工程、西电东送工程的实施，在不久的将来我国将会出现全国统一的联合电网。因此，各网调、省调、地调的职责如下：

网调——负责全电力系统负荷的预测和计算，制订发、供电计划并报送国务院电力行政主管部门备案，指挥全电力系统的安全经济运行，签订并执行与其他电力系统交换电力的协议，指挥、协调省调和地调的工作。

省调——在网调的领导和指挥下，负责省级电力系统的运行操作和故障处理。

地调——在网调和省调的领导和指挥下，负责地区电力系统的运行操作和故障处理。

调度机构还应当编制下达发电、供电调度计划。值班调度人员可以按照有关规定，根据电网运行情况，调整日发电、供电调度计划。

电网运行的统一调度、分级管理是一个整体。统一调度以分级管理为基础，分级管理是为了有效地实施统一调度。统一调度，分级管理的目的是为了有效地保证电网的安全、优质、经济运行。

（三）调度管理制发

系统各级调度机构的值班调度员在其值班期间为系统运行和操作的指挥人，按照批准的调度范围行使指挥权。下级调度机构的值班调度员、发电厂值长、变电站值班长在调度关系上受上级调度机构值班调度员的指挥，接受上级调度机构值班调度员的调度命令。发布调度命令的值班调度员应对其发布的调度员命令的正确性负责。

（1）下级调度机构、发电厂、变电站的值班人员（值班调度员、值长、值班员），接受上级调度机构值班调度员的调度命令后，应复诵命令，核对无误，并立即执行。调度命令的内容应记入调度日志。任何人不得干涉调度命令的执行。

①下级调度机构、发电厂、变电站的值班人员不得不执行或延迟执行上级值班调度员的调度命令。

②电网管理部门的负责人、调度机构的负责人以及发电厂、变电站的负责人，对上级调度机构的值班调度员发布的调度指令有不同意见时，可以向上级电网电力行政主管部门或上级调度机构提出，但在其未做出答复前，调度系统的值班人员必须按照上级调度机构的值班调度员发布的调度指令执行。

③任何单位和个人不得干预调度系统的值班调度员发布或执行调度指令。发供电单位领导人发布的命令，如涉及系统值班调度员的权限，必须经值班调度员的许可才能执行（在现场故障处理规程内已有规定者除外）。

（2）系统内的设备，其操作指挥权应按以下规定进行：

①属于调度管辖下的任何设备，未经相应调度机构值班调度员的命令，发电厂、变电站或下级调度机构的值班人员不得自行操作和开停或自行命令操作和开停，但对人员或设备安全有威胁者除外。上述未得到命令进行的操作和开停，在操作和开停后应立即报告相应调度机构的值班调度员。

②不属于上级调度机构调度管辖范围内的设备，但它的操作对系统运行方式有较大影响时，则发电厂、变电站或下级调度机构只有得到上级调度机构值班调度员的许可后才能进行操作（这类设备的明细表根据调度范围由网调或省调确定）。

③下级调度机构调度范围内的各项设备，在紧急情况下，可由上级调度机构值班调度员直接下令拉闸停用，但应尽快通知下级调度机构值班调度员。其恢复送电仍需通过下级调度机构值班调度员进行。

（3）当发生拒绝执行正确的调度命令，破坏调度纪律的行为时，调度机构应立即组织调查，并将调查结果报请主管局主管生产的领导处理。

下列事项属于命令事项，调度应以命令形式下达。

①倒闸操作。

②设备之加用、停用、备用、试验、检修。

③负荷分配及发电任务之规定。

④频率、电压、出力之调整。

⑤继电保护和自动装置之加用、停用及定值之调整。

⑥故障处理。

⑦与运行有关的其他事项。

（四）系统的频率、电压、负荷管理

1. 频率管理

电网频率应保持 50Hz，其偏差不超过 ±0.2Hz。电钟与标准钟的误差不得超过 30s；禁止升高或降低频率运行。

各大电力系统频率控制以网调为主，指定一个或几个发电厂为频率调整厂，并分别规定其频率调整的范围和程度。调频厂和各级调度协同管理维持电网频率为 50Hz。

为了防止事故发生时频率急剧下降造成电网瓦解，电网应装设低频减负荷、低频解列和低频自启动（发电）的装置，并编制电网事故时切除负荷的紧急拉闸顺序表。

通常，当系统频率发生异常时，调度将按以下规定处理：

①当频率降至 49.8Hz 以下或升至 50.2Hz 以上时，通知各发电厂增、减出力（包括水电厂启、停备用机组），使频率恢复正常或达到机组最大或最低出力为止。

②当频率降至 49Hz 及以下时，按频率自动减负荷装置动作，自动按普通 Ⅰ，Ⅱ，Ⅲ轮和特殊轮分别切除负荷。

2. 电压管理

为了使用户获得正常电压，调度机构应选择地区负荷集中的发电厂和变电站的母线作为电压监视的中枢点，按季编制电网电压控制点和有一定调节手段的电压监视点电压（或无功）运行曲线，标明正常运行电压（或无功）和允许的偏差范围，下发有关单位执行。

各电压控制点、监视点的厂、站值班人员必须严格执行调度机构下达的电压运行曲线，充分利用设备无功潜力和调节手段，使母线电压经常与电压曲线上规定的正常值相等。电网需要时，有关调度机构的值班调度员可以临时改变电压（或无功）运行曲线。

系统电压调整的方法如下：

①改变发电机和调相机的励磁。

②加用和停用电容器（包括串补电容）。

③调整静止补偿器的无功出力。

④调整有载调压变压器分接头，改变无励磁调压变压器分接头（主网变压器分接头由省调负责整定，地调管辖的 330kV 变压器分接头的整定和调整应报省调同意后执行）。

⑤改变厂、所间的负荷分配。

⑥改变电网接线方式。

⑦启动备用机组。

当电网中枢点电压降低到事故极限值以下时，为避免电网电压崩溃，各厂、站值班人员应尽可能利用本单位的调压手段提高电压，并报告值班调度员，调度员应迅速利用一切措施（如利用一切可调出力、增加无功出力、利用电容器和静补装置、启动备用机组、改变有载调压变压器的分接头等）来维持电压。必要时，立即按紧急事故拉闸顺序表进行拉闸，直至电压恢复至事故极限值以上。

3. 负荷管理

网调、省调编制发、供电计划。

省调、地调、县调应根据本级人民政府的生产调度部门的要求、用户的特点和电网安全运行的需要，提出事故减负荷次序表，由调度机构执行。

调度机构对于威胁电网安全运行时，调度机构可以部分或者全部暂时停止供电。

出现下列紧急情况之一时，值班调度人员可以调整日发电、供电调度计划，调整发电厂功率，开或者停发电机组等指令，可以向本电网内的发电厂、变电站的运行值班单位发布调度指令。

①发电、供电设备发生重大事故或者电网发生事故。
②电网频率或者电压超过规定范围。
③输变电设备负载超过规定值。
④主干线路功率值超过规定的稳定限额。
⑤其他威胁电网安全运行的紧急情况。

二、变电站的运行管理

变电站的运行管理工作主要包括建立运行班组和配备必要的运行人员，认真贯彻各级岗位责任制，保证生产运行的正常进行。认真贯彻变电站运行管理制度，全面完成各项运行管理和技术管理工作，积极提高运行管理水平。

变电站的日常运行值班工作主要有运行监盘与抄录表计、值班和交接班、巡回检查、倒闸操作、异常和故障处理等工作。

（一）监盘、抄表、核算电量

①变电站的运行监盘工作是日常运行管理工作的主要组成部分。通过对主控制室控制屏上各种表计和信号光字牌的监视，可随时掌握变电站一、二次设备的运行状态及电网潮流分布情况。运行监盘工作必须做到以下几点：

a. 主控制室内必须按要求设置专责监盘席，运行班组按职责范围应指定一名正值班员或副值班员担任当班监盘工作。

b. 监盘人员必须坚守岗位，不得擅自离岗。

c. 负责对控制屏上的各种表计和信号光字的监视，并随时记录变化情况，同时按要求向调度进行负荷时报。

②变电站的抄表核算是指运行人员根据站内装的各种关口表计或馈线电能、电测计量表计对负荷的计量情况，每日进行电量核算，以反映变电站过境和输送电能的情况，同时对通过母线电量平衡和电压合格率的核算，以及送、受端电能的计量，核算网损，反映电网的经济效益。

a. 运行班组必须设置当日值班抄表人员，认真定时抄录"负荷日志"。

b. 根据抄录的电流、电压、有功功率和无功功率，核算有功、无功电量，并进行母线电量不平衡率和电压合格率的核算。

c. 发现因计量装置或二次回路引起的异常应及时汇报值班长或站长，以便组织专业人员予以消除,确保计量装置正确计量。

(二)交接班制度

变电站的交接班制度内容和要求如下:

①交接班必须严肃认真,严格履行交接手续。未办完交接手续前,不得擅离职守。值班人员在班前4h和值班期间严禁饮酒,值班人员应提前到岗做好接班的准备工作。若接班人员因故未到,交班人员应坚守工作岗位,并立即报告上级领导,做出安排。个别因特殊情况而迟到的接班人员,应同样履行接班手续。

②交班值应提前30min对本值内工作进行全面检查和总结,整理记录,做好清洁工作,填写交接班总结。交班前,值班长应组织全班人员进行本值工作的小结,并将交接班事项填写在值班运行日志中。交接班时应交清以下内容:

a. 设备运行方式(核对模拟盘和实际设备)。

b. 设备的检修、扩建和改进等工作的进展情况及结果。

c. 本值内进行的操作,发生的事故、障碍、异常现象及处理情况。

d. 巡视发现的缺陷和处理情况以及本值自行完成的维护工作。

e. 继电保护、自动装置、远动装置、通信、微机监控、五防设备的运行及动作情况。

f. 许可的工作票、停电、复电申请,工作票及工作班工作进展情况。

g. 使用中的接地刀闸及接地线的使用组数及位置。

h. 图纸、资料、安全工具、工器具、其他用具、物品、仪表及钥匙齐全无损。

i. 工具、仪表、备品、备件、材料、钥匙等的使用和变动情况。

j. 当值已完成和未完成的工作及其有关措施。

k. 上级指示、各种记录和技术资料的收管情况。

l. 设备整洁、环境卫生、通信设备(包括电话录音)情况。

③接班人员应提前10min到达主控室,交班值班长口述其交班内容。然后接班值进行设备巡视;试验检测有关装置信号;查阅有关记录;检查工器具,核对模拟盘接线是否与运行方式相符。待接班值检查无误且情况全部清

楚后，接班人员签字并注明时间，交接班方告结束。

④交接班时应尽量避免倒闸操作。在交接班过程中，若发生事故或异常情况，应停止交接班，原则上由交班人员负责处理，但接班人员应主动协助。故障处理告一段落，再继续进行交接班。

⑤有下列情况之一时，不得进行交接班。

a. 事故处理和倒闸操作时。

b. 检修、试验、校验等工作内容及工作票不清楚时。

c. 未按清洁制度做好清洁工作时。

d. 发现异常现象，尚未查明原因时。

e. 上级指示和运行方式不清时。

f. 应进行的操作，如传动试验、检查、清扫、加水、加油、放水等工作未做完时。

g. 应交接的图纸，如资料、记录、工器具、家具、熔断器、物品、钥匙、仪表不全或损坏无说明时。

h. 交接班人员未到齐时。

⑥接班人员应认真听取交班人员的介绍，并会同交班人员到现场检查以下工作：

a. 核对一次模拟图板和二次连接片投、退表是否与设备的实际位置相符，对上值操作过的设备要进行现场检查核对。

b. 对存在缺陷的设备要检查其缺陷是否有进一步扩展的趋势。

c. 检查继电保护的运行和变更情况，对信号回路及自动装置按规定进行检测。

d. 了解设备的检修情况，检查设备上的临时安全措施是否完整。

e. 了解直流系统运行方式及蓄电池充、放电情况。

f. 审查各种记录、图表、技术资料以及工具（包括安全工具）、仪器仪表、备品备件应完整。

g. 检查设备及环境卫生。

h. 交接班工作必须做到交、接两清，双方一致认为交接清楚无问题后，在运行记录本上签名。

⑥接班后,值班长应组织全班人员开好碰头会,根据系统设备运行、检修及天气情况等,提出本值运行中应注意的事项及事故预想。

⑦交接班以各种记录为依据,如因交班值少交、漏交所造成的后果,由交班值负责。

(三)巡回检查制度

变电站的巡回检查制度是确保设备正常安全运行的有效制度。各变电站应根据运行设备的实际工况,并总结以往处理设备事故、障碍和缺陷的经验教训,制订出具体的检查方法。

(四)设备定期试验轮换制度

各单位应根据实际情况,制订适合本单位的"变电站设备定期试验轮换制度"。下面的制度可作为参考。

1. 一般规定

①本制度适用于变电站内所有一、二次设备,同时包括通风、消防等附属设备。

②变电站内设备除应按有关规程由专业人员根据周期进行试验外,运行人员还应按照本制度的要求,对有关设备进行定期的测试和试验,以确保设备的正常运行。

③对于处在备用状态的设备,各单位应按照本制度的要求,定期投入备用设备,进行轮换运行,保证备用设备处在完好状态。

④各单位应根据本制度的要求,并结合实际情况,将有关内容列入变电站的工作年、月历中,并建立相应的记录。

2. 设备定期试验制度

①有人值班变电站应每日对变电站内中央信号系统进行试验,试验内容包括预告、事故音响及光字牌。集控站也应每日对监控系统的音响报警和事故画面功能进行试验。

②在有专用收发讯设备运行的变电站,运行人员每天应按有关规定进行高频通道的对试工作。

③蓄电池定期测试规定如下:

a. 铅酸蓄电池每月普测一次单体蓄电池的电压、比重,每周测一次代表电池的电压、比重。

b. 碱性蓄电池每月测一次单体蓄电池的电压,每周测一次代表蓄电池的电压。

c. 有人值班站的阀控密封铅酸蓄电池,每月普测一次电池的电压,每周测一次代表电池的电压。

d. 无人值班站的阀控密封铅酸蓄电池,每月普测一次电池的电压。

e. 代表电池应不少于整组电池个数的 1/10,选测的代表电池应相对固定,便于比较。

f. 蓄电池测量值应保留小数点后两位,每次测完电池应审查测试结果。当电池电压或比重超限时,应在该电池电压或比重下边用红色横线标注,并应分析原因及时采取措施,设法使其恢复正常值,将检查处理结果写入蓄电池记录。对站内解决不了的问题及时上报,由专业人员处理。

g. 各站应参照蓄电池厂家说明书及相关规程,写出符合实际的蓄电池测试规范及要求,并贴在"蓄电池测量记录"本中,以便测量人员核对。

h. 各站站长(操作队长)应及时审核"蓄电池测量记录",并在每次测完的蓄电池测量记录上(右下角)签字。

④变电站事故照明系统每月试验检查一次。

⑤35kV 及以上磁吹避雷器、氧化锌避雷器,每年第一季度由专业人员进行试验一次(或带电测试),以确认避雷器是否完好。

⑥运行人员应在每年夏季前对变压器的冷却装置进行试验。

a. 凡变压器装有冷却设备的风扇、油泵、水泵、气泵正常时为备用或辅助状态的应进行手动启动试验,确保装置正常,试验后倒回原方式。

b. 冷却装置电源有两路以上的且平时作为备用的电源应进行启动试验,试验时严禁两电源并列,试验后倒回原方式。

⑦电气设备的取暖、驱潮电热装置每年应进行一次全面检查。

a. 检查取暖电热应在入冬前进行。对装有温控器的电热应进行带电试验或用测量回路的方法进行验证有无断线。当气温低于 0℃时,应复查电热装置是否正常。

b. 检查驱潮电热应在雨季来临之前进行,可用钳型电流表测量回路电流的方法进行验证。

c. 取暖电热应在 11 月 15 日投入，3 月 15 日退出。

⑧装有微机防误闭锁装置的变电站，运行人员每半年应对防误闭锁装置的闭锁关系、编码等正确性进行一次全面的核对，并检查锁具是否卡涩。

⑨对于变电站内的不经常运行的通风装置，运行人员每半年应进行一次投入运行试验。

⑩变电站内长期不调压或有一部分分接头位置长期不用的有载分接开关，有停电机会时，应在最高和最低分接间操作几个循环，试验后将分接头调整到原运行位置。

⑪直流系统中的备用充电机应半年进行一次启动试验。

⑫变电站内的备用所用变（一次不带电）每年应进行一次启动试验，试验操作方法列入现场运行规程；长期不运行的所用变每年应带电运行一段时间。

⑬变电站内的漏电保安器每月应进行一次试验。

3. 设备定期轮换制度

①备用变压器（备用相除外）与运行变压器应半年轮换运行一次。

②一条母线上有多组无功补偿装置时，各组无功补偿装置的投切次数应尽量趋于平衡，以满足无功补偿装置的轮换运行要求。

③因系统原因长期不投入运行的无功补偿装置，每季应在保证电压合格的情况下，投入一定时间，对设备状况进行试验。电容器应在负荷高峰时间段进行；电抗器应在负荷低谷时间段进行。

④对强油（气）风冷、强油水冷的变压器冷却系统，各组冷却器的工作状态（即工作、辅助、备用状态）应每季进行轮换运行一次。将具体轮换方法写入变电站现场运行规程。

⑤对 GIS 设备操作机构集中供气站的工作和备用气泵，应每季轮换运行一次，将具体轮换方法写入变电站现场运行规程。

⑥对变电站集中通风系统的备用风机与工作风机，应每季轮换运行一次，将具体轮换方法写入变电站现场运行规程。

(五) 倒闸操作票制度

倒闸操作是变电站运行工作中较为复杂的技术工作,要想正确、安全地完成倒闸操作任务,避免误操作,实现安全运行,就必须认真执行倒闸操作制度。倒闸操作票制度包括操作指令的正确发布和接受,操作票的正确填写、审查、预演、执行等,并认真执行监护制度。

(六) 工作票制度

1. 工作票的作用

工作票是批准在电气设备上工作的书面命令,也是明确安全职责,严格执行安全组织措施,向工作人员进行安全交底,履行工作许可手续和工作间断、工作转移和工作终结手续,同时实施安全技术措施等的书面依据。因此,在电气设备上工作时,必须按要求填写工作票。

2. 工作票所列人员的安全责任

(1) 工作票签发人。

工作票签发人应由分场、工区(站)熟悉人员技术水平、熟悉设备情况、熟悉《电业安全工作规程》的生产领导人、技术人员或经厂、局主管生产领导批准的人员担任,并书面公布,不符合以上条件的任何人员均无权签发工作票。

工作票签发人可以作为工作班成员参加该项工作,但不得兼任工作负责人,否则将使所填写的工作票得不到必要的审核或制约,因此两者不得由一人兼任。

工作票签发人签发工作票时应注意下述几点:工作必要性;工作是否安全,工作票上所填安全措施是否正确完备;所派工作负责人和工作班人员是否适当和足够。

(2) 工作负责人(监护人)。

工作负责人应由分场或工区主管生产的领导书面批准,必须由一定工作经验的人员担任,可以填写工作票,但不得签发工作票。工作负责人在工作票中的安全责任有下述几点:正确安全地组织工作;结合实际进行安全思想教育;督促、监护工作人员遵守安全规程,负责检查工作票所列安全措施是否正确完备,值班员所做的安全措施是否符合现场实际条件;工作前对工作人员交代安全事项；工作班人员变动是否合适。

(3) 工作许可人。

工作许可人由变电站副值及以上值班员担任，并应由分场或工区主管生产的领导书面批准。

工作许可人不得兼任该项工作的工作负责人。

工作许可人在工作票中的安全责任为下述几点：负责审查工作票所列安全措施是否正确完备，是否符合现场条件；工作现场布置的安全措施是否完善；负责检查停电设备有无突然来电的危险；对工作票中所列内容即使发生很小疑问，也必须向工作票签发人询问清楚，必要时应要求作详细补充。

(4) 值班负责人。

工作票内的值班负责人由正值及以上值班员担任，并应由分场或工区主管生产的领导书面批准。

值班负责人的安全责任为负责审查工作票所列安全措施是否正确完备，以及审查工作许可人现场所做安全措施是否正确完备，停电检修设备有无突然来电的危险。

(5) 工作班成员。

工作班成员应具有自我防护能力，认真执行《电业安全工作规程》和现场安全措施，互相关心施工安全并监督《电业安全工作规程》和现场安全措施的实施。

3. 工作票的种类及使用范围

根据工作性质的不同，在电气设备上工作时的工作票可分为3种：第一种工作票（格式见附录）、第二种工作票（格式见附录）、口头或电话命令。

(1) 第一种工作票的使用范围。

①凡在高压电气设备上或其他电气回路上工作，需要将高压电气设备停电或装设遮拦。

②凡在高压室内的二次回路和照明等回路上工作，需要将高压设备停电或做安全措施者，均应填写第一种工作票。

一份工作票中所列的工作地点以一个电气连接部分为限。所谓一个电气连接部分，是指配电装置的一个电气单元中，其中间用刀闸（或熔断器）和其他电气部分作截然分开的部分,该部分无论伸到变电站的什么地方,均称为一个电气连接部分。之所以这样规定,是因为在一个电气连接部分的两端或各侧施以适当的安全措施后,就不可能再有其他电源窜入的危险,故可保证安全。

(2) 填写第一种工作票的规定。

① 为使运行值班员能有充分时间审查工作票所列安全措施是否正确完备,是否符合现场条件,第一种工作票应在工作前 24h 交给值班员。

② 工作票中以下几项不能涂改:

a. 设备的名称和编号。

b. 工作地点。

c. 接地线装设地点。

d. 计划工作时间。

③ 工作票一律用钢笔或圆珠笔填写,一式两份,不得使用铅笔或红色笔,要求书写正确、清楚,不能任意涂改。如有个别错别字要修改时,应在要改的字上划两道横线,使被改的字能看得清楚。

④ 应在工作内容和工作任务栏内填写双重名称,即设备编号和设备名称,其他有关项目可不填写双重名称。

⑤ 当工作结束后,如接地线未拆除,除允许值班员和工作负责人先行办理工作终结手续,将其中一份工作票退给检修部门(不填接地线已拆除)作为该项工作的终结外,要待接地线拆除、恢复常设遮拦后,才可作为工作票终结。

⑥ 当几张工作票合用一组接地线时,其中有的工作终结,只要在接地线栏内填写接地线不能拆除的原因,即可对工作票进行终结,当这组接地线拆除后,恢复常设遮拦,方可给最后一张工作票进行终结。

⑦ 凡工作中需要进行高压试验项目时,则必须在工作票的工作任务栏内写明。在同一个电气连接部分发出带有高压试验项目的工作票后,禁止再发出第二张工作票;若确实需要发出第二张工作票,则原先发出的工作票应收回。

⑧ 用户在电气设备上工作,必须同样执行工作票制度。

⑨在一经合闸即可送电到工作地点的断路器及两侧隔离开关操作把手上均应挂"禁止合闸，有人工作！"的警告牌。

⑩如工作许可人发现工作票中所列安全措施不完善，而工作票签发人又远离现场时，则允许在工作许可人填写栏内对安全措施加以补充和完善。

⑪值班人员在工作许可人填写的栏内，不准许填写"同左"等字样。

⑫工作票应统一编号，按月装订，评议合格，保存一个互查周期。

⑬工作票要求进行的验电，装拆接地线，取、放控制回路熔丝等操作均需填写安全措施操作票，其内容、考核同倒闸操作票。

⑭计划工作时间与停电申请批准的时间应相符。确定计划工作时间应考虑前、后留有 0.5~1h，作为安全措施的布置和拆除时间。若扩大工作任务而不改变安全措施，必须由工作负责人通过工作许可人和调度同意，方可在第一种工作票上增加工作内容。若需变更安全措施，必须重新办理工作票，履行许可手续。

⑮工作票签发人在考虑设置安全措施时，应按本次工作需要拉开工作范围内所有断路器、隔离开关及二次部分的操作电源，许可人按实际情况填写具体的熔丝和连接片。工作地点所有可能来电的部分均应装设接地线，签发人注明需要装设接地线的具体地点，不写编号，许可人则应写接地线的具体地点和编号。

⑯工作地点、保留带电部分和补充安全措施栏，是运行人员向检修人员交代安全注意事项的书面依据。

a. 检修设备间隔上、下、左、右、前、后保留带电部分和具体设备名称编号，如××××隔离开关××侧有电。

b. 指明与保护工作地点相邻的其他保护盘的运行情况。

c. 其他需要向检修人员交代的注意事项。

⑰工作票终结时间应在安全措施执行结束之后，不得超出计划停电时间。工作票应在值班负责人全面复查无误签名后方可盖"已终结"章，向调度汇报竣工。

（3）第二种工作票的使用范围。

①带电作业和在带电设备外壳上的工作。

②控制盘、低压配电盘、配电箱、电源干线上的工作。

③二次接线回路上的工作，无须将高压设备停电的工作。

④非运行人员用绝缘棒、核相器和电压互感器定相或用钳型电流表测量高压回路的电流。

⑤在转动中的发电机、同期调相机的励磁回路或高压电动机转子电阻回路上的工作。

第二种工作票与第一种工作票的最大区别是不需将高压设备停电或装设遮拦。

(4) 填写第二种工作票的规定。

①第二种工作票应在工作前交值班员。

②建筑工、油漆工和杂工等非电气人员在变电站内工作，如因工作负责人不足，工作票交给监护人，可指定本单位经安全规则考试合格的人员作为监护人。

③在几个电气部分上依次进行不停电的同一类型的工作时，可发给一张第二种工作票。工作类型不同，则应分别开票。

④第二种工作票不能延期。若工作没结束，可先终结，再重新办理第二张工作票手续。

⑤注意事项栏内应填写的项目如下：

a. 带电工作时重合闸的投、切情况。

b. 做保护定校、检查工作时，该套保护及母线有关连接的保护连接片的投、切情况。工作设备与其他相邻保护应用遮拦隔开的情况。

c. 在直流回路、低压照明回路或低压干线上工作时，电源开关及熔断器切除情况，按需要装设的接地线或挡板情况。

d. 在邻近运行设备工作时，应注明设备运行情况，安全距离应以数字表示。

e. 在蓄电池室内工作时，应提醒工作人员注意"禁止烟火"。在控制室、直流室或蓄电池室顶部工作时，下面应设遮拦布及注明其他注意事项。

f. 在高处作业时，应注明下层设备及周围设备运行情况。

g. 工作时防止事故发生的措施不要笼统地写"注意""防止"等字样，

如"防振动、防误跳、防误拔继电器、防跑错间隔"等,而应写明具体措施,如"加锁、切连接片"或"贴封条"等。

h. 带电拆引线时,应注明该引线是否带负荷的具体情况;进行带电测温、核相等工作时,应注明设备的运行情况。

i. 在变电站内地面挖掘时,应注明地下电缆及接地装置情况。

(5) 口头或电话命令的工作。

该种工作一般指变电值班人员按现场规程规定所进行的工作。检修人员在低压电动机和照明回路上工作,可用口头联系。口头或电话命令必须清楚正确,值班员将发令人、负责人及工作任务详细记入操作记录簿中,并向发令人反复确认、核对无误。

在事故抢修情况下可以不用工作票,事故抢修系指设备在运行中发生了故障或严重缺陷需要紧急抢修,而工作量不大、所需时间不长、在短时间能恢复运行者,此种工作可不使用工作票,但在抢修前必须做好安全措施,并得到值班员的许可,如果设备损坏比较严重或是等待备品、备件等原因,短时间不能修复、需转入事故检修者,则仍应补填工作票,并履行正常的工作许可手续。

4. 工作票的执行程序

(1) 签发工作票。

在电气设备上工作,使用工作票必须由工作票签发人根据所要进行的工作性质,依据停电申请,填写工作票中有关内容,并签名以示对所填写内容负责。

(2) 送交现场。

已填写并签发的工作票应及时送交现场。第一种工作票应在工作前一日交给值班员,临时工作的工作票可在工作开始以前直接交给值班员。第二种工作票应在进行工作的当天预先交给值班员,主要目的是为使变电值班员能有充分时间审查工作票所列安全措施是否正确完备、是否符合现场条件等。若距离较远或因故更换工作票,不能在工作前一日将工作票送到现场时,工作票签发人可根据自己填好的工作票用电话全文传达给值班员,传达必须清楚。值班员根据传达做好记录,并复诵校对。

(3) 审核把关。

已送交变电值班员的工作票，应由变电值班员认真审核，检查工作票中各项内容，如计划工作时间、工作内容、停电范围等是否与停电申请内容相符，要求现场设置的安全措施是否完备、与现场条件是否相符等。审核无误后应填写收到工作票的时间，审核人签名。

(4) 布置安全措施。

变电值班员应根据审核合格的工作票中所提要求，填写安全措施操作票，并在得到调度许可将停电设备转入检修状态的命令后执行。从设备开始停电时间起即开始对设备停电后时间开始考核。因此，变电值班员在接到调度命令后应迅速、正确地布置现场安全措施，以免影响开工时间。

(5) 许可工作。

变电值班人员在完成了工作现场的安全措施以后，应会同工作负责人一起到现场再次检查所做的安全措施，以手触试证明被检修设备确无电压，向工作负责人指明带电设备的位置、工作范围和注意事项，并与工作负责人在工作票上分别签字以明确责任。完成上述手续后，工作人员方可开始工作。

(6) 开工前会。

工作负责人在与工作许可人办理完许可手续后，即向全体检修工作人员逐条宣读工作票，明确工作地点、现场布置的安全措施，而且工作负责人应在工作前确认：人员精神状态良好，服饰符合要求，工具材料备妥，安全用具合格、充分，工作内容清楚，停电范围明确，安全措施清楚，邻近带电部位明白，安全距离足够，工作位置及时间要求清楚，工种间配合明白。

(7) 收工后会。

收工后会就是工作一个阶段的小结。工作负责人向参加检修人员了解工作进展情况，其主要内容为工作进度、检修工作中发现的缺陷以及处理情况，还遗留哪些问题，有无出现不安全情况以及下一步工作如何进行等。工作班成员应主动向工作负责人汇报以下情况：

①对所布置的工作任务是否已按时保质保量完成。

②消除缺陷项目和自检情况。

③有关设备的试验报告。

④检修中临时短接线或拆开的线头有无恢复，工器具设备是否完好，是否已全部收回等情况。

收工后检修人员应将现场清扫干净。

(8) 工作终结。

全部工作完毕后，工作负责人应做周密的检查，撤离全体工作人员，并详细填写检修记录，向变电值班人员递交检修试验资料，并会同值班人员共同对设备状态、现场清洁卫生工作以及有无遗留物件等进行检查。验收后，双方在工作票上签字即表示工作终结，此时检修人员工作即告终结。

(9) 工作票终结。

值班员拆除工作地点的全部接地线（由调度管辖的由调度发令拆除）和临时安全措施，并经盖章后工作票方告终结。

工作票流程如下：填写工作票—签发工作票—接收工作票—布置安全措施—工作许可—工作开工—工作监护—工作间断—工作终结—工作票终结。

三、变电站的设备管理

变电站电气设备的运行性能对电力系统安全运行起着决定性的作用。设备的健康水平是确保电网安全、稳定运行的物质基础。加强电气设备的运行管理，要坚持预防为主的指导方针，搞好设备的运行维护工作，掌握设备磨损、腐蚀、老化、劣化的规律，做好计划和检修，坚持检查质量验收制度，使设备经常处于良好状态。设备管理必须做到职责到位，分工到人。加强设备的缺陷管理，搞好设备的评级、升级和安全、文明生产等工作。

（一）电气设备编号准则

电力系统的安全运行，要求系统中的每一个设备、每一条线路都要有一个编号，以便进行系统调度和运行人员操作，对设备进行编号应遵循以下原则：

唯一性。系统中的每一个设备、每一条线路均有一个编号，并且只有一个编号。换句话说，每个设备、每一条线路都有一个编号，决不能有两个编号，但也不能没有编号。

独立性。系统中的每一个编号只能对应一个设备或一条线路，也就是说系统不能两个或两个以上的设备和线路有相同的编号。

规律性。编号按一定的规则进行编排，这样既可防止重复编号，又便于阅读记忆。

不同地区的电网管理部门制订的电气设备编号准则可能存在差异。下面以仿真变电站为例，说明变电站电气设备编号规则。

1. 主变压器调度命名

主变压器调度命名由"♯＋主变序号＋主变"构成，也可简写为"♯＋主变序号＋B"。仿真变电站示例：主变调度命名分别为♯1主变（或♯1B）、♯2主变（或♯2B）、♯3主变（或♯3B）。

2. 变压器各侧母线、开关、刀闸及接地刀闸，主变中性点接地刀闸的调度编号

变压器各侧母线、开关、刀闸及接地刀闸，主变中性点接地刀闸的调度编号，根据所在电厂、变电站的主接线方式，采用不同的编号原则。以仿真变电站220kV双母线带旁母为例：

（1）母线。

①除旁路母线外，双母线接线方式的母线，其调度命名由"电压等级＋母线序号＋母"构成。其中，母线序号采用不包含V的罗马数字序列Ⅰ，Ⅱ，Ⅲ，Ⅳ，Ⅵ表示，并按发电机向母线侧、变压器向母线侧、同定端向扩建端（平面布置）、下层向上层（高层布置）的顺序依次编号。示例：仿真变电站中的220kV Ⅰ，Ⅱ母。

②旁路母线调度命名由"电压等级＋旁母"构成。仿真变电站示例：220kV旁母。

（2）开关。

①线路开关。编号由"电压等级代码＋6＋线路间隔序号"组成。其中线路间隔序号采用阿拉伯数字系列1，2，3表示，按固定端向扩建端（一般从1开始计数，下同）的顺序依次编号。当线路间隔个数超过9时，第10个及以后线路间隔主接线方式代码取"7"，并按照最临近原则依次使用线路间隔序号，如261，262，263，…，269，270，271，…。

②主变开关。编号由"电压等级代码＋0＋主变序号"组成。其中主变序

号采用阿拉伯数字系列1，2，3表示，按固定端向扩建端的顺序依次编号。

仿真变电站示例：线路开关编号分别为261，262，263，…；主变开关编号分别为201，202，203。

(3) 刀闸。

①线路开关与母线连接的刀闸编号由"线路开关编号＋刀闸所接母线编号"构成，与线路相连的刀闸编号由"线路开关编号＋4"构成。

仿真变电站示例：线路261开关与220kVⅠ母间的刀闸编号为2611，与220kVⅡ母间的刀闸编号为2612，与220kV旁母间的刀闸编号为2615，与线路直接相连的刀闸编号为2614。

②主变开关间隔与母线直接连接的刀闸编号由"主变开关编号＋刀闸所接母线编号"构成，与主变直接相连的刀闸编号由"主变开关编号＋4"构成。

仿真变电站示例：主变201开关与220kVⅠ母间的刀闸编号为2011，与220kVⅡ母间的刀闸编号为2012，与220kV旁母间的刀闸编号为2015，与主变直接相连的刀闸编号为2014。

(4) 接地刀闸。

①线路开关间隔接地刀闸编号由"线路开关编号＋30，40或60"构成。其中，靠母线侧接地刀闸编号为30，线路出线刀闸靠开关侧的接地刀闸编号为40，线路出线刀闸靠线路侧的接地刀闸编号为60。

仿真变电站示例：线路261开关靠母线侧的接地刀闸编号为26130，出线刀闸2614刀闸靠开关侧的接地刀闸编号为26140，靠线路侧的接地刀闸编号为26160。

②主变开关间隔接地刀闸编号由"主变开关编号＋30，40或60"构成。其中，靠母线侧接地刀闸编号为30，主变出线刀闸靠开关侧的接地刀闸编号为40，靠主变侧的接地刀闸编号为60。

仿真变电站示例：主变201开关靠母线侧的接地刀闸编号为20130，出线刀闸2014刀闸靠开关侧的接地刀闸编号为20140，靠主变侧的接地刀闸编号为20160。

③主变中性点接地刀闸编号由"中性点所在电压侧的主变开关编号＋9"

构成。

仿真变电站示例：♯1主变220kV侧中性点接地刀闸编号为2019；110kV侧中性点接地刀闸编号为1019。

设备编号在设备投入运行前就已经确定。运行人员应熟悉设备编号。

（二）设备单元的划分

变电站设备单元的划分应按部颁有关变电站运行管理制度制订的管理办法，根据与电气设备直接关联的电气回路和设备间隔修、校、试等工作的需要，确定变电设备评级单元，以便于正常的运行维护管理。设备单元的划分如下：

①变压器以每一台（含附属设备）为一单元。3台单相变压器为3个单元。变压器一次侧没有断路器时，应包括熔断器在内。

②调相机（包括附属设备）每台为一个单元。如数台调相机使用一套公用设备，可增立一公用系统单元。

③以断路器为主要元件的回路定为一个单元，应包括从母线隔离开关（属母线回路）下接线端起所连接的子母线、隔离开关、电流互感器、电压互感器、电抗器、电缆（指设备与设备间的连接电缆。如为线路应另列单元）、耦合电容器、线路避雷器及构架等。三绕组或自耦变压器三侧有断路器者，则其断路器回路应定为3个单元。

④母线单元包括母线隔离开关、电压互感器、母线避雷器及构架。

⑤电力电容器一组（包括配套的高压熔断器、电缆、钥排、放电电压互感器、中性点电流互感器、电抗器等）为一个单元。

⑥直流设备（包括蓄电池组、充电或整流装置、储能跳闸电容、复式整流器及直流屏等）为一个单元。

⑦站用变压器一台（包括隔离开关、高压熔断器、避雷器、电缆、所用电屏等）为一个单元。

⑧消弧线圈一台（包括隔离开关、示警装置、避雷器等）为一个单元。

⑨空气压缩系统为一个单元。

⑩站内所有避雷针和接地网为一个单元。

⑪全站土建及照明设备为一个单元。

⑫每台载波或微波通信设备（包括高频电缆、结合滤波器、微波塔及辅助设备等）为一个单元。

⑬继电保护和二次设备，除随相应的变电站一次设备为同一单元外，全站公用的继电保护、自动控制和中央信号屏算一个单元。

⑭故障录波装置一台为一单元。

（三）设备的评级标准

变电设备评级是电气设备技术管理的一项基础工作，设备定期评级可全面掌握设备技术状态。由设备评级所确定的设备完好率是电力企业管理的主要考核指标之一。因此，在设备评级过程中，应做到高标准、严要求和实事求是。

1. 评级原则

设备评级主要是根据运行和检修中发现的设备缺陷结合预防性试验结果进行综合分析，权衡对电力系统安全运行的影响程度，并考虑绝缘和继电保护及自动装置、二次设备定级及其技术管理情况来核定设备的等级。

2. 设备评级的分类

（1）一类设备。

技术状况全面良好，外观整洁，技术资料齐全、正确，能保证安全可靠、经济、满供者。一类设备的绝缘等级和继电保护自动装置及二次设备正常均为一级。重大的反事故措施或完善化措施已完成者。

（2）二类设备。

个别次要元件或次要试验结果不合格，但暂时尚不至于影响安全运行或影响小，外观尚可，主要技术资料齐备且基本符合实际，检修和预防性试验超过周期，但不超过半年者。二类设备的绝缘等级及二次设备等定级应为二级。

（3）三类设备。

有重大缺陷，不能保证安全运行，三漏严重，外观很不整洁，主要技术资料残缺不全，或检修预防性试验超过一个周期加半年仍未修试者。上级制订的重大反事故措施未完成者。

技术资料齐全是指该设备至少应具备以下技术条件：

①铭牌和设备技术履历卡。

②历年试验或检查记录。

③历年大、小修和调整记录。

④历年事故及异常记录。

⑤继电保护及自动装置、二次设备还必须有与现场设备相符合的图纸。

一、二类设备均称为完好设备。完好设备与参加评比设备在数量上的比例称为设备完好率。完好率计算公式为：

$$完好率=\frac{一类设备单元数+二类设备单元数}{设备单元总数}\times 100\% \qquad (式1-1)$$

（四）设备管理制度

1．巡回检查制度

加强对设备运行的巡视检查，掌握设备的运行情况，及早发现设备隐患，监视设备薄弱环节，是确保设备安全稳定运行的重要措施。

(1) 设备巡视的种类设备巡视的种类有以下 8 种：

①正常性巡视。

②新设备投入运行后的巡视。

③季节性（气候突变、风筝鸟害、树枝碰线、污秽地区等）的特殊巡视。

④节日前的特殊巡视。

⑤政治任务特殊巡视。

⑥夜间巡视。

⑦故障后的巡视。

⑧监督性巡视。

(2) 设备巡视的要求：

对设备巡视检查工作有以下要求：

①设备巡视中应根据设备的特点，结合季节，要求做到普通设备一般查，主要设备特别查，异常设备认真查，事故设备仔细查。

②定期进行由设备负责人和变电站站长或技术人员组织的详细检查。

③变电设备较多的变电站，要作为每次或每班巡视的重点。

④对污秽地区的设备要加强特殊巡视，特别是雾天的特殊巡视。定期进行带电清洗或积极采用防污措施，如对瓷件涂硅油，加装合成绝缘子增大爬

距等。

⑤各变电站必须制订各个班次的巡视重点及认清自己管辖的设备。

⑥要根据季节和负荷特点，开展群众性的安全大检查。

⑦巡视周期应严格执行电力局和各基层单位现场运行规程的规定。

⑧对无人值班的变电站应定期做好负荷月报工作。

2. 设备验收制度

①凡新建、扩建、大修、小修及预防性试验的电气设备，必须经过验收合格，手续完备后，方能投入系统运行。验收项目及标准必须按部颁及有关规程规定和技术标准执行。

②设备的安装或检修，在施工进程中，需要中间验收时，变电站负责人应指定专人配合进行。其隐蔽部分，施工单位应做好记录。中间验收项目，应由变电站负责人与施工检修单位共同商定。

③大小修预防性试验、继电保护及自动装置、仪表校验后，由有关修试人员将情况记录在有关运行记录簿中，并注明是否可以投入运行的结论，无疑问后，方可办理完工手续。

④验收的设备个别项目未达到验收标准，而系统急需设备投入运行时，需经主管局总工程师批准。

3. 设备缺陷管理制度

建立设备缺陷管理制度的目的是要求全面掌握设备的健康状态，及时发现设备缺陷，认真分析缺陷产生的原因，尽快消除设备隐患，掌握设备的运行规律，努力做到防患于未然。保证设备经常处于良好的技术状态是确保电网安全运行的重要环节，也是电气设备计划修、试、校工作的重要依据。

(1) 设备缺陷的内容：

设备缺陷是指在运行中或备用中的各种电压等级的电气设备，产生了威胁安全的异常现象。例如，以下现象则为缺陷：

①高压设备的绝缘试验、介损、耐压、绝缘电阻不合格。

②注油设备的油绝缘试验不合格或气相色谱分析存在明显问题。

③油浸设备渗漏油。

④运行设备内部发生异常声音及温度显著上升。

⑤开关机构失灵、拒分、拒合或低电压动作试验不合格。

⑥主要设备保护监视装置不合格。

⑦防雷装置不符合要求，接地电阻不合格。

⑧母线及设备接点严重过热。

⑨导线有断股及伤痕。

⑩二次回路绝缘电阻不合格，直流系统接地。

⑪瓷质部分有裂纹。

⑫直流设备及充电装置故障。

⑬继电保护装置故障。

⑭开关遮断容量不足或操作电源容量不足。

⑮隔离开关开合不灵。

⑯防误操作装置失去作用。

⑰主要辅助设备失去作用等。

（2）值班员管辖的有缺陷设备的范围：

有缺陷的设备是指已投入运行或备用的各个电压等级的电气设备，有威胁安全的异常现象需要进行处理者。值班员管辖的有缺陷的设备范围如下：

①变电一次回路设备。

②变电二次回路设备（如仪表、继电器、控制元件、控制电缆、信号系统、蓄电池及其他直流系统等）。

③避雷针接地装置、通信设备及与供电有关的其他辅助设备。

④配电装置构架及房屋设施。

（3）缺陷的分类及处理期限：

根据部颁《变电站运行管理制度》中"设备缺陷管理制度"规定，运行中的变电设备发生了异常，虽能继续使用，但影响安全运行者，均称为有缺陷设备，缺陷可分为以下两大类：

①严重缺陷。对人身和设备有严重威胁，不及时处理有可能造成事故者。此类缺陷的处理不得超过 24h。

②一般缺陷。对运行虽有影响但尚能坚持运行者，这类设备缺陷的处理期限应视其影响程度而定。

a. 性质重要,情况严重,已影响设备出力,不能满足系统正常运行的需要,或短期内将会发生事故威胁安全运行者,应在一周内积极安排处理。

b. 性质一般,情况较轻,对运行影响不大的缺陷,可列入月度计划进行处理。

(4) 发现缺陷后的汇报。

①运行人员发现严重缺陷时,应向主管单位汇报,同时向当值调度员汇报,110kV及以上者,应同时向上一级领导汇报。

②对性质一般的缺陷,可通过月度报表和月度安全运行例会向主管局汇报,对无法自处理的缺陷应提出要求,请求安排在计划检修中处理。

③对站内发现的一切缺陷,应在交接班时将情况进行汇报和分析,并记录在运行日志和缺陷记录本中。

④运行人员发现属于其他单位管辖的设备缺陷后,应立即汇报主管局通知设备管辖单位进行安排处理。

(5) 缺陷的登记和统计。

变电站应备有"缺陷登记簿",并应指定专人负责管理,以保证其正确性。任何缺陷都应记入缺陷记录簿中,并且可分设"严重缺陷记录簿"和"一般缺陷记录簿"。对于在操作、检修、试验等工作中发现的缺陷而未处理的,均应登记记录。对当时已处理的,如有重要参考价值的也要做好记录。

缺陷记录的主要内容应包括设备的名称和编号、缺陷主要内容,缺陷分类、发现者姓名和日期、处理意见、处理结果、处理者姓名和日期等。

4. 运行维护工作制度

①值班人员除正常工作外,应按本地区情况制订站内定期维护项目周期表,主要维护项目有控制屏清扫、信号交换、带电测温、交直流熔丝的定期检查、设备标志的更新修改、保安用具的整修、电缆沟孔洞的堵塞、主变压器冷却器清扫等。

②除按定期维护项目外,各站应结合本地区气象环境、设备情况、运行规律等制订本站的月、季、年维护计划或全年按月份安排的维护周期表。

③变电站应根据有关规定,储备备品备件、消耗材料并定期进行检查试验。

④根据工作需要，变电站应备足各种合格的安全用具、仪表、防护用具和急救医药箱并定期进行试验、检查。

⑤现场应设置各种必要的消防器具，全站人员均应掌握使用方法，并定期检查及演习。

⑥变电站的易燃、易爆物品、油罐、有毒物品、放射性物品、酸碱性物品等，均应置于专门的场所，并明确管理人员，制订管理措施。

⑦负责检查排水供水系统、采暖通风系统、厂房及消防设施，并督促有关部门使其保持完好可用状态。

5. 运行分析制度

变电设备的运行分析工作是一项全面掌握设备技术状况的十分细致的工作。为了加强变电站的运行管理，变电站及主管局应定期召开运行人员和有关专业人员的运行分析会。通过对变电设备在长期的运行中所发生问题的分析，及时掌握设备绝缘劣化趋势，努力摸索设备的内在规律，逐步积累运行经验，积极提高运行管理水平。

运行分析一般分为综合分析和专题分析两种。综合分析每月进行一次，分析本站安全和经济运行及运行管理情况，找出影响安全、经济运行的因素及可能存在的问题，针对其薄弱环节，提出实现安全、经济运行的具体措施。综合分析的重点内容如下：

①系统的运行方式、保护及自动装置的配置情况。

②从测录的电流、电压、有功功率、无功功率及温度中分析运行是否正常。

③从巡视检查发现的缺陷中找出规律性问题，制订反事故措施。

④从季节性特点找出防范措施。

⑤从运行中发现的异常情况找出内在原因。

⑥分析"两票"及各项规章制度的执行情况。

⑦分析操作情况，及时总结操作经验。

⑧分析变电站电能的平衡情况及线损指标完成情况。

⑨分析主变压器和馈线负荷变化情况以及母线电压质量情况，并对配置的补偿电容器或调相机的无功出力情况及其对电压的影响进行分析。

⑩分析设备健康水平和绝缘水平。

⑪分析设备修、试、校质量情况,找出规律性的问题。

⑫分析继电保护及自动装置的投、退和动作情况。

⑬分析通信及远动、自动化设备的运行状况。

专题运行分析会不定期进行,主要是针对综合分析中的某一问题,进行专门深入的分析,提出相应的措施。

四、变电站的技术管理

变电站的技术管理主要是认真贯彻落实各级制订的规章制度及规程、规范,对所具备的各种规程、规范及各类运行记录实行标准化管理,建立健全各种设备技术资料台账,提高变电站的技术管理水平,加强变电系统的安全运行。

(一)技术资料管理

投运后的变电站必须建立健全各种设备技术台账和有关资料,由兼职专人管理,按部颁《变电站运行管理制度》的要求,设备技术资料应包括以下内容:

①原始资料。如设计书、竣工图、更改设计证明书等详细资料(含电气、土建、通信等方面)。

②设备制造厂家使用说明书,出厂试验记录及有关安装资料。

③设备台账(含一、二次设备规范和性能)。

④改进、大修施工记录及竣工报告。

⑤历年设备修、试、校报告。

⑥设备运行记录、缺陷记录、负荷资料、异常及故障处理专题检查报告和运行分析报告。

⑦设备发生的严重缺陷、变动情况、改造记录及每季度设备评级记录。

⑧运行工作计划、设备检修计划及有关记录和月报表。

⑨现场规程、制度等。

(二)变电站应建立和保存的标准(规程、规范)

1. 变电站应具备建立和保存的部颁标准

①电力工业技术管理法规(试行)。

②电业安全工作规程（发电厂和变电站电气部分）。

③电力安全工作规程（热力和机械部分）。

④电业生产事故调查规程。

⑤发电机运行规程（有调相机时）。

⑥变压器运行规程。

⑦电力电缆运行规程。

⑧蓄电池运行规程。

⑨电气测量仪表运行管理规程。

⑩电气故障处理规程。

⑪电力系统调度管理规程和条例。

⑫电网继电保护与安全自动装置运行条例。

⑬电气设备交接和预防性试验标准。

⑭用气相色谱法检测充油电气设备内部故障的试验导则。

⑮有关设备检修工艺导则。

⑯化学监督有关导则、规章制度。

⑰电力系统电压和无功电力管理条例。

⑱变电站运行管理制度。

⑲电业生产人员培训制度。

⑳变电站设计技术规程。

㉑高压配电装置设计技术规范。

㉒继电保护和自动装置设计技术规程。

㉓电力设备过电压保护设计技术规程。

㉔电力设备接地设计技术规程。

㉕火力发电厂、变电站二次接线设计技术规程。

㉖电气测量仪表装置设计技术规程。

㉗电气装置安装工程施工及验收规范。

㉘压力容器安装监察规程。

㉙各种反事故技术措施。

2. 变电站应建立和保存的主管局或变电站制订的标准

①调度管理规程。

②变电设备检修规程。

③反事故技术措施。

④变电站运行规程。

(三) 变电站的各种图表及模拟板

①一次系统接线图。

②全站平、断面图。

③继电保护及自动装置原理及展开图。

④站用电系统接线图。

⑤正常和事故照明接线图。

⑥压缩空气系统图（有气动装置时）。

⑦调相机油、水系统或静补装置水冷系统图（有调相机时）。

⑧电缆敷设图（包括电缆芯数、截面、走向）。

⑨接地装置布置图。

⑩直击雷保护范围图。

⑪地下隐蔽工程图。

⑫直流系统图。

⑬融冰接线图（仅限于线路有覆冰的地区）。

⑭一、二次系统模拟图板（二次设备也可采用位置卡形式）。

⑮设备的主要运行参数表。

⑯继电保护及自动装置定值表。

⑰变电站设备年度修、试、校情况一览表。

⑱变电站设备定期维护表。

⑲变电站月度维护工作计划表。

⑳变电站设备评级标示图表。

㉑有权发布调度操作命令人员名单（由主管调度的局明确）。

㉒有权签发工作票的人员名单（由电业局或供电局发文明确）。

㉓有权担当监护人员名单（由变电站明确）。

㉔紧急事故拉闸顺序表（由主管调度发文明确）。

㉕紧急故障处理时需使用的电话号码表。

㉖安全记录标识牌。

㉗定期巡视路线图。

㉘设备专责分工表。

㉙卫生专责区分工表。

（四）变电站工作记录簿的建立

变电站在实际运行管理工作中，应具备以下记录簿：

①调度操作命令记录簿。

②运行工作记录簿。

③设备缺陷记录簿。

④断路器故障跳闸记录簿。

⑤继电保护及自动装置调试工作记录簿。

⑥高频保护交换信号记录簿。

⑦设备检修、试验记录簿。

⑧蓄电池调整及充放电记录簿。

⑨避雷器动作记录簿。

⑩事故预想记录簿。

⑪反事故演习记录簿。

⑫安全活动记录簿。

⑬事故、障碍及异常运行记录簿。

⑭运行分析记录簿。

⑮培训记录簿。

五、变电站的安全考核标准

电力生产必须坚持"安全第一、预防为主"的方针，坚持保人身、保电网、保设备、确保电力安全生产，更好地为用户服务的原则。要做好电业安全工作，必须抓住以下3方面工作：一是加强电业安全管理，强化电业职工的安全教育；二是严格执行安全规章制度；三是完善安全技术装备和安全措施。实行以行政正职是安全第一责任者为核心的各级生产责任制,强化安全监察与全过程的安全管理,坚持开展安全教育与安全活动,以及反习惯性违章等方面的工作。

(一) 加强安全检查和安全管理

经过多年的实践,电力企业的安全监察和安全管理体系已经基本完善。局、工段、班组的三级安全网络已正常运转,保证安全所必需的规章制度已经完善,并能较认真地执行,而且有些制度还具有独创性,如电业生产中必须坚持认真执行"两票""三制"。为防止人员误操作事故,对防误装置的功能必须达到"五防",一旦发生事故后又必须做到"三不放过",由于电力安全生产在国民经济中所起的作用和人民的安定关系重大,为确保电力工业随着国民经济持续、快速、健康的发展,要求电力企事业单位要杜绝人身死亡和对社会造成重大影响的恶性事故,消灭重大设备损坏事故,大幅度减少电网停电等一般事故。这就必须建立起各级领导的安全生产责任制,健全安全监察机构,形成坚强可靠的安全监察体系和安全保证体系,对电力安全生产起良好的作用。实现全国电力安全管理、安全装备、安全工器具的"三个现代化"的目标。

1. 全过程的安全管理

电力行业的设计、安装、运行、检修、修造各部门都要严格执行质量责任制和"三级验收制度"(班组、工段、局这三级),要做好工程、设备质量不合格不验收、不投产,发、供电企业要精心维护设备,严格执行规章制度,按章操作,安全运行。当前还应加强对承包工程多种经营和对临时工的安全管理,并由主管单位归口。我国的安全规程与各先进国家相比还是较完善的,40多年的实践经验证明,对防止事故是有效的。目前突出的问题是执行安全规章制度不严格,甚至违章作业、违章操作、违章指挥(所谓"三违")。对违章者要严格管理,严格要求,即时制止并处理,发生责任事故要相应追究有关人员的责任。

2. 坚持安全教育,开展安全活动

电力企业安全教育的内容包括坚持经常不断的安全思想教育、安全技术教育、安全规章制度教育,可普遍采用录像等音像设备,对电力职工进行现场安全教育，对变电运行人员和变电管理人员广泛进行仿真模拟培训，严格考核，"持证上岗"，考核不合格者一律不准上岗。

定期开展安全活动，根据季节特点和本单位的安全情况，每年进行几次安全大检查，坚持安全生产的自检、互查和抽查制度，对查出的事故隐患和具体习惯性"违章"应予以处理。坚持安全例会制度及每周安全日活动和有针对性的活动，定期进行事故演习等，不断总结经验吸取教训，增强职工的安全意识与自我保护能力，并提高事故预防能力和安全总体水平。

3. 完善安全技术措施和反事故技术措施

要根据现场发生过的人身事故、重大设备事故和事故隐患等，不断完善和制订切实的安全技术措施和反事故技术措施，并严格执行严格管理，这样从严格安全管理与安全技术两个方面保证人身安全和安全供电。

(1) 加强人的安全性管理。

①提高人的可靠性是防止误操作最重要的因素，误操作几乎全是违章造成的，违章就是人可靠性降低的表现，它是由多方面的原因引起的。因此，要细致地做工作，有针对性地采取有效措施，特别是强化劳动纪律，严格管理，克服松散现象，把好人员关。

②严格执行安全操作规章制度是防止误操作的重要组织措施之一，把好监督关和现场关，必须做到以下4点：

a. 接受任务要明确操作目的、操作方法和操作顺序。

b. 布置任务要明确清楚，安全措施要具体到位，并交代人身安全和设备安全的注意事项。

c. 执行操作票的全过程要把好"八关"，即填票清楚、审票认真、模拟正确、监护严格、唱票清楚、复诵响亮、对号相符、检查细致。

d. 操作结束要"三查"，即查操作应无漏项，查设备应无异常，查接地线和标识牌应符合要求。

(2) 加强电气防误操作的安全技术措施。

在主设备检修时，应同时检修防误闭锁装置，检查防误闭锁装置，发现缺陷应及时处理。

4. 变电站的其他安全规定

①安全用具要合格、齐全，符合安全标准，如验电器、接地线等。安全工具都应登记，每次检查、试验后都应记录，并有专人负责。

②消防设备应良好、会使用，遇有电气设备着火时，应立即将有关设备电源切断，然后灭火，对电气设备应使用干粉式灭火器、1211灭火器等，对充油设备着火应使用干燥沙子灭火。

③人员进入施工作业现场应戴安全帽，防止被高空坠落物体击伤。

④变电站应制订防止小动物等管理制度，以防发生意外事故。

⑤变电站应在站长监护下，每月进行一次防误装置的全面检查、维护，出现问题及时向工段（区）汇报处理。

⑥学会紧急救护法。现场人员应定期进行急救培训，会正确解脱电源，会心肺复苏法，会止血，会包扎，会转移，会搬运伤员，会外伤和中毒的紧急处理与急救。

5. 变电站环境的安全管理

工作场所应具备的安全条件如下：

①工作现场应具有安全感，对不符合安全条件者应及时向安监部门提出并制订标准，采取措施限期使之符合要求。

②设备安全装置、防护设施要完整，符合要求。

③工作地点应有充足的照明。

④临时工作场所的安全措施要可靠，如设置遮拦、警告牌、标识牌，使之与运行设备明显分开；工作现场应有存放零部件地点，不得乱放，高空作业应符合安全规定。

6. 实行安全生产重奖重罚制度

安全工作要贯彻重奖重罚的原则，以此作为考核的重要内容，职工晋级、升资，干部考绩等要与安全生产挂钩，对长期安全生产和安全工作有重大贡献的单位和个人要重奖并予表彰；对发生重大人身伤亡、设备责任事故的单位和有关人员要追究责任，实行重罚，并予相应的处分等。

（1）奖励对安全生产有显著成绩者。

①防止误操作有显著成绩者，如发现并及时制止违章操作，防止了事故

的发生。

②及时纠正错误命令（不包括监护人的命令）而防止误操作者。

③及时纠正了他人要进行的误操作而防止误操作者。

④发现设备重要隐患和缺陷，避免了事故的发生或扩大。

(2) 反违章。

开展反违章，重点反习惯性"三违"，举例如下：

①违章操作及责任：

a. 不使用操作票进行操作（包括即使未产生后果），则监护人负主要责任，操作人负直接责任。

b. 使用不合格的操作票（如遗漏项目或颠倒项目等）或不按操作票顺序进行操作，则监护人负主要责任，操作人负直接责任。

c. 不认真执行监护制度或不核对设备编号、误入带电间隔，监护人负主要责任，操作人负重要直接责任。

d. 操作时监护人不监护，与操作人一起操作或脱离岗位去从事其他活动，则监护人负主要责任，操作人负直接责任。

e. 操作人在无监护情况下擅自操作，由操作人员负主要责任；若监护人发现后不及时制止，则监护人负主要责任。

f. 调度命令错误，发令人负主要责任。

②违章作业引起事故：

a. 无工作票进行工作，错误履行工作许可手续，误入带电间隔，应按当时实际情况对有关人员分析责任。

b. 工作票组织措施或技术措施不完善，而检修与运行负责人都不认真履行工作票手续。

c. 工作负责人（监护人）不监护，直接参加工作或离开检修现场，未指定代理人，则工作负责人应负主要责任。

d. 检修人员擅自扩大检修工作范围到邻近的带电设备（线路）上去工作，则工作人员应负主要责任。

e. 检修工作中途换人，不熟悉检修内容和工作范围，则工作负责人应负主要责任。

f. 不带绝缘手套操作低压设备引起触电事故,则监护人应负主要责任,操作人应负重要直接责任。

③违章指挥造成事故:

a. 领导瞎指挥、不验电、不挂接地线,下令蛮干,领导负主要责任,工作负责人不予制止应负直接责任。

b. 工作票签发人对工作票不要求验电、挂接地线,则工作票签发人应负主要责任,工作负责人对工作票遗漏验电、接地项目未予纠正,则工作负责人应负重要直接责任。

c. 无工作票或工作负责人马虎,不验电、不挂接地线,工作负责人应负主要责任。

d. 工作值班人员未经许可擅自进行工作,不验电、不挂接地线,工作人员应负主要直接责任,若工作负责人不及时制止,听之任之,则工作负责人应负重要直接责任。

(二) 加强安全技术、安全装备现代化

现在主要电网、枢纽变电站已相继装有安全监控装置,故障快速切除保护,巡回检测自动记录装置和故障录波器等。在高压配电装置上已逐步安装具有防止带负荷拉、合隔离开关,防止误拉、合断路器,防止带接地线合闸,防止带电挂接地线和防止误入带电间隔的"五防"技术闭锁装置。

目前,全国电力系统在安全信息管理方面已实现计算机联网,可随时检索及分析各种类型的事故,及时反馈信息,交流经验,提供管理决策。另外,电力设备的可靠性管理已经广泛推广,安全管理与可靠性管理结合起到了相辅相成的作用,为全面提高电力工业的安全管理水平起到良好的作用。

在安全工、器具现代化方面,重点在防止触电等人身伤亡事故方面研制了一批新型安全器具,如防止触电的手表式静电报警器,带程控的携带型短路接地线,全封闭安全围栏,带声光、音响或有回转功能的高压验电器等已得到广泛使用。对一些落后的安全工、器具正在逐步淘汰更新,使电气值班人员的人身安全有了更可靠的保证。

(三) 对事故的分类管理和分级考核

大体上事故分为两类:一类是造成人身伤亡和造成重大社会影响的重大

恶性事故；另一类是指一般设备事故，人身轻伤，主要对企业经济效益有影响。前者由国家电力公司考核管理，后者由企业进行考核管理。

根据事故性质的严重程度及经济损失的大小分为特大事故、重大事故和一般事故。

1. 特大事故

特大事故系指以下情况之一者：

①人身死亡事故一次达50人及以上者。

②电力事故造成直接经济损失1 000万元及以上者。

③大面积停电造成全网负载10 000MW及以上、减供负载30％，或者全网负载5 000～10 000MW以下、减供负载40％或3 000MW，或全网负载1 000～5 000MW以下、减供负载50％或2 000MW，或中央直辖市全市减供负载50％及以上，或省会城市全市停电。

④其他性质特别严重的事故，经国家电力公司认定为特大事故者。

2. 重大事故

重大事故系指以下情况之一者：

①人身死亡事故一次达3人及以上，或人身伤亡事故一次重伤达10人及以上者。

②大面积停电造成全网负荷10 000MW及以上、减供负荷10％，或者全网负荷5 000～10 000MW以下、减供负荷15％或1 000MW，或者全网负荷1 000～5 000MW以下、减供负荷20％或750MW，或者全网负荷1 000MW以下、减供负荷40％或200MW，或中央直辖市全市减供负载30％及以上，或者省会或重要城市减供负载50％及以上。

③下列变电站之一发生全站停电：电压330kV及以上变电站，或枢纽变电站，或一次事故中有3个220kV变电站全停电。

3. 一般事故

除了特大事故、重大事故以外的事故均为一般事故。

设备发生异常而未构成事故者称为障碍，障碍分为一类障碍和二类障碍。

(1) 一类障碍：

发生以下情况之一者定为一类障碍：

①设备非计划停运或降低出力未构成事故者。

②电能质量降低,电力系统频率偏差超出规定值。容量 3 000MW 及以上的电力系统、频率偏差超出 50±0.2Hz 延续时间 30min 以上;或者频率偏整超出 50±1Hz 延续时间 10min 以上;容量 3 000MW 以下的电力系统频率偏差超出 50±0.5Hz 延续时间 30min 以上;或频率偏差超出 50±1Hz 延续时间 10min 以上。

③电力系统监视控制点电压超过电力系统规定值的电压曲线数值的±5%,并且延续时间超过 1h;或电压超过规定数值的±10%,并且延续时间超过 30min。

④其他如线路故障,断路器跳闸后自动重合闸良好;或由于断路器遮断容量不足。供电局经总工程师批准报上级主管单位备案停用自动重合闸的断路器跳闸后 3min 以内强送电良好者,或为了救人的生命和抢险救灾的紧急设备停运。

(2) 二类障碍:

二类障碍的标准由各电管局、省电力局(或企业主管单位)自行制订。

4. 安全考核、安全记录

(1) 安全记录:

供电局安全记录为连续无事故的累计天数。凡发生事故除了下列情况外,均应中断事故单位的安全记录:

①人身轻伤。

②配电事故。

③新发供电设备投产后,由于设计、制造、施工、安装、调试、集中检修等单位责任造成的一般事故。

(2) 安全考核:

供电局的安全考核:安全记录、输电事故率、变电事故率、10kV 供电可靠率、人身重伤率,死亡人数及重大事故、特大事故次数均为安全的考核项目。

(3) 故障分析:

发生事故必须进行事故调查、统计,故障分析必须实事求是、尊重科学、严肃认真,反对草率从事,更不能大事化小,小事化了;严禁虚报、伪造、隐瞒事故真相。发生事故后要做到"三不放过",即事故原因不清楚不放过,事故责任者和应受教育者没有受到教育不放过,没有采取防范措施不放过。变电运行人员和安全工作人员必须认真开好事故现场会,以便更好地受到教育,从中吸取教训。

六、变电站的安全管理措施

(一)变电站安全管理的内容和方法

安全生产责任制是加强安全管理的重要措施,其核心是认真实行管理生产必须管安全,坚持"安全生产,人人有责"的原则。

1. 变电站站长在安全生产中的职责和权力

变电站安全生产的好坏关键在站长。站长既要组织全站人员完成生产任务,又要保障本站全体人员在生产过程中的安全。站长不仅要有高度的政治责任感,熟练掌握生产技术,还要以身作则,模范遵守安全规章制度,认真贯彻安全生产责任制,团结教育全站人员牢固树立"安全第一"的思想,形成人人注意安全,个个关心安全的局面。

(1) 站长在安全生产管理中的职责:

①对全站安全生产负责,认真贯彻执行有关安全生产的方针、政策、法令和规章制度。

②经常教育本站人员自觉遵守劳动纪律和安全工作规程,牢固树立"安全第一"的思想。

③坚持经常性的安全生产检查制度,对设备、安全设施、工作场所及周围的环境、班组成员的精神状态等进行检查,发现隐患,及时组织消除。

④督促全站成员正确使用和爱护劳保用品与安全用具,学会触电急救法。

⑤督促和支持安全员组织每周一次的安全活动,做到有计划、有内容、有结论。

⑥积极参加事故的调查处理,如变电站发生伤亡事故,应立即报告局(分局、工区),并积极组织抢救,保护现场,发生设备或伤亡事故后,组织全站成员对事故进行分析,按"三不放过"的原则,分析事故原因,吸取教

训，制订防范措施并组织实施，杜绝事故重复发生。

⑦积极组织开展"四无"（无事故、无障碍、无异常、无差错）活动，制止违章，严格考核，奖惩分明。

(2) 站长在安全生产管理中的权力：

①有权指挥本站的安全生产和各项工作。

②有权决定工作范围内的各种问题。

③对本站发生的违章作业和不遵守劳动纪律的人员，有权批评、制止、考核和提出处理意见。

④有权组织本站人员的安全培训和安全考试。

⑤有权向上级领导提出本站在安全生产中做出成绩的人员的奖励、晋级意见。

⑥对上级不正确的指挥，对明显影响安全和危及设备、人身安全的指令，有权越级反映和抵制。

2. 值班长在安全生产中的职责和权力

值班长在当值安全生产管理中，具有与站长类似的职责和权力。

3. 安全员在安全生产中的职责和权力

安全员在安全生产管理中的职责如下：

①协助站长（值班长）开展安全工作，贯彻执行安全生产的方针、政策和各项规章制度。

②协助站长（值班长）搞好安全教育，认真组织好安全活动。

③检查督促站（班）内成员遵守安全规程，正确使用安全用具。

④协助站长（值班长）开展"四无"活动，严格执行"三不放过"的原则，并督促防范措施的实施。

⑤督促和帮助现场工作负责人严格执行安全规程，确保安全作业。

安全员是站长（值班长）在安全方面的助手，也具有与站长相类似的权力。

（二）安全活动

变电站的安全活动是班组进行自我完全教育的一种好形式，其目的在于对全站人员进行经常性和系统性的安全思想教育和安全技术知识教育，提高全站人员安全生产的责任感和自觉性。

1. 安全日活动

变电站每周应进行一次安全日活动,由站长、值班长或安全员主持,活动内容包括:结合本站安全情况,学习讨论上级有关安全文件、讲话、事故通报等。讨论分析本周安全生产情况,制订有关安全措施。结合本单位发生的事故或不安全现象,讨论分析,制订反事故措施。结合季节特点和设施缺陷情况,开展安全情况分析,发动全站人员制订安全技术措施。学习部颁《电业安全工作规程》《电业生产事故调查规程》,并对学习情况进行考核。

2. 班前班后会

为了确保变电站的安全生产,提高运行管理水平,值班长必须结合当前工作,积极召开班前班后会,时间为 15~30min。班前会的重点是根据本值将要进行的倒闸操作、检修试验、特殊天气和特殊运行方式、设备缺陷等,制订安全措施,交代工作票内容,强调安全注意事项等。班后会的重点是对当值工作进行重点讲评,总结成绩,指出不足,进行劳动考核评定等。

3. 故障分析会

故障分析会是变电站用生动具体的事故案例进行安全教育的好形式。当本站或本单位其他变电站发生事故时,变电站应及时召开全站故障分析会。故障分析会应坚持"三不放过"的原则,重点是弄清事故原因,明确事故责任,制订防止同类事故发生的防范措施。会议时间长短取决于会议进展情况,一次解决不了的,可召开多次,务必达到"三不放过"的目的。

(三)变电站电气工作的安全措施

变电站电气工作的安全措施包括保证安全的组织措施和技术措施。

所谓组织措施,就是在进行电气工作时,将检修、试验和运行等有关部门组织起来,加强联系,密切配合,在统一指挥下,共同保证工作的安全。在电气设备上工作,保证人身安全的组织措施有以下 4 个方面:

① 工作票制度。

② 工作许可制度。

③ 工作监护制度。

④ 工作间断、转移和终结制度。

一切电气设备的检修、安装或其他工作,如果直接在设备的带电部分上或与带部分邻近的设备上进行时，为了保证工作人员的安全，一般是在停电的状态（全部停电或部分停电）下进行。此时，必须完成以下 4 项保证安全的技术措施：

①停电。

②验电。

③装设接地线。

④悬挂标识牌和装设遮拦。

上述 4 项技术措施由运行值班员执行，对于无经常值班人员的电气设备和线路，可由断开电源的工作人员执行，并应有监护人在场。

组织措施和技术措施是部颁《电业安全工作规程》的核心部分，为了保证电气工作人员的人身安全，不论在高压设备或低压设备上工作，都必须按规程规定做好保证安全的组织措施和技术措施，严格执行工作票制，这是防止触电伤害的保证。

（四）变电站的防火防爆防人身触电

在变电运行工作中，必须特别注意电气安全，否则就有可能造成严重的人身触电伤亡事故，或发生火灾和爆炸事故，给国家、人民和个人带来极大的损失和痛苦。为此，应注意以下几点：

①加强安全教育，树立安全生产的观点。很多已发生的电气事故说明，麻痹大意是造成人身伤亡事故的重要原因之一，应该教育供、用电人员充分认识安全生产的重大意义，力争做到供电系统无运行事故，并消灭人身事故。

②建立健全必要的规章制度，尤其要注意建立健全岗位责任制。

③要"精心设计、精心施工"，确保变电工程的设计及施工质量。

④对于容易触电的场所和手提电器，应采用 36V 以下的安全电压。在易燃、易爆的场所，应采用密闭或防爆型电器。

⑤正确使用合格的安全用具，充分发挥它们的保护作用，安全用具可分为以下 3 类：

a. 基本安全用具。这类安全用具的绝缘强度能长期承受电气设备的工作电压，并且在该电压等级产生内部过电压时，能保证工作人员的安全。如绝缘棒、绝缘夹钳、验电器等。

b. 辅助安全用具。这类安全用具的绝缘强度不足以安全地承受电气设备的工作电压，但使用它们能进一步加强基本安全用具的绝缘强度。如绝缘手套、绝缘靴、绝缘垫等。

c. 一般防护安全用具。这类安全用具没有绝缘性能，主要用于防止停电检修的设备突然来电、感应电压、工作人员走错间隔、误登带电设备、电弧灼伤、高空坠落等造成事故。

如携带型接地线、临时遮拦、标识牌、警告牌、防护目镜、安全带等。这类安全用具对防止工作人员触电是必不可少的。

⑥普及安全用电知识。如不允许随便加大熔断器熔丝的规格或改用其他导电材料（如铜丝）来代替原有的熔丝。遇高压电线落地时，应离开落地点 8~10m 以上。遇断落在地上的电线时，绝对不能用手去拣。高压断线接地故障时，应划定禁止通行区，派专人看守，并立即通知有关部门进行处理等。

⑦重视电气设备的防火防爆，了解变电站充油设备、电力电缆、蓄电池室等产生火灾和爆炸的原因，采取必要的防范措施，掌握其发生火灾时的扑救方法。

⑧当发生电气设备故障或电器漏电起火时，必须立即切断电源，然后用沙子覆盖灭火，或者用四氯化碳灭火器、二氧化碳灭火器、干粉灭火器灭火。绝对不能用水或一般酸碱泡沫灭火器灭火。但要注意以下两个方面的问题：

a. 使用四氯化碳灭火器时，要防止中毒。因为四氯化碳受热时与空气中的氧作用，会生成有毒的气体，因此使用时应将门窗打开，有条件的可带上防毒面具。

h. 使用二氧化碳灭火器时，要防止冻伤和窒息。因为二氧化碳是液态的，灭火时，它向外喷射，强烈扩散，大量吸热，形成温度很低的雪花状干冰，降温灭火，隔绝氧气。因此，使用时也要打开门窗，人要离开火区 2~3m 以外，勿使干冰沾着皮肤。

⑨万一发生人员触电，应立即进行现场抢救。首先使触电者迅速脱离电源，然后根据触电者的具体情况，分别采用人工呼吸、胸外心脏按压等方法进行就地急救，同时迅速派人请医生来急救，在医生来到之前或在送往医院的过程中，要坚持抢救，不得中断。

第二章　设备巡视

第一节　巡视规定

变电站设备巡视是值班员运行人员一项很重要的工作,对设备的定期巡视检查是随时掌握设备运行情况、变化情况、发现设备异常情况、确保设备连续安全运行的主要措施,值班人员必须按设备巡视线路认真执行。巡视中不得兼做其他工作,遇雷雨时应停止巡视。

值班人员对运行设备应做到正常运行按时查,高峰、高温认真查,天气突变及时查,重点设备重点查,薄弱设备仔细查。

一、设备巡视应遵守的规定和分类

1. 设备巡视应遵守的规定

值班运行人员对设备巡视应遵循以下规定:

(1) 遵守《电力安全工作规程》(发电厂和变电站电气部分)对高压设备巡视的有关规定。

(2) 确定巡视路线,按照巡视路线图进行巡视,以防漏巡。

(3) 发现缺陷及时分析、做好记录,并按照缺陷管理制度向班长和上级汇报。

(4) 巡视高压配电设备装置一般应有两人同行。经考试合格后,单位领导批准,允许单独巡视高压设备的人员可单独巡视。

(5) 巡视高压设备时，人体与带电导体的安全距离不得小于安全工作规程的规定值，严防因误接近高压设备而引起的触电。

(6) 进入高压室巡视时，应随手将门关好，以防小动物进入室内。

(7) 设备巡视要做好巡视记录。

(8) 新进人员和实习人员不得单独巡视设备。

(9) 检修人员在进行红外线测温、继电保护巡视等，必须执行工作票制度。

(10) 火灾、地震、台风、冰雪、洪水、泥石流、沙尘暴等灾害发生时，如需要对设备进行巡视时，应制定必要的安全措施，得到设备运行单位分管领导批准，并且至少两人一组，巡视人员应与派出部门之间保持通信联络。

(11) 运行人员巡视检查前，应准备好打开设备机构箱、端子箱、电源箱、保护屏、配电屏和保护小室的钥匙，带好望远镜、红外测温仪、PDA巡视仪、通信器材等必备工具。

(12) 运行人员巡视检查后应将本次抄录的数据与上次巡视检查抄录的数据进行认真核对和分析，及时发现设备存在的问题。

2. 设备巡视分类

变电站的设备巡视分为正常巡视、定期巡视和特殊巡视三类。

(1) 正常巡视应每天进行，并按照规定的内容要求进行，正常巡视每天三次，即交接班巡视、高峰负荷巡视和夜间闭灯巡视。

(2) 定期巡视应按规定时间和要求进行。定期巡视是对设备进行较完整的巡视检查，巡视时间较长，巡视时要求做好详细的巡视记录。

(3) 特殊巡视是根据实际情况和规定的要求而增加的巡视次数。特殊巡视一般是有针对性的重点巡视。在下列情况下需要对设备进行特殊巡视：

(1) 设备过负荷或负荷有明显增加。

(2) 恶劣气候或天气突变。

(3) 事故跳闸。

(4) 设备异常运行或运行中有可疑的现象。

(5) 设备经过检修、改造或长期停用后重新投入系统运行。

(6) 阴雨天初晴后，对户外端子箱、机构箱、控制柜是否受潮结露进行检查巡视。

(7) 新安装设备投入运行。

(8) 重污秽区变电站。

(9) 春、秋安全大检查。

(10) 法定节、假日、其他特殊节日及重大政治活动日需要巡视。

(11) 上级有通知及节假日。

二、设备巡视内容

1. 正常巡视内容

(1) 充油设备有无漏油、渗油现象，油位、油压、油温是否正常。

(2) 充气设备有无漏气，气压是否正常。

(3) 设备接头点有无发热、烧红现象，金具有无变形和螺丝有无断损和脱落。

(4) 旋转设备运行声音有无异常（如冷却器风扇、油泵等）。

(5) 设备吸潮装置是否已失效。

(6) 设备绝缘子、瓷套有无破损和灰尘污染是否严重。

(7) 设备计数器、指示器动作和变化指示情况。

(8) 有无异常放电声音。

(9) 循环水冷却系统的水位、水压是否正常，有无渗、漏水现象。

(10) 主控室有关运行记录本、图纸，绝缘工具内接地线数目是否正确等。

(11) 继电保护及自动装置的投退是否正常、运行情况是否正常、有无异常信号等。

(12) 设备的监视参数是否正常。

(13) 设备的控制箱和端子箱的门是否关好。

2. 天气变化或突变时设备巡视内容

(1) 天气暴热时，应检查各种设备温度、油位、油压、气压等的变化情况，检查油温、油位是否过高，冷却设备运行是否正常，油压和气压变化是否正常，检查导线、接点是否有过热现象。

（2）天气骤冷时，应重点检查充油设备的油位变化情况，油压和气压变化是否正常，加热设备运行情况，接头有无开裂、发热等现象，绝缘子有无积雪结冰，管道有无冻裂等现象。

（3）大风天气时，应注意临时设施牢固情况，导线舞动情况及有无杂物刮到设备上的可能，接头有无异常情况，室外设备箱门是否已关闭好。

（4）降雨、雪天气时，应注意室外设备接点触头等处及导线是否有发热和冒气现象，检查门窗是否关好，屋顶、墙壁有无漏水现象。

（5）浓雾、毛毛雨、下雪时，瓷套管有无沿表面闪络和放电，各接头在小雨中和下雪后不应有水蒸气上升或立即融化现象，否则表示该接头运行温度比较高，应用红外线测温仪进一步检查其实际情况。必要时关灯检查。

（6）雷雨、冰雹后，检查引线摆动情况及有无断股，设备上有无其他杂物，瓷套管有无放电痕迹及破裂现象。雷击后应检查绝缘子、套管有无闪络痕迹，检查避雷器是否动作。

（7）如果是设备过负荷或负荷明显增加时，应检查设备接点触头的温度变化情况，变压器严重过负荷时，应检查冷却器是否全部投入运行，并严格监视变压器的油温和油位的变化，若有异常及时向调度汇报。

（8）当事故跳闸时，运行人员应检查一次设备有无异常，如导线有无烧伤、断股，设备的油位、油色、油压是否正常，有无喷油异常情况，绝缘子有无闪络、断裂等情况；二次设备应检查继电保护及自动装置的动作情况，事件记录及监控系统的信号情况，微机保护的事故报告打印情况，故障录波器录波情况；站用电系统的运行情况等。

三、巡视设备基本方法

在没有先进的巡视方法取代传统的巡视方法前（微机巡视仪已开始使用），巡视工作主要采取传统的巡视方法，即看、听、嗅、摸和分析。

1. 目测检查法

所谓目测检查法，就是用眼睛来检查看得见的设备部位，通过设备外观的变化来发现异常情况。通过目测可以发现的异常现象有破裂、断线；变形（膨胀、收缩、弯曲）；松动；漏油、漏水、漏气；污秽；腐蚀；磨损；变色

（烧焦、硅胶变色、油变黑）；冒烟，接头发热；产生火花；有杂质异物；表计指示不正常，油位指示不正常；不正常的动作等。

2. 耳听判断法

用耳朵或借助听音器械，判断设备运行时发出的声音是否正常，有无异常声音。

3. 鼻嗅判断法

用鼻子辨别是否有电气设备的绝缘材料过热时产生的特殊气味。

4. 触试检查法

用手触试设备的非带电部分（如变压器的外壳、电机的外壳），检查设备的温度是否有异常升高。

5. 用仪器检测的方法

借助测温仪定期对设备进行检查，是发现设备过热最有效的方法，目前使用较广。

第二节　巡视项目

一、变压器巡视

（一）变压器正常巡视的项目

1. 变压器本体

（1）变压器声响均匀、正常。

（2）变压器的油温和温度计应正常，储油柜的油位应与温度相对应，现场指示与远方记录（或监控系统显示）一致。

（3）变压器各部位无渗油、漏油。

（4）套管油位应正常，套管外部无破损裂纹、无严重油污、无放电痕迹及其他异常现象，法兰应无生锈、裂纹；接头无松动、发热或变色现象；套管的升高法兰座无渗油、漏油现象；电容式套管末屏接地良好，无放电声或放电火花。

（5）各侧接线端子或连接金具是否完整、紧固，引线接头、电缆、母线应无发热现象,引线挡线绝缘子串无裂纹、破损和放电闪络痕迹,外观清洁。

(6) 吸湿器完好,吸附剂干燥(变色不超过 2/3),油封油位正常。

(7) 压力释放器、安全气道及防爆膜应完好无损,无渗漏油现象。

(8) 气体继电器与油枕间连接阀门是否打开,气体继电器内有无气体,是否充满油。

(9) 各控制箱和二次端子箱、机构箱应关严,无受潮,温控装置工作正常,箱内各种电气装置是否完好,位置和状态是否正确。

(10) 各类指示、灯光、信号应正常。

(11) 变压器室的门、窗、照明应完好,房屋不漏水,温度正常。

(12) 检查变压器铁芯(夹件)接地线和外壳接地线是否良好,采用钳形电流表测量铁心接地线电流值,值不应大于 0.5A;铁心及夹件接地引出小套管及支持绝缘子无破损。

(13) 变压器底部轱辘滚轮止动良好,无松动。

2. 变压器冷却器及控制箱

(1) 冷却器是散热(管)片、进出口油管法兰和阀门无渗、漏油现象,冷却器油循环阀门开启正确。

(2) 运行中的冷却器风散无反转、卡住、叶片碰壳和停转现象;风扇、油泵、水泵运转正常,油流继电器工作正常,风向和油的流向是否正确,整个冷却器有无异常振动。

(3) 检查运行中的冷却器风散效果是否正常,检查冷却器散热管风道灰尘堵塞情况,各冷却器手感温度应相近。

(4) 运行中冷却器潜油泵运行无异常声、渗漏油现象,油流计指示正确,油流计示窗玻璃完好,无进水现象。

(5) 各组冷却器下部控制箱门密封,关闭良好。

(6) 冷却器控制箱内各把手、开关、信号指示灯等是否正常,动力电缆是否有发热现象,箱内封堵是否良好,箱内有无受潮及杂物,无异常信号报出。

(7) 水冷却器的油压应大于水压(制造厂另有规定者除外)。

3. 调压装置

(1) 母线电压指示反映在主变压器规定的调压范围内,并符合调度颁发的电压曲线。

（2）主控制室、有载调压控制箱内挡位指示器或位置指示灯的指示正确，反映有载分接开关挡位。

（3）调压装置操作后，对于并列运行的变压器或单相式变压器组，还应检查各调压分头的位置是否一致；计数器动作应正确并抄录计数器数字。

（4）有载调压油枕油位、油色正常、无渗漏油现象。气体继电器无积气及渗漏油现象。

（5）有载调压压力释放装置无异常声音、无渗漏油现象。

（6）有载调压控制箱内各把手、开关、信号指示灯等是否正常，动力电缆是否有发热现象，箱内封堵是否良好，机构部件应无锈污现象，箱内有无受潮及杂物，无异常信号报出。

（7）有载分接开关的在线滤油装置工作位置及电源指示应正常，调压油箱载线滤油设备无异常。

运行中应重点监视有载调压油枕的油位。因为有载调压油枕与主油箱不连通，油位受环境温度影响较大，而有载调压开关带有运行电压，操作时又要切断并联分支电流，故要求有载调压油枕的油位常达到标示的位置。油的击穿电压不得小于25kV。

运行中必须认真检查和记录有载调压装置的动作次数。调压装置每动作5 000次以后，应对调压开关进行检修，假若触头烧损严重，其厚度不足7mm时应进行更换。在操作1万次以后，必须进行大修。选择开关不易磨损和出故障，对选择开关的第一次检查可在动作1万次以后进行，其后可视情况定期检查或定次检查。

（二）变压器例行巡视和检查要求

（1）变压器的油温和温度计应正常，储油柜的油位应与制造厂提供的油温、油位曲线相对应，温度计指示清晰。具体要求如下：

①储油柜采用玻璃管作油位计，储油柜上标有油位监视线，分别表示环境温度为－20℃、＋20℃、＋40℃时变压器对应的油位；如采用磁针式油位计时，在不同环境温度下指针应停留的位置，由制造厂提供的曲线确定。

②根据温度表指示检查变压器上层油温是否正常。变压器的冷却方式不

同,其上层油温或温升亦不同,具体应不超过规定(一般应按制造厂或 DL/T 572—2010《电力变压器运行规程》规定)。运行人员不能只以上层油温不超过规定为标准,而应该根据当时的负荷情况、环境温度以及冷却装置投入的情况等及历史数据进行综合判断。就地与远方油温指示应基本一致。绕组温度仅作参考。

③由于在油温 40℃左右时,油流的带电倾向性最大,因此变压器可通过控制油泵运行数量来尽量避免变压器绝缘油运行在 35～45℃温度区域。

(2)变压器各部位无渗油、漏油。应重点检查变压器的油泵、压力释放阀、套管接线柱、各阀门、隔膜式储油柜等无渗油、漏油。

①油泵负压区的渗油,容易造成变压器进水受潮和轻瓦斯有气而发信。

②压力释放阀的渗油、漏油应检查有否动作过。

③套管接线柱处的渗油,检查外部引线的伸缩条及其热胀冷缩性能。

(3)套管油位应正常,套管外部无破损裂纹、无严重油污、无放电痕迹及其他异常现象。检查瓷套,应清洁,无破损、裂纹和打火放电现象。

(4)变压器声响均匀、正常。若变压器附近噪声较大,应利用探声器来检查。

(5)各冷却器手感温度应相近,风扇、油泵、水泵运转正常,油流继电器工作正常。冷却器组数应按规定启用,分布合理,油泵运转应正常,无其他金属碰撞声,无漏油现象,运行中的冷却器的油流继电器应指示在"流动位置",无颤动现象。

①油泵及风扇电动机声响是否正常,有无过热现象,风扇叶子有无抖动碰壳现象。

②冷却器连接管是否有渗、漏油。

③油泵、风扇电动机电缆是否完好。

④冷却器检查及试验工作以及辅助、备用冷却器运转和信号是否正常;是否按月切换冷却器,是否每季进行一次电源切换并做好记录。

⑤运行中油流继电器指示异常时,应检查油流继电器挡板是否损坏脱落。

(6)水冷却器的油压应大于水压(制造厂另有规定者除外)。

(7)吸湿器完好,吸附剂干燥。检查吸湿器、油封应正常,呼吸应畅通,硅胶潮解变色部分不应超过总量的2/3。运行中如发现上部吸附剂发生变色，应注意检查吸湿器上部密封是否受潮。

（8）引线电缆、母线接头应接触良好，接头无发热现象。接头接触处温升不应超过70K。

（9）压力释放阀、安全气道及防爆膜应完好无损。压力释放阀的指示杆未突出，无喷油痕迹。

（10）有载分接开关的分接位置及电源指示应正常。操作机构中机械指示器与控制室内分接开关位置指示应一致。三相联动的应确保分接开关位置指示应一致。

（11）在线滤油装置工作方式及电源指示应正常。各信号是否发信。有载分接开关调压后一般应启动在线滤油装置，有载分接开关长期无操作，也应半年进行一次带电滤油。

（12）气体继电器内应无气体。

（13）各控制箱和二次端子箱、机构箱门应关严，无受潮，电缆孔洞封堵完好，温控装置工作正常。冷却控制的各组工作状态符合运行要求。

（14）各类指示、灯光、信号应正常。

（15）变压器室的门、窗、照明应完好，房屋不漏水，温度正常。

（16）检查变压器各部件的接地应完好。检查变压器铁心接地线和外壳接地线应良好，铁心、夹件通过小套管引出接地的变压器，应将接地引线引至适当位置，以便在运行中监测接地线中是否有环流，当运行中环流异常增长变化时，应尽快查明原因，严重时应检查处理并采取措施，如环流超过300mA又无法消除时，可在接地回路中串入限流电阻作为临时性措施。

（17）用红外测温仪检查运行中套管引出线联板的发热情况及本体油位、储油柜、套管等其他部位。

（18）在线监测装置（若有）应保持良好状态，并及时对数据进行分析、比较。

（19）事故储油坑的卵石层厚度应符合要求，保持储油坑的排油管道畅通，以便事故发生时能迅速排油。室内变压器应有集油池或挡油矮墙，防止火灾蔓延。

(20) 检查灭火装置状态应正常，消防设施应完善。

（三）变压器定期巡视项目

(1) 外壳及箱沿应无异常发热，必要时测录温度分布图。

(2) 各部位的接地应完好；必要时应测量铁心和夹件的接地电流。

(3) 强油循环冷却的变压器应作冷却装置的自动切换试验。

(4) 水冷却器从旋塞放水检查应无油迹。

(5) 有载分接开关的动作情况应正常。

(6) 在线滤油装置动作情况应正常，各信号正确。

(7) 各种标志应齐全明显。

(8) 各种保护装置应齐全、良好。

(9) 各种温度计应在检定周期内，超温信号应正确可靠。

(10) 消防设施应齐全完好。

(11) 室（洞）内变压器冷却通风设备应完好。

(12) 储油池和排油设施应保持良好状态。

(13) 切换试验各信号正确。

(14) 监测装置应保持良好状态。

(15) 用红外测温仪进行一次测温。

(16) 组部件完好。

（四）变压器特殊巡视项目

(1) 过负荷情况。监视负荷、油温和油位的变化，接头接触应良好，冷却系统应运行正常。

(2) 大风天气引线摇动情况及是否有搭挂杂物。

(3) 雷雨后，检查变压器各侧避雷器计数器动作情况，检查套管应无破损，裂纹及放电痕迹。

(4) 大雾、毛毛雨、小雪天气时，应检查套管、瓷绝缘子有无电晕、放电打火和闪络现象，接头处有无冒热气现象，重点监视污秽瓷质部分。

(5) 大雪天气，应检查引线接头有无积雪，观察熔雪速度，以判断接头是否过热。检查变压器顶盖、油枕至套管出线间有无积雪、挂冰情况，油位计、温度计、气体继电器应无积雪覆盖现象。

（6）短路故障后检查有关设备、接头有无异常，变压器压力释放装置有无喷油现象。

（7）夜间时，要注意观察引线接头处、线卡，应无过热发红等现象。

（五）新投入或经过大修的变压器巡视要求

新投或大修后的变压器，24h试运行期间应每1h巡视一次，在投运后一周内，每班巡视检查的次数也应适当增加。

（1）变压器声音应正常，如发现响声特大，不均匀或有放电声，应判断内部有故障。

（2）油位变化应正常，应随温度的增加略有上升，如发现假油面应及时查明原因。

（3）用手触及每一组冷却器，温度应正常，以证实冷却器的有关阀门已打开。

（4）油温变化应正常，变压器带负荷后，油温应缓慢上升。

（5）应对新投运变压器进行红外测温。

（6）监视负荷和导线接头有无发热现象。

（7）检查瓷套管有无放电打火现象。

（8）气体继电器应充满油。

（9）压力释放（防爆管）装置应完好。

（10）各部件有无渗漏油情况。

（11）冷却装置运行良好。

（六）变压器在异常情况下的巡视项目和要求

在变压器运行中发现不正常现象时，应设法尽快消除，并报告上级部门和做好记录。

（1）系统发生外部短路故障后，或中性点不接地系统发生单相接地时，应加强监视变压器的状况。

（2）运行中变压器冷却系统发生故障，切除全部冷却器时，应迅速汇报有关人员，尽快查明原因。在许可时间内采取措施恢复冷却器正常运行。

当"冷却器故障"发信时，应到现场查明原因尽快处理，处理不了时投备用冷却器，并汇报调度部门等候处理。

(3) 变压器顶层油温异常升高,超过制造厂规定或大于 75C 时,应按以下步骤检查处理:

①检查变压器的负载和冷却介质的温度,并与在同一负载和冷却介质温度下正常的温度进行核对。

②核对温度测量装置。

③检查变压器冷却装置和变压器室的通风情况。

(4) 若温度升高的原因是由于冷却系统的故障,且在运行中无法修理者,应将变压器停运修理;若不能立即停运修理,则应将变压器的负载调整至规程规定的允许运行温度下的相应容量。在正常负载和冷却条件下,变压器温度不正常并不断上升,且经检查证明温度指示正确,则认为变压器已发生内部故障,应立即将变压器停运。

①变压器在各种超额定电流方式下运行,若油温持续上升应立即向调度部门汇报顶层油温应不超过 105℃。

②当变压器油位计指示的油面有异常升高,经查不是假油位所致时,应放油,它降至与当时油温相对应的高度,以免溢油。

变压器中的油因低温凝滞时,应不投冷却器空载运行,同时监视顶层油温,逐步增加负载,直至投入相应数量冷却器,转入正常运行。

③当发现变压器的油位较当时油温所应有的油位显著降低时,应立即查明原因,采取必要的措施。

(5) 变压器渗油应根据不同部位来判断:

①油泵负压区密封不良容易造成变压器进水、进气、受潮和轻瓦斯发信,应立即停用泵,并进行处理。

②压力释放阀指示杆凸出,并有喷油痕迹。应检查压力释放阀是否正确动作,观察变压器储油柜油位有否过高,有无穿越性故障,呼吸是否畅通。

③检查储油柜系统安装有无不当情况造成喷油、出现假油面或使保护装置误动作。

(6) 气体继电器中有气体,应密切观察气体的增量来判断变压器产生气体的原因,必要时,取瓦斯气体和变压器本体油进行色谱分析,综合判断。同时应检查:

①是否存在油泵负压区渗油情况，应立即查清并停用故障油泵，及时处理。

②变压器冲氮灭火装置（若有）是否漏气，造成气体继电器中有气体，应立即查前关闭冲氮灭火装置的气源，进行处理。

③变压器有否发生短路故障或穿越性故障，应立即对变压器进行油色谱分析和绕组形测试，综合判断变压器本体有否故障。

（7）变压器发生短路故障或穿越性故障时，应检查变压器有无喷油，油色是否变黑，油温是否正常，电气连接部分有无发热、熔断，瓷质外绝缘有无破裂，接地引下线等是否烧断及绕组是否变形。

（8）不接地系统发生单相接地故障运行时，应监视消弧线圈和接有消弧线圈的变压器的运行情况。

（9）当母线电压超过变压器运行挡电压较长时间，应注意核对变压器的过励磁保护并加强监测变压器的温度（不能超过运行规定的顶层温度），还应监测变压器体各部的温度，防止变压器局部过热。

二、互感器巡视

1. 互感器的正常巡视项目

（1）设备外观完整、无损坏。

（2）一、二次引线接触良好，接头无过热，各连接引线无发热、变色。

（3）外绝缘表面清洁、无裂纹及放电现象。

（4）金属部位无锈蚀，底座、支架牢固，无倾斜。

（5）架构、遮拦、器身外涂漆层清洁、无爆皮掉漆。

（6）无异常振动、异常声音及异味。

（7）瓷套、底座、阀门和法兰等部位应无渗、漏油现象。

（8）电压互感器端子箱熔断器和二次空气小开关正常。

（9）电流互感器端子箱引线无松动、过热、打火现象。

（10）油色、油位正常，油色透明不发黑，且无严重渗、漏油现象。

（11）防爆膜有无破裂。

（12）吸潮器硅胶是否受潮变色。

（13）金属膨胀器膨胀位置指示正常，无漏油。

(14) 各部位接地可靠。

(15) 电容式电压互感器二次(包括开口三角形电压)无异常波动。

(16) 安装有在线监测的设备,应有维护人员每周对在线监测数据查看一次,以便及时掌握电压互感器的运行状况。

(17) 二次端子箱应密封良好,二次线圈接地线牢固良好,内部应保持干燥、清洁。

(18) 一次侧变化间隙应清洁良好。

(19) 干式电压互感器有无流胶现象。

(20) 中性点接地电阻、消歇器及接地部分是否完好。

(21) 互感器的标示牌及警告牌是否完好。

(22) 测量三相指示应正确。

(23) SF_6 互感器压力指示表指示是否正常,有无漏气现象,密度继电器是否正常。

(24) 复合绝缘套管表面是否清洁、完整,无裂纹、无放电痕迹、无老化迹象,憎水性良好。

2. 互感器特殊巡视项目

(1) 大负荷期间用红外测温设备检查互感器内部、引线接头发热情况。

(2) 大风扬尘、雾天、雨天外绝缘有无闪络。

(3) 冰雪、冰雹天气外绝缘有无损伤。

三、消弧线圈巡视

1. 消弧线圈正常巡视项目

(1) 设备外观完整、无损坏。

(2) 一、二次引线接触良好,接头无过热,各连接线无发热、变色,接地装置应完好。

(3) 外绝缘表面清洁、无裂纹及放电现象。

(4) 技术部位无锈蚀,底座、支架牢固,无倾斜变形。

(5) 干式消弧线圈表面平整无裂纹和受潮现象。

(6) 无异常振动、异常声音及异味。

(7) 储油柜、瓷瓶、套管、阀门、法兰、油箱应完好，无裂纹和漏油。

(8) 阻尼电阻端子箱内所有熔断器和二次空气小开关正常。

(9) 阻尼电阻箱内引线端子无松动、过热、打火现象。

(10) 设备的油温和温度计应正常，储油柜的油位应与温度相对应，各部位无渗、漏油。

(11) 各控制箱和二次端子箱应关严，无受潮。

(12) 吸潮器硅胶是否受潮变色。

(13) 各表计指示准确。

(14) 引线接头、电缆、母线应无发热迹象。

(15) 对调匝式消弧线圈，人为调节一挡分接头，检验有载开关是否正常。

(16) 运行中有无异常声音。

2. 消弧线圈特殊巡视项目

(1) 必要时用红外测温设备检查消弧线圈、阻尼电阻、接地变压器的内部、引线接头发热情况。

(2) 高温天气应检查油温、油位、油色和冷却器运行是否正常。

(3) 气候骤变时，检查油枕油位和瓷套管油位是否有明显变化，各侧连接引线是否有断股或接头处发红现象；各密封处有否渗、漏油现象。

(4) 大风、雷雨、冰雹后，检查引线摆动情况及有无断股，设备上有无其他杂物，瓷套有无放电痕迹及破裂现象。

(5) 浓雾、小雨、下雪时，瓷套管有无沿面闪络或放电，各接头在小雨中或下雪后不应有水蒸气上升或立即融化现象，否则表示该接头运行温度比较高，应用红外测温仪进一步检查其实际情况。

四、断路器巡视

(一) SF_6 封闭组合电器（GIS）和复合式组合电器（HGIS）的巡视

1. SF_6 封闭组合电器（GIS）和复合式组合电器（HGIS）的正常巡视项目

(1) 标志牌的名称、编号齐全、完好。

(2) 外观无变形、无修饰及油漆脱落现象、连接无松动；传动元件的轴、销齐全无脱落、无卡涩；箱门关闭严密；无异常声音、气味。

(3) 注意辨别外壳、扶手端子等处温升是否正常，有无过热变色，有无异常气味。

(4) 气室压力在正常范围内，并记录压力值。

(5) 闭锁装置完好、齐全、无锈蚀，气体压力表有无生锈和损坏、SF6气体管路和阀门有无变形，以及导线绝缘是否完好。

(6) 合、分位置指示器与实际运行方式相符。

(7) 检查动作计数器的指示状态和动作情况。

(8) 套管完好、无裂纹、无损伤、无放电现象。

(9) 避雷器在线监测仪指示正确，并记录泄漏电流值和动作次数。

(10) 带电显示器指示正确。

(11) 防爆装置防护罩无异常，其释放出口无障碍物，防爆膜无破裂。

(12) 汇控柜指示正常，无异常信号发出；操动切换把手与实际运行位置相符；控制、电源开关位置正常；联锁位置指示正常；柜内运行设备正常；封堵严密、良好；加热器及驱潮电阻正常。

(13) 法兰、接地线、接地螺栓表面无修饰、压接牢固。

(14) 设备室通风系统运转正常，氧量仪指示大于18%，SF$_6$气体含量不大于1 000mL/L。无异常声音、异常气味等。

(15) 检查操动机构联板、联杆有无脱落下来的开口销、弹簧、挡圈等连接部件。

(16) 检查压缩空气系统和油压系统中储气（油）罐、控制阀、管路系统密封是否良好，有无漏气、漏油痕迹，油压和气体是否正常。

(17) 基础无下沉、倾斜。

2. GIS 和 HGIS 的定期巡视项目

(1) 完成正常巡视的所有项目。

(2) 检查汇控柜和分控箱内部接线和元件、继电器有无松脱、发热、烧坏，各个接点紧固无松动。

(3) 应用红外测温仪定期测量各侧引线接头和罐体内接点温度是否异常。

(4)汇控柜内加热器能按整定温度正常投退,柜内无凝露现象,接线无发热、烧坏,电缆号牌齐全,孔洞封堵严密。

(5)汇控柜和电源箱内各个开关和把手的位置是否正常,各个运行指示灯、照明灯是否正常。

(6)抄录断路器动作计数器和液压机构油泵启动次数,分析动作次数是否正常。

(7)液压操作机构油位、油色是否正常;弹簧操动机构储能是否正常。

(8)汇控柜、机构箱、端子箱以及GIS(HGIS)单元的金属罐体有无锈蚀现象。

(9)运行标示牌是否清晰完好。

3. GIS和HGIS的特殊巡视检查项目

(1)断路器每次跳闸或重合后,应立即巡视检查三相的实际位置是否与电气和监控系统显示一致,是否与保护、自动装置动作信息一致;支柱绝缘子有无破损、裂纹、闪络痕迹;灭弧室气压是否正常。

(2)GIS(HGIS)单元气室SF_6气体压力降低告警时,应立即到现场检查确认到底是哪个(断路器、隔离开关、接地隔离开关、母线、互感器)气室或哪一相气室的SF_6压力降低,做详细记录并向调度部门和领导汇报,根据调度和现场规程进行隔离处理。

(3)过负荷和过电压运行时,应巡视检查GIS(HGIS)单元两侧的支柱绝缘子有无破损、裂纹、闪络痕迹,引接线有无发热、发红或断股现象,各个气室的SF_6气压是否正常,GIS(HGIS)单元汇控柜内各个运行指示灯、照明灯是否正常,有无异常告警。

(4)暴雨、大风(台风)、冰雪天气时,巡视检查GIS(HGIS)单元两侧引接线摆动幅度是否过大,有无松脱或断股现象,根据接头积雪融化程度初步判断有无过热现象,支柱绝缘子是否被冰凌短接,放电是否严重;周边有无可能被大风刮到设备上的异物;汇控柜、机构箱、端子箱内加热器是否正常制热,箱门关闭是否完好;各个气室的SF_6气压是否正常;操作机构的液压、油位是否正常。

(5)地震、洪水、泥石流发生时,巡视检查断路器本体是否倾斜,支柱绝缘瓷套是否破损或出现裂纹；GIS（HGIS）单元两侧引接线是否抛股或断裂；各个气室的SF_6气压、液压是否泄露或降至零压；设备基础是否被洪水冲刷露底，是否下沉；电缆沟内有无积水，排水是否畅通。

（6）大雾天气时，重点检查 GIS（HGIS）单元两侧引接线和金具放电是否严重，支柱绝缘瓷套放电是否严重或存在爬电现象。

（二）支柱式断路器的巡视

1. SF_6 断路器正常巡视项目

（1）标志牌的名称、编号齐全、完好。

（2）套管及绝缘子无断裂、裂纹、损伤、放电闪络痕迹和脏污现象。

（3）合、分位置指示器与实际运行方式相符。

（4）软连接及各导流接点压接良好，无过热变色、断股现象。

（5）检查断路器各部分通道有无异常（漏气声、振动声）及异味，通道连接头是否正常。

（6）检查断路器的运行声音是否正常，断路器内无噪声和放电声。

（7）控制、信号电源正常，无异常信号发出，控制柜内的"远方—就地"选择开关是否在远方的位置。

（8）SF_6气体压力表或密度表在正常范围内，并记录压力值。

（9）端子箱电源开关完好、名称标志齐全、封堵良好、箱门关闭严密。

（10）各连杆、传动机构无弯曲、变形、修饰，轴销齐全。

（11）接地螺栓压接良好，无锈蚀。

（12）机构箱内的加热器是否按规定投入或退出。

（13）液压机构油箱的油位是否正常，有无渗、漏油现象。

（14）气动机构的气体压力是否正常。

（15）油泵的打压次数是否正常。

（16）基础无下沉、倾斜。

2. 空气断路器正常巡视项目

（1）压缩空气的压力是否正常。

（2）空气系统的阀门、法兰、通道及储气筒的放气螺丝等应无明显漏气。如有漏气，可以听到嘶嘶的响声，同时耗气量增加，空气压力降低。

(3) 断路器的环境温度应不低于5℃，否则应投入加热器。

(4) 充入断路器内的压缩空气的质量是否合格，要求其最大相对湿度应不大于70％。

(5) 各接头接触处接触是否良好，有无过热现象。

(6) 瓷套管有无放电痕迹和脏污。

(7) 绝缘拉杆是否完整，有无断裂现象。

(8) 空压垫及其管路系统的运行，应符合正常运行方式，空压机运转时应正常，无其他异常的声音。此外，空压机缸外壳强度不得超过允许值，各级气压应正常，且应定期开启各储压罐的放油水阀门，检查有无水排除。在排污时，直到水排空为止。

(9) 检查运转中的空压机定期排污装置是否良好，排污电磁阀能否可靠开启和关闭，电磁线圈有无过热现象。

3. 真空断路器正常巡视

(1) 标志牌的名称、编号齐全、完好。

(2) 灭弧室无放电、无异音、无破损、无变色。

(3) 绝缘子无断裂、裂纹、损伤、放电闪络痕迹和脏污现象。

(4) 绝缘拉杆完整、无裂纹现象，各连杆应无弯曲现象，断路器在合闸状态时，弹簧应在储能状态。

(5) 各连杆、转轴、拐臂无变形、无裂纹，轴销齐全。

(6) 引线连接部位接触良好，无发热变色现象。

(7) 分、合位置指示器与运行工况相符。

(8) 端子箱电源开关完好、名称标注齐全、封堵良好、箱门关闭严密。

(9) 接地螺栓压接良好，无锈蚀。

(10) 基础无下沉、倾斜。

4. 断路器特殊巡视项目

(1) 大风天气：引线摆动情况及有无搭挂杂物。

(2) 雷雨天气：瓷套管有无放电闪络现象。

(3) 大雾天气：瓷套管有无放电，打火现象，重点监视污秽瓷质部分。

(4) 大雪天气：根据积雪融化情况，检查接头发热部位，及时处理悬冰。

(5) 温度骤变：检查注油设备油位变化及设备有无渗漏油等情况。

(6) 节假日时：监视负荷并增加巡视次数。

(7) 高峰负荷期间：增加巡视次数，监视设备温度，触头、引线接头、特别是限流元件接头有无过热现象，设备有无异常声音。

(8) 短路故障跳闸后：检查断路器的位置是否正确，各附件有无变形，触头、引线接头有无过热、松动现象，油断路器有无喷油，油色及油位是否正常，测量合闸熔丝是否良好，断路器内部有无异音。

(9) 设备重合闸后：检查设备位置是否正确，动作是否到位，有无不正常的音响或气味。

(10) 严重污秽地区：瓷质绝缘的积污程度，有无放电、爬电、电晕等异常现象。

(11) 断路器异常运行。

(12) 新投运的断路器。

(三) 高压开关柜的巡视项目

(1) 标志牌的名称、编号齐全、完好。

(2) 无异常声音，无过热、无变形。

(3) 表计指示正常。

(4) 操作方式切换开关正常载"远控"位置。

(5) 操作把手及闭锁位置正确、无异常。

(6) 高压带电显示装置指示正确。

(7) 位置指示器指示正确。

(8) 电源小开关位置正确。

(四) 操动机构巡视项目

1. 液压操动机构正常巡视项目

(1) 机构箱开启灵活无变形、密封良好，无锈迹、无异味、无凝露等，二次接线及端子排应无松动和异常现象。

(2) 计数器动作正确并记录动作次数。

(3) 储能电源开关位置正确。

(4) 机构压力表指示正常。

(5) 油箱油位在上下限之间，无渗、漏油。

(6) 油管及接头无渗油。

(7) 油泵正常、无渗漏。

(8) 行程开关无卡涩、变形。

(9) 活塞杆、工作缸无渗漏。

(10) 加热器（除潮器）正常完好，投（停）正确。

(11) 开关储能正常（液压和液压弹簧）。

2. 弹簧操动机构正常巡视项目

(1) 机构箱开启灵活无变形、密封良好，无锈迹、无异味、无凝露等，二次接线及端子排应无松动和异常现象。

(2) 储能电源开关位置正确。

(3) 储能电机运转正常。

(4) 行程开关无卡涩、变形。

(5) 分、合闸线圈无冒烟、异味、变色。

(6) 弹簧完好，正常。

(7) 二次接线压接良好，无过热变色、断股现象。

(8) 加热器（除潮器）正常完好，投（停）正确。

(9) 储能指示器指示正确。

3. 电磁操动机构正常巡视项目

(1) 机构箱开启灵活无变形、密封良好，无锈迹、无异味、无凝露等，二次接线及端子排应无松动和异常现象。

(2) 合闸电源开关位置正确。

(3) 合闸熔断器检查完好，规格符合标准。

(4) 分、合闸线圈无冒烟、异味、变色。

(5) 合闸接触器无异味、变色。

(6) 直流电源回路端子无松动、锈蚀，操作直流电压正常。

(7) 二次接线压接良好，无过热变色、断股现象。

(8) 加热器（除潮器）正常完好，投（停）正确。

4. 气动操动机构正常巡视项目

(1) 机构箱开启灵活无变形、密封良好，无锈迹、无异味，二次接线及端子排应无松动和异常现象。

(2) 压力表指示正常，并记录实际值。

(3) 储气罐无漏气，按规定放水。

(4) 接头、管路、阀门无漏气现象。

(5) 空压机运转正常，油位正常。

(6) 计数器动作正常并记录次数。

(7) 加热器（除潮器）正常完好，投（停）正确。

五、隔离开关巡视

隔离开关巡视项目有：

(1) 标志牌名称、编号齐全、完好。

(2) 绝缘子清洁，无破裂、无损伤、无放电现象；防污闪措施完好。

(3) 导电部分触头接触良好，无螺丝断裂或松动现象，无过热、变色及移位等异常现象；动触头的偏斜不大于规定数值。接点压接良好，无过热现象。

(4) 引线应无松动、无严重摆动和烧伤断股现象，均压环应牢固且不偏斜，引线弛度适中。

(5) 传动连杆、拐臂连杆无弯曲、连接无松动、无锈蚀，开口销齐全；轴销无变位脱落、无锈蚀、润滑良好；金属部件无锈蚀，无鸟巢。

(6) 隔离开关带电部分应无杂物。

(7) 法兰连接无裂痕，连接螺丝无松动、锈蚀、变形。

(8) 接地开关位置正确，弹簧无断股、闭锁良好，接地杆的高度不超过规定数值；接地引下线完整可靠接地。

(9) 机械闭锁装置完好、齐全，无锈蚀变形。

(10) 操动机构包括操动连杆及部件，有无开焊、变形、锈蚀、松动、脱落，连接轴销子紧固螺母等是否完好。操动机构密封良好，无受潮。

(11) 操作机构箱、端子箱和辅助触点盒应关闭且密封良好，能防雨防潮；内部应无异常，熔断器、热耦继电器、二次接线、端子连线、加热器等应完好。

（12）隔离开关的防误闭锁装置应良好，电磁锁、机械锁无损坏现象。

（13）定期用红外线测温仪检测隔离开关触头、接点的温度。

（14）带有接地开关的隔离开关在接地时，三相接地开关是否接触良好。

（15）隔离开关合闸后，两触头是否完全进入刀嘴内，触头之间接触是否良好，在额定电流下，温度是否超过 70℃。

（16）隔离开关通过短路电流后，应检查隔离开关的绝缘子有无破损和放电痕迹，以及动静触头接头有无熔化现象。

（17）接地应有明显的接地点，且标志醒目。螺栓压接良好，无锈蚀。

六、母线巡视

1. 母线巡视项目

（1）检查导线、金具有无损伤，是否光滑，接头有无过热现象。

（2）检查瓷套有无破损及放电痕迹。

（3）检查间隔棒和连接板等金具的螺栓有无断损和脱落。

（4）在晴天，导线和金具无可见电晕。

（5）定期对接点、接头的温度进行一次检测。

（6）当母线及导线异常运行时，运行人员应针对异常情况进行特殊巡视。

（7）夜间闭灯检查无可见电晕。

（8）导线上无异物悬挂。

2. 母线特殊巡视项目

（1）在大风时，母线的摆动情况是否符合安全距离要求，有无异常飘落物。

（2）雷电后瓷绝缘子有无放电闪络痕迹。

（3）雷雨天时接头处积雪是否迅速融化和发热冒烟。

（4）天气变化时，母线有无弛张过大或收缩过紧的现象。

（5）雾天绝缘子有无污闪。

七、无功补偿巡视

(一) 低压电抗器巡视

1. 低压电抗器（66kV 以下）正常巡视项目

(1) 设备外观完整无损，防雨帽完好，无异物。

(2) 引线接触良好，接头无过热，各连接引线无发热、变色。

(3) 外包封表面清洁、无裂纹，无爬电痕迹，无油漆脱落现象，憎水性良好。

(4) 撑条无错位。

(5) 无动物巢穴等异物堵塞通风道。

(6) 支柱绝缘子金属部位无锈蚀，支架牢固，无倾斜变形，无明显污染情况。

(7) 运行声音正常，无异常振动、噪声和放电声。

(8) 接地可靠，周边金属物无异常发热现象。

(9) 场地清洁、无杂物、无杂草，无磁性物体。

(10) 电抗器室内空气是否流通，有无漏水，门栅关闭是否良好。

(11) 二次端子箱应关好门，封堵良好，无受潮。

每次发生短路故障后要进行特殊巡视检查：检查电抗器是否有位移，支柱绝缘子是否松动扭伤，引线有无弯曲，水泥支柱有无破碎，有无放电声及焦臭味。

2. 低压电抗器特殊巡视项目

(1) 投运期间用红外测温设备检查电抗器包封内部、引线接头发热情况。

(2) 大风扬尘、雾天、雨天外绝缘有无闪络，表面有无放电痕迹。

(3) 冰雪、冰雹外绝缘有无损伤，本体有无倾斜、变形，有无异物。

(4) 电抗器接地体及围网、围栏有无异常发热，可对比其他设备检查，积雪融化较快、水汽较明显等进行判断。

(5) 电抗器存在一般缺陷且近期有发展变化情况。

(6) 故障发生后，未查明前不得再次投入运行，应检查保护装置是否正常，干式电抗器线圈匝间及支持部分有无变形、烧坏等现象。

（二）电容器巡视

1. 电容器正常巡视项目

（1）检查瓷绝缘有无裂纹、放电痕迹，表面是否清洁。

（2）母线及引线是否过紧或过松，设备连接处有无松动、过热。

（3）设备外壳涂漆是否变色，外壳无鼓肚、膨胀变形，接缝无开裂、渗漏油现象，内部无异常声，外壳温度不超过50℃。

（4）电容器编号正确，各接头无发热现象。

（5）熔断器、放电回路完好，接地装置、放电回路是否完好，接地引线有无严重锈蚀、断股。熔断器放电回路及指示灯是否完好。观察电压表、电流表、温度表的读数并记录。

（6）电容器室干净整洁，照明通风良好，室温不超过40℃或低于—25℃，门窗关闭严格。

（7）串联电抗器附近无磁性杂物存在；油漆无脱落、线圈无变形；无放电及焦味；油电抗器应无漏油。

（8）电缆挂牌是否齐全完整、内容正确、字迹清楚。电缆外皮有无损伤，支撑是否牢固，电缆和电缆头有无渗油、漏胶、发热放电，火花放电等现象.

2. 电容器特殊巡视项目

（1）雨、雾、冰雹天气应检查瓷绝缘有无破损裂纹、放电现象，表面是否清洁，冰雪融化后有无悬挂冰柱，桩头有无发热；建筑物及设备构架有无下沉倾斜、积水、屋顶漏水等现象。大风后应检查设备和导线上有无悬挂物，有无断线；构架和建筑物有无下沉、倾斜、变形。

（2）大风后检查母线及引线是否过紧或过松，设备连接处有无松动、过热。

（3）雷电后检查瓷绝缘有无裂纹、放电痕迹。

（4）环境温度超过或低于规定温度时，检查温蜡片是否齐全或融化，各接头有无发热现象。

（5）断路器故障跳闸后应检查电容器有无烧伤、变形、移位等，导线有无短路；电容器温度、声响、外壳有无异常。熔断器、放电回路、电抗器、电缆、避雷器等是否完好。

（6）系统异常（如振荡、接地、低周或铁磁谐振）运行消除后，应检查电容器有无放电，温度、声响、外壳有无异常。

八、避雷器巡视

1. 避雷器正常巡视项目

（1）瓷套表面积污程度及是否出现放电现象，瓷套、法兰是否出现裂纹、破损。

（2）避雷器内部是否存在异常声响。

（3）与避雷器、计数器连接的导线及接地引下线有无烧伤痕迹或短股现象，放电记录器是否烧坏。

（4）避雷器放电计数器指示是否有变化，计数器内部是否有积水，动作次数有无变化，并分析何原因使之动作。

（5）检查避雷器引线上端引线处密封是否完好，因为若密封不好进水受潮会引起故障。

（6）检查带有泄漏电流在线监测装置的避雷器泄漏电流有无明显变化，泄漏电流毫安表是否指示在正常范围内，并与历史记录比较有无明显变化。

（7）避雷器均压环是否有松动、歪斜。

（8）带串联间隙的金属氧化物避雷器或串联间歇是否与原来位置发生偏移。

（9）低式布置的避雷器，遮拦内有无杂草。

（10）接地应良好，无松脱现象。

2. 避雷器特殊巡视项目

（1）雷雨后应检查雷电记录器动作情况，避雷器表面有无放电闪络痕迹。

（2）避雷器引线及引下线是否松动。

（3）避雷器本体是否摆动。

（4）结合停电检查避雷器上法兰泄孔是否畅通。

九、绝缘子巡视

1. 支柱绝缘子的巡视项目

（1）高压支柱瓷绝缘子瓷裙、基座及法兰是否有裂纹。

(2) 高压支柱瓷绝缘子接合处涂抹的防水胶是否有脱落现象，水泥胶表面是否完好。

(3) 高压支柱瓷绝缘子各连接部位是否有松动现象，金具和螺栓是否有生锈、损坏、缺少开口销和弹簧销的情况。

(4) 支柱的引线及接线端子是否有不正常的变色熔点。

(5) 高压支柱瓷绝缘子是否倾斜。

(6) 高压支柱瓷绝缘子的每次停电检查工作都应有相应的记录。

(7) 绝缘子表面是否清洁。

(8) 支持绝缘子铁脚螺丝有无松动或丢失。

(9) 支持绝缘子沿面放电检查，检查其易放电部位有无放电现象。

2. 悬挂式绝缘子的巡视项目

(1) 绝缘子表面是否清洁。

(2) 瓷质部分无破损和裂纹现象。

(3) 瓷质部分是否有闪络现象。

(4) 金具是否有生锈、损坏、缺少开口销的情况。

十、阻波器耦合电容器巡视

1. 阻波器正常巡视项目

(1) 阻波器进出线有无发热、发红、抛股、断裂现象。

(2) 安装牢固、平稳无晃动。

(3) 悬吊阻波器的绝缘子串或支撑阻波器的支柱绝缘子清洁、无裂纹和破损。

(4) 阻波器内部的避雷器无断裂、松脱，无异常声响。

2. 阻波器定期巡视项目

(1) 完成正常巡视项目。

(2) 阻波器内无异物。

(3) 应用红外测温仪测量进出线接头温度在正常范围内。

(4) 运行标示牌是否清晰完好。

3. 阻波器特殊巡视项目

(1) 每次跳闸或重合后，应立即巡视检查三相阻波器有无短路或闪络现象。

(2) 过负荷和过电压运行时,应用红外测温仪测量进出线接头温度是否正常,悬吊阻波器的绝缘子串或支撑阻波器的支柱绝缘子是否有放电或闪络现象。

(3) 暴雨、大风(台风)、冰雪天气时,巡视检查阻波器进出线摆动幅度是否过大,有无松脱或断股现象,悬吊式绝缘子串或支撑式绝缘支柱是否被冰凌短接,是否有放电现象;周边有无可能被大风刮到设备上的异物。

(4) 地震、洪水、泥石流发生时,巡视检查阻波器本体是否倾斜,悬吊式绝缘子串或支撑式绝缘支柱是否破损或出现裂纹;设备基础是否被洪水冲刷露底,是否下沉。

(5) 大雾天气时,重点检查进出线放电是否严重,悬吊式绝缘子串或支撑式绝缘支柱是否严重放电或存在爬电现象。

4. 耦合电容器的巡视项目

(1) 瓷套应清洁完整,无破损、放电现象。

(2) 无渗漏油现象,油色、油位正常,油位指示玻璃管清晰、无碎裂。

(3) 内部无异常声响。

(4) 各电气连接部分无过热现象,无断线及断股情况。

(5) 检查外壳接地是否良好、完整。

(6) 引线线夹压接牢固、接触良好,无发热现象。

(7) 结合滤波器的刀位置正确。

(8) 二次线无松脱及发热现象。

十一、站用电巡视

1. 站用变压器系统巡视项目

(1) 检查油位是否正常。

(2) 检查气体继电器玻璃,观察窗内是否有气体,油色是否正常,正常时应充满油。

(3) 检查矽胶是否变色,超过70%变色时应及时更换。

(4) 检查变压器有无异常声响。

(5) 检查本体油温是否正常(一般不超过85℃)。

(6) 检查各阀门及连接部有无渗、漏油现象。

(7) 检查本体绝缘子是否清洁,正常。

(8) 检查干式变压器有无焦煳味,冷却风扇运转是否正常。

(9) 检查干式变压器运行声音是否正常。

(10) 检查干式变压器是否有异常的振动声。

2. 中央配电室巡视项目

(1) 巡检时应复核站用电运行方式,运行的 400V 母线电压表指示正常。

(2) 各运行交流馈线的指示灯指示正常,电流表指示正常。

(3) 检查站用负荷分配情况,配电装置无异常发热现象。

(4) 检查各断路器位置是否正确,断路器合闸弹簧是否储能,智能脱扣装置是否指示正确。

(5) 检查各负荷开关位置是否正确。

(6) 检查开关有无异常声响。

(7) 检查开关及电缆接头有无过热现象。

(8) 检查站用变压器保护装置、备自投装置运行情况,复核保护连接片与运行方式相符。

(9) 检查充油设备及电缆有无渗油现象。

(10) 检查备用电源系统是否正常,有无电压。

(11) 检查各电压、电流及功率仪表是否指示正常。

(12) 检查设备及室内是否清洁,有无小动物出入的孔洞。

(13) 现场各交流端子箱门关闭严密,无进水受潮现象。

3. 交直流配电室巡视项目

(1) 检查室内照明是否正常。

(2) 检查各切换开关位置是否正确。

(3) 检查电压表的电压是否正常。

(4) 检查各负荷开关是否正常投入。

(5) 检查设备有无发热、渗油等现象。

(6) 检查设备是否清洁。

(7) 直流系统运行是否正常。

4. 直流系统巡视项目

（1）充电装置交流输入电压、直流输出电压、输出电流值正常，直流母线电压、蓄电池组的端电压值、浮充电流值应正常，蓄电池无过充或欠充现象。

（2）各表计指示正确，无告警的声、光信号，运行声音无异常。

（3）微机监控装置显示的各参数、工作状态正确，与各装置及后台通信正常。

（4）查看直流绝缘监测仪无异常报警。

（5）蓄电池组外观清洁，无短路、接地。蓄电池各连片连接牢靠无松动，端子无锈蚀生盐。

（6）蓄电池外壳无裂纹、漏液，安全阀无堵塞，密封良好，安全阀周围无溢出酸液痕迹。

（7）蓄电池温度正常，无异常发热现象。

（8）蓄电池巡检装置工作正常，单体蓄电池显示电压数据正确。

（9）蓄电池室温度在 10~30℃ 之间，通风、照明及消防设备完好，无易燃、易爆物品。

（10）各直流馈线回路的运行监视信号完好、指示正常，熔断器无熔断，直流空气开关位置正确。

5. 不间断电源 UPS 系统巡视项目

（1）柜上各仪表指示正常，柜内无异常噪音，柜内无发热、焦煳味。

（2）盘面运行方式指示正常，UPS 故障报警灯不亮，蜂鸣器不响。

（3）各负荷开关合上正常。

（4）定期检查蓄电池运行正常。

6. 柴油发电机巡视项目

（1）控制屏上表计指示正常。

（2）故障信号灯不应发光，继电器应无掉牌。

（3）柴油油位应在 3/4 以上。

（4）机油油位应在油标尺上下两线刻度小孔之间。

（5）冷却水位正常。

(6) 蓄电池外观清洁完好，接点连接可靠，没有漏电解液及接点腐蚀等现象。

(7) 蓄电池浮充直流电压应正常。

(8) 机组及所有附件外观清洁完好，没有漏油、漏水、尘埃，连接及紧固部件松脱等现象。

(9) 将电压切换开关切换至系统电源侧，电压表及频率表应指示系统所用电源电压和频率，表明仪表正常。再将电压切换开关切换至柴油发电机侧，如果柴油发电机处于备用状态，此时表计应指示为零。

(10) 柴油发电机室地面及设备应清洁，电缆沟及门窗应关闭、密封良好。

(11) 柴油发电机"手动—自动"切换开关必须置于"自动（AUTO）"位置。

十二、综合自动化系统巡视

综合自动化系统巡视项目有：

(1) 检查操作员站上显示的一次设备状态是否与现场一致。

(2) 检查监控系统各运行参数是否正常、有无过负荷现象；母线电压三相是否平衡、是否正常；系统频率是否在规定的范围内；其他模拟量显示是否正常。

(3) 检查继电保护、自动装置、直流系统等状态是否与现场实际状态一致。

(4) 检查保护信息系统（工程师站）的整定值是否符合调度整定通知单要求。

(5) 核对继电保护及自动装置的投退情况是否符合调度命令要求。

(6) 检查并记录有关继电保护及自动装置计数器的动作情况。

(7) 继电保护及自动装置屏上各小开关、把手的位置是否正确。

(8) 检查继电保护及自动装置有无异常信号。

(9) 检查高频通道测试数据是否正常。

(10) 微机保护的打印机运行是否正常，有无打印记录，所备打印纸是否正常。

（11）检查变电站计算机监控系统功能（包括控制功能、数据采集和处理功能、报警功能、历史数据存储功能等）是否正常。

（12）检查VQC是否按要求投入，运行情况是否良好，有无闭锁未解除的情况。

（13）调阅其他报表的登录信息，检查有无异常情况。

（14）检查上一值的操作在操作一览表中的登录情况。

（15）检查光字牌信号有无异常信号。

（16）检查遥测、遥信、遥调、遥控、摇脉功能是否正常。

（17）检查"五防"系统一次设备显示界面是否正确，是否与设备实际位置相符，与监控系统通信是否正常，能否正常操作。

（18）检查告警音响和事故音响是否良好。

（19）检查所有工作站是否感染病毒。

（20）测试网络运行是否正常。

（21）检查与电网安全运行有关的应用功能的运行状态是否正常。

（22）检查报文（实时及SOE调用）显示、转存、打印是否正常。

（23）检查监控系统打印机运行是否正常。

（24）核对报警、报表数据的合理性。

（25）检查监控系统各元件有无异常，接线是否紧固，有无过热、异味、冒烟现象。

（26）检查交、直流切换装置工作是否正常。

（27）检查设备信息指示灯（电源指示灯、运行指示灯、设备运行监视灯、报警指示灯等）运行是否正常。

（28）监控系统设备各电源小开关、功能开关、把手的位置是否正确。

（29）检查监控系统有无异常信号，间隔层控制面板上有无异常报警信号。

（30）检查屏内电压互感器、电流互感器回路有无异常。

（31）检查屏内照明和加热器是否完好和按要求投退。

（32）检查GPS时钟是否正常。

(33）检查全站安全措施的布置情况。

(34）检查直流系统的运行情况。

(35）检查全站通信（包括各保护小室与监控系统及网络的通信）是否正常。

(36）检查人工置数设备列表。

(37）检查各工作站运行是否正常。

(38）检查"五防"系统一次设备显示界面是否正确，是否与设备实际位置相符，是否与监控系统通信正常。

(39）检查监控系统中"五防"锁状态是否闭锁。

(40）检查保护小室控制面板上的切换开关是否按要求投入正确。

(41）检查各保护装置与监控系统的通信状态是否正常。

(42）检查间隔层控制面板上有无异常报警信号。

(43）检查前置机主单元是否运行正常，数据是否正常更新。

(44）检查各遥测一览表中的实时数据能否刷新，特别是横向比较主变压器温度指示是否正常。

第三章 倒闸操作

第一节 倒闸操作基本知识

变电站倒闸操作是变电运行工作的重要组成部分,是保证电力系统、变电站和变电设备安全运行的重要环节,是变电站运行人员贯彻调度意图、执行调度指令的具体行为。准确、熟练地进行各种倒闸操作是运行值班人员必须具备的基本素质与技能。

一、倒闸操作的基本概念

电气设备有运行、热备用、冷备用和检修四种状态。

(1) 运行状态:指断路器和隔离开关都在合闸位置,将电源与负载间的电路接通(包括辅助设备,如电压互感器、二次回路等)。

(2) 热备用状态:指断路器在断开位置,而隔离开关仍在合闸位置,其特点是断路器一经操作即成为运行状态。

(3) 冷备用状态:指断路器和隔离开关均在断开位置,其特点是该设备与其他带电设备之间有明显断开点。

(4) 检修状态:指断路器和隔离开关均已断开,检修设备两侧装设了保护接地线或合上接地隔离开关,包括悬挂了工作标示牌,安装了临时遮拦等。

当电气设备需要由一种使用状态转换到另一种使用状态时,必须进行一系列的倒闸操作。

倒闸操作是通过拉、合隔离开关、断路器、直流电源，改变继电保护和自动装置的定值或工作状态，装设或拆除临时性接地线等，实现电气设备（包括一、二次设备）从一种状态转换到另一种状态的操作过程。

二、倒闸操作的基本原则

（一）倒闸操作的一般规定

（1）停电操作时，先操作一次设备，再退出继电保护。送电操作时，先投入继电保护，再操作一次设备。

（2）对于微机稳控装置，停电操作时，一次设备停电后，由运行值班人员随继电保护的操作退出保护启动稳控装置的连接片及稳控装置相应的方式连接片；送电操作时，随继电保护的操作投入保护启动稳控装置的连接片及稳控装置相应的方式连接片，再操作一次设备。

（3）对于非微机（常规）稳控装置，停电操作时，先按规定退出稳定措施，再进行一次设备操作；送电操作时，先操作一次设备，设备送电后，再按规定投入稳定措施。

（4）设备停电时，先断开该设备各侧断路器，然后拉开各侧断路器两侧隔离开关；设备送电时，先合上该设备各断路器两侧隔离开关，最后合上该设备断路器。其目的是为了有效地防止带负荷拉合隔离开关。

（5）设备送电时，合隔离开关及断路器的顺序是从电源侧逐步向负荷侧；设备停电时，与设备送电顺序相反。

（二）变电运行倒闸操作的基本要求

电气设备的倒闸操作是一项十分严谨的工作，能否正确进行倒闸操作直接影响电网的稳定，关系到电力设备的安全运行，在这个过程中稍有不慎，极易发生误操作，特别是误拉、合断路器，带负荷拉、合隔离开关，带电挂接地线（合接地隔离开关），带地线（接地隔离开关）合闸等恶性误操作。所以，电气设备倒闸操作要求操作人员具有高度的责任心，严格执行规章制度，在操作中做到思想集中，态度严肃，认真执行相关操作要求。

1. 倒闸操作任务的基本安全要求

操作中不得造成事故，不能造成对用户非计划停电，考虑对系统运行的影响大小，万一发生事故时不扩大事故范围。

2. 倒闸操作过程的基本要求

在操作前按设备管辖范围与各级调度联系确定操作过程，在操作中严格执行各项规章制度。事故情况下，当通信中断时可按调度规程的有关规定不经上级批准先操作，后汇报。倒闸操作一般不在交接班时进行，最好在负荷最小的时候操作并遵守以下要求：

（1）操作隔离开关前，必须检查相应断路器在断开位置；

（2）设备在送电前要先将有关保护投入；

（3）操作中不经批准严禁解除闭锁操作；

（4）在操作中如果出现隔离开关误操作，禁止再次拉合隔离开关；

（5）送电前要检查送电范围内所有相关地线（接地隔离开关）均已拆除（拉开）；

（6）操作设备前核对设备的名称、编号、位置、拉合方向，防止发生误操作。

3. 对操作人员的专业知识要求

（1）操作人员应熟悉现场设备情况，如本站一次设备接线方式、作用、结构、性能及操作方法，设备的位置、名称、编号等基本情况。

（2）熟悉本站的正常、非正常的运行方式及系统变化的情况。

（3）熟悉本站的继电保护装置及自动装置的基本原理和使用方法。

（4）熟悉有关规程和规定，尤其是安全规程、调度规程、现场规程、操作制度等。

（5）熟练掌握各种安全用具的使用方法及安全注意事项。

（6）熟悉掌握微机开票系统（或手工开票）的基本要求及防误闭锁装置的使用方法。

（三）操作票的作用及填写要求

1. 操作票的作用

操作票是运行人员倒闸操作过程中的操作依据。一般的倒闸操作都需要进行十几项甚至几十项操作，要完成这样复杂的操作过程，仅靠经验和记忆是办不到的。操作中稍一疏忽和失误都将造成人身或设备的事故。操作票的作用是保证操作的正确性，防止误操作的发生。实践证明，执行操作票制度是防止误操作的有效措施之一。

2. 操作票的填写要求

(1) 要有当值调度或值班负责人的命令。

(2) 每份操作票只能填写一个操作任务，即根据同一个操作目的而进行的、不间断的倒闸操作过程。

(3) 操作票应填写设备的双重名称，即设备的名称和编号。

(4) 操作票应用钢笔或圆珠笔逐项填写。用计算机开出的操作票应与手写格式一致；操作票票面应清楚整洁，不得任意涂改。

(5) 同一变电站的操作票应事先连续编号，计算机生成的操作票应在正式出票前连续编号，操作票按编号顺序使用。作废的操作票，应注明"作废"字样，未执行的应加盖"未执行"章，已操作的应加盖"已执行"章。操作票应存档一年。

(6) 一个操作任务填写操作票页数超过一页时，为避免重复签名及填写时间等，可将操作开始、结束时间填写在首页，填票、审核、操作、监护人签名和"已执行"章置于末页，续页也应填写任务和编号。

(7) 操作票填写完毕，经审核及模拟预演正确无误后，在最后一项后的空白处盖"以下空白"章，表示以下无任何操作步骤。

(四) 操作原则

1. 输电线路倒闸操作原则

(1) 设备停电检修时应按照先一次设备后二次设备的原则，先拉开断路器，然后拉开负荷侧隔离开关，再拉开母线（电源）侧隔离开关。在检修设备可能来电的方向装设接地线。在线路侧隔离开关把手上挂"禁止合闸，线路有人工作"标示牌。

(2) 设备送电时，先拆线路侧隔离开关把手上"禁止合闸，线路有人工作"标示牌，再拆除检修设备可能来电的方向装设的接地线，先合母线（电源侧）隔离开关，后合线路（负荷侧）隔离开关，最后合上该设备断路器。

(3) 输电线路装设纵联保护时，线路两端保护必须同时投退。

(4) 两条线路并、解列后，必须检查负荷分配。

(5) 220kV 电压等级线路停、送电操作时,应考虑电压和潮流变化,特别注意使非停电线路不过负荷,使线路输送功率不超过稳定限额。线路末端电压不超过允许值,长线路充电时还应防止发电机自励磁。

(6) 220kV 线路停、送电操作时,如一侧为发电厂,一侧为变电站,宜在发电厂侧解、合环(或解、并列),变电站侧停、送电;如两侧均为变电站或发电厂,宜在电压等级高的厂站一侧解、合环(或解、并列),电压低等级的一侧停、送电。

(7) 对于 3/2 断路器接线的厂站,应先拉开中间断路器,后拉开母线侧断路器;先拉开负荷侧隔离开关,后拉开电源侧隔离开关。当线路需转检修时,应在线路可能受电的各侧都停止运行,相关隔离开关均已拉开后,方可在线路上作安全措施;反之,在未全部拆除线路上的安全措施之前,不允许线路任一侧恢复备用。

(8) 线路送电时,应先拆除线路上的安全措施,核实线路保护按要求投入后,再合上母线侧(电源侧)隔离开关,后合上线路侧(负荷侧)隔离开关,最后合上线路断路器。对于 3/2 断路器接线的厂站,应先合上母线侧断路器,后合上中间断路器。

(9) 220kV 电压等级线路检修完毕送电时,应采取相应措施,防止送电线路充电时发生短路故障,引起系统稳定破坏。

(10) 新建、改建或检修后相位可能变动的线路,首次送电前应校对相位。

2. 断路器、隔离开关操作原则

(1) 10~220kV 断路器检修时应拉开该断路器的控制电源小开关,拉开信号电源小开关、弹簧机构储能电源小开关、液压机构打压电源小开关。送电时应先恢复上述控制等二次设备。

(2) 运行断路器投入保护时,投入前应测量保护出口连接片对地电压,功能连接片则不必测量。

(3) 小车断路器送电操作。将断路器小车推入运行位置后必须检查小车位置指示灯亮,断路器合闸后检查三相电流是否正常,该断路器带电显示器三相指示灯是否亮,断路器位置是否正确。

(4) 小车断路器所带线路检修若无法直接验电时，可进行间接验电。间接验电时该断路器的二次设备：带电显示器三相指示灯灭、负荷电流指示为零、断路器位置在分闸位置等两项及以上条件时，可直接挂地线。

(5) 操作隔离开关前必须检查断路器在分闸位置，倒母线操作时，应检查电压切换继电器是否切换（TV 并列光字牌亮）。

(6) 110、220kV 电动隔离开关在操作后应当断开其操作电源。

(7) 220kV 断路器检修时，应退出该断路器的三相不一致、启动失灵保护、母差保护连接片；送电时，断路器合闸前所有继电保护应按规定投入。

(8) 监控班进行遥控操作时，在先确认被控站一次系统画面后，方可操作。

3. 母线倒闸操作原则

(1) 电压互感器操作的原则：

①电压互感器送电时．先送一次再送二次（即先合一次隔离开关，再合二次小开关）。

②电压互感器停电时，先停二次再停一次（即先拉开二次小开关，再拉一次隔离开关）。防止电压互感器二次对一次进行反充电，造成二次熔断器熔断或二次小开关跳闸。

③电容式电压互感器可用母联断路器进行拉合，防止将电压互感器一次侧隔离开关动、静触头烧坏。

④停用电压互感器时，应考虑对保护的影响（如距离、方向、低电压闭锁保护、备自投等），采取适当措施。

⑤双母线接线，两组电压互感器各自接在相应的母线上，正常运行情况下二次不并列。当一组电压互感器检修，电压互感器二次需并列时，一次（母联或分段）必须先并列，停电的电压互感器负荷可由另一组母线的电压互感器暂代。如果母线有失灵保护时，必须将断路器倒至一条母线运行。

⑥母线电压互感器检修后或新投运前必须进行"核相"，防止相位错误引起电压互感器二次并列短路。

(2) 单母线（分段）接线倒闸操作的原则：

①停母线时必须将连接在母线上所有断路器、隔离开关、互感器、避雷

器全部断开后,再验电、挂地线。

②停电时,先停线路,再停主变压器,最后停分段断路器。送电时,操作顺序与此相反。

③拉分段断路器两侧隔离开关时,应先拉停电母线侧的隔离开关,后拉带电母线侧隔离开关;送电时与此相反。

④线路接地线按调度令装设,站内接地线按要求确定装设数量。

⑤分段断路器检修时两段母线不能并列运行,当两段母线接有双回线并配有双回线保护时,应停用该保护。

⑥对空母线充电尽量用分段断路器,配有快速保护的要投入该保护,严禁无保护充电。

(3) 双母线(分段)接线倒闸操作的原则:

①双母线接线当停用一组母线或母线上的电压互感器停电时,由于设备倒换至另一组母线,继电保护及自动装置的电压回路需要转换由另一组电压互感器供电时,应注意不使继电保护及自动装置因失去电压而误动作,避免电压回路触点接触不良以及运行母线电压互感器对停用母线电压互感器二次反充电,引起运行母线电压互感器二次熔断器熔断或自动空气开关跳开,引起继电保护失压误动。

②拉、合母联断路器对母线断电或充电时,应检查母联断路器位置是否正确,电流表指示是否正确。为防止母联断口(双断口)电容可能与母线上电磁式电压互感器发生谐振,停母线时先停电压互感器,投母线时后送电压互感器。

③对母线充电时要用断路器进行,用母联断路器给母线充电时要投入充电保护,充电正常后退出充电保护。

④无母联断路器或母联断路器不能充电时,若需要启用备用母线,同时停用运行母线,应用有电源的线路对备用母线进行充电。

⑤倒母线时,母联断路器及其隔离开关必须在运行位置,拉开母联断路器操作直流小开关,确保等电位操作。

⑥进行母线操作时应考虑对母差保护的影响,根据母差保护运行规程做相应变更。在倒母线操作过程中无特殊情况下,母差保护应投入使用。

⑦拉开母联断路器前，母联断路器的电流表应指示为零，防止漏倒设备。

4. 变压器倒闸操作原则

（1）大型变压器停、送电要执行逐级停、送电的原则，即停电时先停低压侧，后停高压侧；送电时与此相反。对于多电源的变电站，按上述顺序停送电，可防止变电器的反充电，如遇故障，也便于按送电范围检查、判断及处理。

（2）大接地电流系统的中性点接地隔离开关数目应按继电保护的要求设置。变压器停电或送电操作前中性点必须接地。110～220kV多台变压器中性点接地隔离开关倒闸操作应先合后拉，允许短时有两个及以上中性点接地运行。正常运行中性点接地隔离开关应按照调度命令决定其投、停。

（3）变压器投入运行时，应该选择励磁涌流较小的、带有电源的一侧充电，并保证有完备的继电保护。现场规程没有特殊规定时，禁止由中压、低压向主变压器充电，以防止主变压器故障时保护灵敏度不够。

（4）主变压器投、停时要注意中性点消弧线圈的运行方式。主变压器停电检修，应在主变压器中性点与消弧线圈隔离开关之间挂一组单相地线。

（5）主变压器停电检修应考虑相应保护的变动，如停用主变压器保护切母联、分段断路器连接片等，防止继电保护人员做保护定检时误跳母联及分段断路器。

（6）主变压器停电时，应考虑一台变压器退出后负荷的重新分配问题，保证运行变压器不过负荷。

（7）变压器并列时，用高压侧充电，中、低压侧并列。

（8）变压器的中性点的零序过电流、间隙过电流、间隙过电压保护的投退，应随变压器中性点运行方式的变化而变化，具体方式为：

①变压器的中性点接地运行时，投入零序过电流，退出间隙过电流、间隙过电压保护。

②变压器的中性点不接地运行时，退出零序过电流，投入间隙过电流、间隙过电压保护。

③变压器的中性点运行方式改变时：操作过程按照中性点不接地运行转接地运行时，先投入零序过电流保护，中性点方式变更后退出间隙过电流、

间隙过电压保护；中性点接地运行转不接地运行时，先投入间隙过电流、间隙过电压保护，中性点方式变更后退出零序过电流保护。

(9) 正常方式并列运行的变压器解列前或变压器并列后必须检查负荷分配。

5. 消弧线圈投、停操作原则

(1) 消弧线圈应根据调度命令进行投、停，不可自行投、停或切换。

(2) 投、停前要检查系统无接地（母线三相电压平衡），防止带接地电流拉、合消弧线圈隔离开关。

(3) 消弧线圈只能投在一台变压器中性点上，两台变压器中性点不得共用一台消弧线圈。

(4) 运行中变压器与消弧线圈同时停电时，应先停消弧线圈后停变压器。送电时与此相反。

6. 电容器操作的原则

(1) 电容器应根据调度下达给变电站的电压曲线以及系统的无功负荷潮流或负荷的功率因数大小自行投、停（功率因数低于 0.9 时投入电容器组；功率因数高于 0.95 且有超前趋势时，应退出部分电容器组）。

(2) 电容器停电后若需再投入运行，必须经过充分放电（5min）后才能投入运行。

(3) 母线失压时，电容器若无低压保护，必须先停电容器（有低电压保护的可自行跳闸）。

(4) 带有电容器组的母线停电时，应先停电容器组，后停负荷线路；送电时与此相反。

(5) 当电容器组电压高于额定电压的 1.1 倍或电流大于额定电流的 1.3 倍时，应将其退出运行。

7. 继电保护及自动装置投退原则

(1) 电气设备正常运行时，应按有关规定、按保护定值单投入其保护及自动装置。

(2) 电气设备送电前，应将所有保护投入运行（受一次设备运行方式影响的除外）。电气设备停电检修时，应将有关保护停用，特别是在进行保护的维护和校验时，其启动失灵保护必须要停用。

(3) 母联和其他专用充电保护,只在对相应一次设备充电时投入,充电完毕后立即退出。

(4) 线路两端的纵联保护应视为一套,两端必须按调度命令同时投退。

(5) 电压自动控制装置(AVC)的倒闸操作规定。

①电压自动控制装置(AVC)装置全部停用时只退总连接片。

②电容器有工作时,倒闸操作前先将本组AVC功能退出,恢复时相反。

③变压器停电时,将该变压器所带电容器AVC功能退出。

(五)倒闸操作术语

(1) 断路器、隔离开关(含二次小开关)称"拉开""合上"。例如,拉开2211断路器,合上112-4隔离开关等。

(2) 操作地线称"验""挂""拆"。例如,在111-2隔离开关线路侧验明三相确无电压,在101-4隔离开关断路器侧挂XX号地线,拆2201-2隔离开关主变压器侧XX号地线等。

说明:挂地线的位置以隔离开关为准,称"线路侧""断路器侧""母线侧""主变压器侧"等。上述规定不能包括时,按实际位置填写。母线上挂地线,一般挂在某隔离开关母线侧的引线上,故称"在XXX-X隔离开关母线侧挂XX号地线"。

(3) 操作交、直流熔断器和小车断路器插件称"装上""取下"。

(4) 操作连接片、切换手把称"投入""退出"和"改投"。例如,投入111断路器阻抗Ⅰ段,退出112断路器零序Ⅱ段,将2211断路器启动失灵由4号改投5号。

(5) 断路器小车称"推入""拉至"。例如,将211断路器小车推入冷备用位置,推入运行位置,拉至冷备用位置,拉至检修位置。

说明:断路器小车的运行位置指两侧插头已经插入插嘴(相当于隔离开关合好),冷备用位置指断路器两侧插头离开插嘴,但小车未全部拉出柜外;检修位置则指小车已全部拉出柜外。

(6) 接地车称"推入""拉至"。例如,将XX号母线侧接地车推入XX号柜备用位置,推入XX号柜接地位置;将XX号主变压器侧接地车由XX号柜拉至备用位置,拉至检修位置。

说明：接地车的接地位置是指接地车插头已插入插嘴（相当于隔离开关合好）；备用位置是指接地车插头离开插嘴，但接地车未拉出柜外；检修位置是指接地车已拉出柜外。

(7) 封闭式断路器柜带电显示器称"三相指示灯亮"和"三相指示灯灭"。例如检查211断路器带电显示器三相指示灯亮，检查211断路器带电显示器三相指示灯灭。

三、应列入操作步骤的相关操作

(1) 拉开或合上断路器、隔离开关。

(2) 拉、合断路器后检查断路器位置。

(3) 验电和挂、拆地线（或拉、合接地隔离开关）。

(4) 拉、合隔离开关，手车式断路器拉至或推入运行位置前，应检查断路器在分闸位置。

(5) 投、停断路器控制、信号电源。

(6) 投、停站用变压器或电压互感器二次熔断器或负荷断路器。

(7) 倒换继电保护装置操作回路或改定值。

(8) 投入、退出保护及自动装置。

(9) 带路操作在合环后检查负荷分配。正常方式并列运行的变压器解列前或变压器并列后检查负荷分配。

(10) 母线充电后检查母线电压（母线没有电压值监测手段的除外，带负荷充电后不用写检查步骤）。

(11) 改变消弧线圈分头。

(12) 投、停遥控装置。

(13) 装上或取下手车式断路器的二次插件。

(14) 调度下令悬挂或拆除的标示牌。

(15) 集控站操作时确认所操作站一次系统画面。

(16) 使用带电显示器验电。

(17) 设备检修后合闸送电前，检查送电范围内接地线（含接地隔离开关）、短路线已拆除（或拉开）。

第二节 变电站倒闸操作

变电站由于地域不同、环境不同,所以在继电保护的使用上也有一定的差别,那么对于继电保护及二次连接片的操作就有不同。以下倒闸操作内容以一次设备为主,二次设备的投退只做相应操作。

一、输电线路及断路器的倒闸操作

输电线路由于电压等级不同,所装设的继电保护也不同,所以倒闸操作按电压等级可分110kV及以下线路的操作和220kV的操作。由于220kV输电线路为各地区电网的主干网架,所以继电保护多采用纵差保护、方向保护等保护双重化的形式,在操作中要比110kV及以下输电线路的复杂。

(一)110kV及以下线路的倒闸操作

10kV线路倒闸操作。图3-1所示为10kV出线单元接线图。

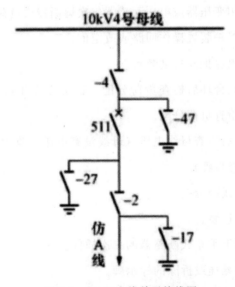

图3-1 10kV出线单元接线图

例1:仿A线511断路器及仿A线线路停电检修。

操作任务:仿A线511断路器及仿A线线路由运行转检修。操作步骤如下:

(1) 拉开仿 A 线 511 断路器。

(2) 检查仿 A 线 511 断路器确已拉开。

(3) 拉开仿 A 线 511-2 隔离开关。

(4) 检查仿 A 线 511-2 隔离开关三相确已拉开。

(5) 拉开仿 A 线 511-4 隔离开关。

(6) 检查仿 A 线 511-4 隔离开关三相确已拉开。

(7) 在仿 A 线 511-4 隔离开关断路器侧验明三相确无电压。

(8) 合上仿 A 线 511-47 接地隔离开关。

(9) 检查仿 A 线 511-47 接地隔离开关三相确已合好。

(10) 在仿 A 线 511-2 隔离开关断路器侧验明三相确无电压。

(11) 合上仿 A 线 511-27 接地隔离开关。

(12) 检查仿 A 线 511-27 接地隔离开关三相确已合好。

(13) 在仿 A 线 511-2 隔离开关线路侧验明三相确无电压。

(14) 合上仿 A 线 511-17 接地隔离开关。

(15) 检查仿 A 线 511-17 接地隔离开关三相确已合好。

(16) 在仿 A 线 511-2 隔离开关操作把手上挂"禁止合闸，线路有人工作"标示牌。

(17) 拉开仿 A 线 511 断路器控制电源小开关。

(18) 拉开仿 A 线 511 断路器储能电源小开关。

例 2：仿 A 线 511 断路器及仿 A 线线路送电。

操作任务：511 断路器及仿 A 线线路由检修转运行。

操作步骤如下：

(1) 合上仿 A 线 511 断路器控制电源小开关。

(2) 合上仿 A 线 511 断路器储能电源小开关。

(3) 拆仿 A 线 511-2 隔离开关操作把手上"禁止合闸，线路有人工作"标示牌。

(4) 拉开仿 A 线 511-47 接地隔离开关。

(5) 检查仿 A 线 511-47 接地隔离开关三相确已拉开。

(6) 拉开仿 A 线 511-27 接地隔离开关。

(7) 检查仿 A 线 511－27 接地隔离开关三相确已拉开。

(8) 拉开仿 A 线 511－17 接地隔离开关。

(9) 检查仿 A 线 511－17 接地隔离开关三相确已拉开。

(10) 检查待恢复送电范围内接地线、短路线已拆除。

(11) 检查仿 A 线 511 断路器确已拉开。

(12) 合上仿 A 线 511－4 隔离开关。

(13) 检查仿 A 线 511－4 隔离开关三相确已合好。

(14) 合上仿 A 线 511－2 隔离开关。

(15) 检查仿 A 线 511－2 隔离开关三相确已合好。

(16) 合上仿 A 线 511 断路器。

(17) 检查仿 A 线 511 断路器确已合好。

注：线路及断路器由运行转检修的倒闸操作，也可单独分为线路由运行转检修和断路器由运行转检修，线路检修操作只合线路侧接地隔离开关 511－17，511－47、511－27，断路器控制电源小开关和储能电源小开关均不进行操作。断路器转检修时，线路侧接地隔离开关 511－17 和"禁止合闸，线路有人工作"的标示牌均不进行操作。

（二）内桥形接线出线的倒闸操作

内桥形接线如图 3-2 所示。运行方式为 119、120、145 断路器均在运行位置。（注：此时的运行方式非本接线正常运行方式，设本接线已经在合环方式下运行）

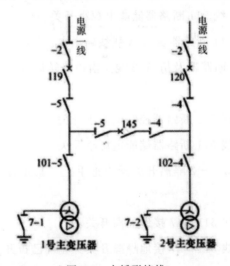

图 3-2 内桥形接线

例3：电源一线119断路器停电检修。

操作任务：电源一线119断路器由运行转检修。

操作步骤如下：

(1) 拉开电源一线119断路器。

(2) 检查电源一线119断路器确已拉开。

(3) 拉开电源一线119—5隔离开关。

(4) 检查电源一线119—5隔离开关三相确已拉开。

(5) 拉开电源一线119—2隔离开关。

(6) 检查电源一线119—2隔离开关三相确已拉开。

(7) 在电源一线119—5隔离开关断路器侧验明三相确无电压。

(8) 在电源一线119—5隔离开关断路器侧挂XX号地线。

(9) 在电源一线119—2隔离开关断路器侧验明三相确无电压。

(10) 在电源一线119—2隔离开关断路器侧挂XX号地线。

(11) 拉开电源一线119断路器控制电源小开关。

(12) 拉开电源一线119断路器储能电源小开关。

例4：电源一线119断路器送电。

操作任务：电源一线119断路器由检修转运行。

操作步骤如下：

(1) 合上电源一线119断路器控制电源小开关。

(2) 合上电源一线119断路器储能电源小开关。

(3) 拆电源一线119—5隔离开关断路器侧XX号地线。

(4) 检查电源一线119—5隔离开关断路器侧XX号地线已拆除。

(5) 拆电源一线119—2隔离开关断路器侧XX号地线。

(6) 检查电源一线119—2隔离开关断路器侧XX号地线已拆除。

(7) 检查待恢复送电范围内接地线、短路线已拆除。

(8) 检查电源一线119断路器确已拉开。

(9) 合上电源一线119—2隔离开关。

(10) 检查电源一线119—2隔离开关三相确已合好。

(11) 合上电源一线119—5隔离开关。

(12) 检查电源一线 119-5 隔离开关三相确已合好。

(13) 合上电源一线 119 断路器。

(14) 检查电源一线 119 断路器确已合好。

(三) 220kV 双母线接线线路的倒闸操作

如图 3-3 为双母线接线的线路出线,仿甲线 2211、仿丙一线 2213 在 5 号母线运行,仿乙线 2212、仿丙二线 2214 在 4 号母线运行。线路断路器配置双跳闸线圈,双套电流差动保护,220kV 母线配置双套母差保护。

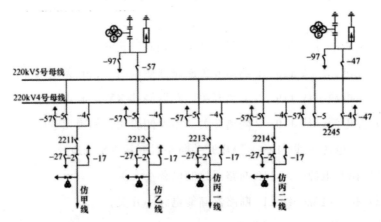

图 3-3 双母线型出线接线图

例 5:仿丙一线 2213 断路器停电检修。

操作任务:仿丙一线 2213 断路器由运行转检修。

操作步骤如下:

(1) 拉开仿丙一线 2213 断路器。

(2) 检查仿丙一线 2213 断路器三相确已拉开。

(3) 拉开仿丙一线 2213-2 隔离开关。

(4) 检查仿丙一线 2213-2 隔离开关三相确已拉开。

(5) 拉开仿丙一线 2213-5 隔离开关。

(6) 检查仿丙一线 2213-5 隔离开关三相确已拉开。

(7) 检查 220kV 母线保护隔离开关位置信号与实际位置一致。

(8) 在 220kV 母线保护按确认按钮确认隔离开关位置。

(9) 在仿丙一线 2213-2 隔离开关断路器侧验明三相确无电压。

(10) 合上仿丙一线 2213-27 接地隔离开关。

(11) 检查仿丙一线 2213-27 接地隔离开关三相确已合好。

(12) 在仿丙一线 2213-5 隔离开关断路器侧验明三相确无电压。

(13) 合上仿丙一线 2213-57 接地隔离开关。

(14) 检查仿丙一线 2213-57 接地隔离开关三相确已合好。

(15) 拉开仿丙一线 2213 断路器控制电源小开关。

(16) 拉开仿丙一线 2213 断路器储能电源小开关。

(17) 拉开仿丙一线 2213 断路器信号电源小开关。

(18) 退出仿丙一线 2213 电流差动保护 A 相启动失灵连接片。

(19) 退出仿丙一线 2213 电流差动保护 B 相启动失灵连接片。

(20) 退出仿丙一线 2213 电流差动保护 C 相启动失灵连接片。

(21) 退出仿丙一线 2213 电流差动保护三跳启动失灵连接片。

(22) 退出仿丙一线 2213 断路器失灵总启动连接片。

注：本操作为保护双重化配置，上述操作票中的保护和二次的投退只做了相应的操作（只写出一套保护的操作），实际操作中应按照现场继电保护规程进行投退；由于在综合自动化控制系统中断路器有远方控制和就地控制，在操作中应作相应的切换；220kV 及以上隔离开关为电动操作，在操作隔离开关时应先合上隔离开关操作电源小开关，操作完毕后再拉开。

例 6：仿丙一线 2213 断路器送电。

操作任务：仿丙一线 2213 断路器由检修转运行。

操作步骤如下：

(1) 合上仿丙一线 2213 断路器控制电源小开关。

(2) 合上仿丙一线 2213 断路器储能电源小开关。

(3) 合上仿丙一线 2213 断路器信号电源小开关。

(4) 投入仿丙一线 2213 电流差动保护 A 相启动失灵连接片。

(5) 投入仿丙一线 2213 电流差动保护 B 相启动失灵连接片。

(6) 投入仿丙一线 2213 电流差动保护 C 相启动失灵连接片。

(7) 投入仿丙一线 2213 电流差动保护三跳启动失灵连接片。

(8) 投入仿丙一线 2213 断路器失灵总启动连接片。

(9) 拉开仿丙一线 2213-57 接地隔离开关。

(10) 检查仿丙一线 2213－57 接地隔离开关三相确已拉开。

(11) 拉开仿丙一线 2213－27 接地隔离开关。

(12) 检查仿丙一线 2213－27 接地隔离开关三相确已拉开。

(13) 检查待恢复送电范围内接地线、短路线已拆除。

(14) 检查仿丙一线 2213 断路器三相确已拉开。

(15) 合上仿丙一线 2213－5 隔离开关。

(16) 检查仿丙一线 2213－5 隔离开关三相确已合好。

(17) 合上仿丙一线 2213－2 隔离开关。

(18) 检查仿丙一线 2213－2 隔离开关三相确已合好。

(19) 检查 220kV 母线保护隔离开关位置信号与实际位置一致。

(20) 在 220kV 母线保护按确认按钮确认隔离开关位置。

(21) 合上仿丙一线 2213 断路器。

(22) 检查仿丙一线 2213 断路器三相确已合好。

二、母线的倒闸操作

(一) 电压互感器操作

例 7：如图 3-4 所示，对 35kV 4－9 电压互感器停电检修。

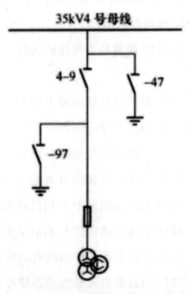

图 3-4　电磁式电压互感器单元接线图

操作任务：35kV 4－9 电压互感器由运行转检修（不需要考虑二次所带保护）。

操作步骤如下：

（1）拉开 35kV 4－9TV 二次空气小开关（保护、计量）。

（2）拉开 35kV 4－9 隔离开关。

（3）检查 35kV 4－9 隔离开关三相确已拉开。

（4）在 35kV 4－9 隔离开关 TV 侧验明三相确无电压。

（5）合上 35kV 4－97 接地隔离开关。

（6）检查 35kV 4－97 接地隔离开关三相确已合好。

例 8：如图 3-4 所示，对 35kV 4－9 电压互感器送电。操作任务：35kV 4－9 电压互感器由检修转运行。

操作步骤如下：

（1）拉开 35kV 4－97 接地隔离开关。

（2）检查 4－97 接地隔离开关三相确已拉开。

（3）检查待恢复送电范围内接地线、短路线已拆除。

（4）合上 35kV 4－9 隔离开关。

（5）检查 35kV 4－9 隔离开关三相确已合好。

（6）合上 35kV 4－9TV 二次空气小开关（保护、计量）。

（7）检查 35kV 4 号母线电压正常。

例 9：如图 3-5 所示，对 10kV 4 号母线电压互感器停电检修。

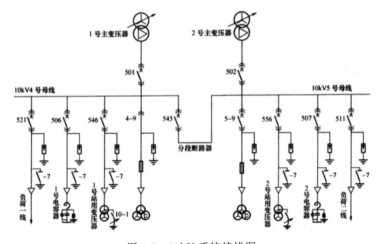

图 3-5　10kV 系统接线图

线路运行方式：10kV 单母线分段，分段备自投投入，分段 545 断路器热备用。（注：两台主变压器由同一电源带）

操作任务：10kV 4 号母线电压互感器由运行转检修。

操作步骤如下：

（1）退出 10kV 分段断路器各自投连接片。

（2）合上 10kV 分段 545 断路器。

（3）检查 10kV 分段 545 断路器确已合好。

（4）检查 501、502 断路器负荷正常。

（5）将 10kV 4 号、5 号母线电压互感器并列切换开关由"分列"改投"并列"。

（6）拉开 10kV 4 号母线电压互感器二次小开关（保护、计量）。

（7）将 10kV 4－9 小车拉至冷备用位置。

（8）取下 10kV 4－9TV 二次插件。

（9）将 10kV 4－9 小车拉至检修位置。

（10）取下 10kV 4－9TV 一次熔断路。

例 10：10kV 4 号母线电压互感器送电。

操作任务：10kV 4 号母线电压互感器由检修转运行。

操作步骤如下：

（1）装上 10kV 4－9TV 一次熔断器。

（2）检查待恢复送电范围内接地线、短路线已拆除。

（3）将 10kV 4－9 小车推入冷备用位置。

（4）装上 10kV 4－9TV 二次插件。

（5）将 10kV 4－9 小车推入运行位置。

（6）合上 10kV 4－9TV 二次小开关。

（7）将 10kV 4 号母线、5 号母线 TV 并列切换开关由

（8）检查 10kV 4 号母线、5 号母线电压正常。

（9）拉开 10kV 分段 545 断路器。

（10）检查 10kV 分段 545 断路器确已拉开。

（11）检查 501、502 断路器负荷正常。

(12) 投入 10kV 分段断路器备自投连接片。

(二) 单母线 (分段) 接线的倒闸操作

图 6 所示为单母线 (分段) 接线, 这是低压配电网的主要接线形式。

线路运行方式: 1 号主变压器带 10kV 全部负荷, 2 号主变压器热备用, 501 断路器无备自投, 2 号站用变压器负荷已由 1 号站用变压器带出, 即 2 号站用变压器热备用, 无备自投。

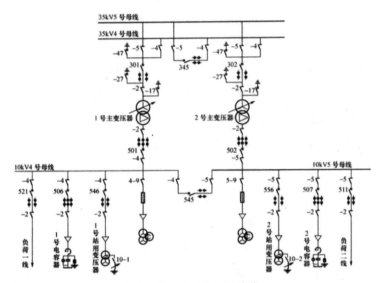

图 6 单母线 (分段) 接线

例 11: 10kV 5 号母线及分段 545 断路器停电检修。

操作任务: 10kV 5 号母线及分段 545 断路器由运行转检修。操作步骤如下:

(1) 拉开 2 号电容器 507 断路器。

(2) 检查 2 号电容器 507 断路器确已拉开。

(3) 拉开 2 号电容器 507－2 隔离开关。

(4) 检查 2 号电容器 507－2 隔离开关三相确已拉开。

(5) 拉开 2 号电容器 507－5 隔离开关。

(6) 检查 2 号电容器 507－5 隔离开关三相确已拉开。

(7) 拉开负荷二线 511 断路器。

(8) 检查负荷二线 511 断路器确已拉开。

(9) 拉开负荷二线 511－2 隔离开关。

(10) 检查负荷二线 511－2 隔离开关三相确已拉开。

(11) 拉开负荷二线 511－5 隔离开关。

(12) 检查负荷二线 511－5 隔离开关三相确已拉开。

(13) 检查 2 号站用变压器 556 断路器确已拉开。

(14) 拉开 2 号站用变压器 556－2 隔离开关。

(15) 检查 2 号站用变压器 556－2 隔离开关三相确已拉开。

(16) 拉开 2 号站用变压器 556－5 隔离开关。

(17) 检查 2 号站用变压器 556－5 隔离开关三相确已拉开。

(18) 拉开 10kV5 号 TV 电压互感器二次小开关（保护、计量）。

(19) 拉开 10kV5－9 隔离开关。

(20) 检查 10kV5－9 隔离开关三相确已拉开。

(21) 拉开分段 545 断路器。

(22) 检查分段 545 断路器确已拉开。

(23) 拉开分段 545－5 隔离开关。

(24) 检查分段 545－5 隔离开关三相确已拉开。

(25) 拉开分段 545－4 隔离开关。

(26) 检查分段 545－4 隔离开关三相确已拉开。

(27) 检查 2 号主变压器 502 断路器确已拉开。

(28) 拉开 2 号主变压器 502－5 隔离开关。

(29) 检查 2 号主变压器 502－5 隔离开关三相确已拉开。

(30) 拉开 2 号主变压器 502－2 隔离开关。

(31) 检查 2 号主变压器 502－2 隔离开关三相确已拉开。

(32) 在 2 号主变压器 502－5 隔离开关母线侧验明三相确无电压。

(33) 在 2 号主变压器 502－5 隔离开关母线侧挂 XX 号地线。

(34) 在分段 545－5 隔离开关断路器侧验明三相确无电压。

(35) 在分段 545－5 隔离开关断路器侧挂 XX 号地线。

(36) 在分段 545－4 隔离开关断路器侧验明三相确无电压。

(37) 在分段 545－4 隔离开关断路器侧挂 XX 号地线。

(38) 拉开分段 545 断路器控制电源小开关。

(39) 拉开分段 545 断路器储能电源小开关。

注：10kV 5 号母线及分段 545 断路器由检修转运行操作顺序相反，不再重复。

(三) 双母线（分段）接线的倒闸操作

图 7 所示为单断路器双母线接线，其在大中型变电站中广泛应用。图 7 中，仿乙线 2212、2 号变压器 2202 在 220kV 4 号母线运行，仿甲线 2211、1 号变压器 2201 在 220kV 5 号母线运行。

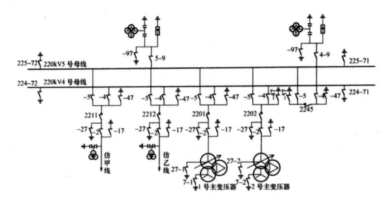

图 7 单断路器双母线（分段）接线

例 12：220kV 4 号母线及母联 2245 断路器停电检修。

操作任务：220kV 4 号母线及母联 2245 断路器由运行转检修。

操作步骤如下：

(1) 投入 220kV 母线保护互联连接片（两套保护）。

(2) 投入 220kV 断路器失灵保护互联连接片。

(3) 拉开母联 2245 断路器控制电源小开关。

(4) 合上仿乙线 2212－5 隔离开关。

(5) 检查仿乙线 2212－5 隔离开关三相确已合好。

(6) 拉开仿乙线 2212－4 隔离开关。

(7) 检查仿乙线 2212－4 隔离开关三相确已拉开。

(8) 合上 2 号变 2202－5 隔离开关。

(9) 检查 2 号变 2202－5 隔离开关三相确已合好。

(10) 拉开 2 号变 2202－4 隔离开关。

(11) 检查 2 号变 2202-4 隔离开关三相确已拉开。

(12) 检查 220kV 母线保护隔离开关位置信号与实际位置一致。

(13) 在 220kV 母线保护按确认按钮确认隔离开关位置。

(14) 合上母联 2245 断路器控制电源小开关。

(15) 退出 220kV 母线保护互联连接片（两套保护）。

(16) 退出 220kV 断路器失灵保护互联连接片。

(17) 拉开 220kV 4 号电压互感器二次小开关（保护、计量）。

(18) 拉开母联 2245 断路器。

(19) 检查母联 2245 断路器三相确已拉开。

(20) 拉开母联 2245-4 隔离开关。

(21) 检查母联 2245-4 隔离开关三相确已拉开。

(22) 拉开母联 2245-5 隔离开关。

(23) 检查母联 2245-5 隔离开关三相确已拉开。

(24) 拉开 220kV 4 号电压互感器 4-9 隔离开关。

(25) 检查 220kV 4 号电压互感器 4-9 隔离开关三相确已拉开。

(26) 在 224-71 接地隔离开关母线侧验明三相确无电压。

(27) 合上 224-71 接地隔离开关。

(28) 检查 224-71 接地隔离开关三相确已合好。

(29) 在 224-72 接地隔离开关母线侧验明三相确无电压。

(30) 合上 224-72 接地隔离开关。

(31) 检查 224-72 接地隔离开关三相确已合好。

(32) 在母联 2245-4 隔离开关断路器侧验明三相确无电压。

(33) 合上母联 2245-47 接地隔离开关。

(34) 检查母联 2245-47 接地隔离开关三相确已合好。

(35) 在母联 2245-5 隔离开关断路器侧验明三相确无电压。

(36) 合上母联 2245-57 接地隔离开关。

(37) 检查母联 2245-57 接地隔离开关三相确已合好。

(38) 退出母联 2245 断路器失灵总启动连接片。

(39) 拉开母联 2245 断路器控制电源小开关。

(40) 拉开母联 2245 断路器储能电源小开关。

(41) 拉开母联 2245 断路器信号电源小开关。

注：220kV 4 号母线及母联 2245 断路器由检修转运行操作与之相反，不再重复。

三、110～220kV 变压器的倒闸操作

1. 运行方式

110～220kV 变压器主接线如图 3-8 所示，2202 运行于 220kV 4 号母线，2201 运行于 220kV 5 号母线；2245 运行；1 号、2 号主变压器并列运行，7－1、27－1 在合闸位置，7－2、27－2 在分闸位置；102 运行于 110kV 4 号母线；101 运行于 110kV 5 号母线；145 运行；501 运行于 10kV 4 号母线；502 运行于 10kV 5 号母线。

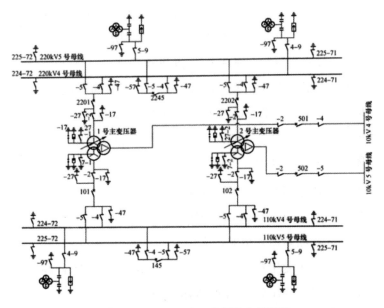

图 3-8　110～220kV 变压器主接线图

2. 保护配置

(1) 主变压器保护Ⅰ装置配置 RCS～978H 型主变压器保护装置、LFP－974BR 型电压切换装置。

(2) 主变压器保护Ⅱ装置配置 CST33A 型主变压器保护装置、CST230B

型主变压器后备保护装置、YQX－31J 型电压切换装置。

（3）主变压器辅助装置配置 CSI－101C 型失灵启动及三相不一致保护装置、CSR22B 型主变压器非电气量保护装置、FCX－12TJ 型分相操作箱、SCX－11J 型三相操作箱。

例 13：1 号主变压器停电检修（在此之前根据调度令已将 10kV 4 号母线以下设备转备用）。

操作任务：1 号主变压器由运行转检修。

操作步骤如下：

（1）投入 2 号主变压器 220kV 零序过电流保护连接片。

（2）合上 2 号主变压器中性点 27－2 接地隔离开关。

（3）检查 2 号主变压器中性点 27－2 接地隔离开关确已合好。

（4）退出 2 号主变压器 220kV 间隙过电流保护连接片。

（5）退出 2 号主变压器 220kV 间隙过电压保护连接片。

（6）投入 2 号主变压器 110kV 零序过电流保护连接片。

（7）合上 2 号主变压器中性点 7－2 接地隔离开关。

（8）检查 2 号主变压器中性点 7－2 接地隔离开关确已合好。

（9）退出 2 号主变压器 110kV 间隙过电流保护连接片。

（10）退出 2 号主变压器 110kV 间隙过电压保护连接片。

（11）拉开 1 号主变压器 501 断路器。

（12）检查 501 断路器三相确已拉开。

（13）拉开 1 号主变压器 101 断路器。

（14）检查 101 断路器三相确已拉开。

（15）检查 1 号主变压器 101 断路器、2 号主变压器 102 断路器负荷分配。

（16）拉开 1 号主变压器 2201 断路器。

（17）检查 2201 断路器三相确已拉开。

（18）检查 1 号主变压器 501 断路器确已拉开。

（19）拉开 1 号主变压器 501－4 隔离开关。

（20）检查 1 号主变压器 501－4 隔离开关三相确已拉开。

（21）拉开 1 号主变压器 501－2 隔离开关。

(22) 检查1号主变501-2隔离开关三相确已拉开。

(23) 检查1号主变压器101断路器确已拉开。

(24) 拉开1号主变压器101-2隔离开关。

(25) 检查1号主变压器101-2隔离开关三相确已拉开。

(26) 拉开1号主变压器101-5隔离开关。

(27) 检查1号主变压器101-5隔离开关三相确已拉开。

(28) 检查110kV母线保护隔离开关位置信号与实际位置一致。

(29) 在110kV母线保护按确认按钮确认隔离开关位置。

(30) 检查1号主变压器2201断路器三相确已拉开。

(31) 拉开1号主变压器2201-2隔离开关。

(32) 检查1号主变压器2201-2隔离开关三相确已拉开。

(33) 拉开1号主变压器2201-5隔离开关。

(34) 检查1号主变压器2201-5隔离开关三相确已拉开。

(35) 检查220kV母线保护隔离开关位置信号与实际位置一致。

(36) 在220kV母线保护按确认按钮确认隔离开关位置。

(37) 在1号主变压器501-2隔离开关主变压器侧验明三相确无电压。

(38) 在1号主变压器501-2隔离开关主变压器侧挂XX号地线。

(39) 在1号主变压器101-2隔离开关主变压器侧验明三相确无电压。

(40) 合上1号主变压器101-17接地隔离开关。

(41) 检查1号主变压器101-17接地隔离开关三相确已合好。

(42) 在1号主变压器2201-2隔离开关主变压器侧验明三相确无电压。

(43) 合上1号主变压器2201-17接地隔离开关。

(44) 检查1号主变压器2201-17接地隔离开关三相确已合好。

(45) 退出1号主变压器保护跳2245连接片。

(46) 退出1号主变压器保护跳145连接片。

(47) 拉开1号主变压器冷却电源小开关。

(48) 拉开1号主变压器有载调压电源小开关。

例14：1号主变压器送电。

操作任务：1号主变压器由检修转运行。

操作步骤如下：

(1) 合上 1 号主变压器冷却电源小开关。

(2) 合上 1 号主变压器有载调压电源小开关。

(3) 投入 1 号主变压器保护跳 2245 连接片。

(4) 投入 1 号主变压器保护跳 145 连接片。

(5) 拆 1 号主变压器 501－2 隔离开关主变压器侧 XX 号地线。

(6) 拉开 1 号主变压器 2201－17 接地隔离开关。

(7) 检查 1 号主变压器 2201－17 接地隔离开关三相确已拉开。

(8) 拉开 1 号主变压器 101－17 接地隔离开关。

(9) 检查 1 号主变压器 101－17 接地隔离开关三相确已拉开。

(10) 检查待恢复送电范围接地线、短路线已拆除。

(11) 检查 1 号主变压器 2201 断路器三相确已拉开。

(12) 合上 1 号主变压器 2201－5 隔离开关。

(13) 检查 1 号主变压器 2201－5 隔离开关三相确已合好。

(14) 检查 220kV 母线保护隔离开关位置信号与实际位置一致。

(15) 在 220kV 母线保护按确认按钮确认隔离开关位置。

(16) 合上 1 号主变压器 2201－2 隔离开关。

(17) 检查 1 号主变压器 2201－2 隔离开关三相确已合好。

(18) 检查 1 号主变压器 101 断路器三相确已拉开。

(19) 合上 1 号主变压器 101－5 隔离开关。

(20) 检查 1 号主变压器 101－5 隔离开关三相确已合好。

(21) 检查 110kV 母线保护隔离开关位置信号与实际位置一致。

(22) 在 110kV 母线保护按确认按钮确认隔离开关位置。

(23) 合上 1 号主变压器 101－2 隔离开关。

(24) 检查 1 号主变压器 101－2 隔离开关三相确已合好。

(25) 检查 501 断路器确已拉开。

(26) 合上 1 号主变压器 501－4 隔离开关。

(27) 检查 1 号主变压器 501－4 隔离开关三相确已合好。

(28) 合上 1 号主变压器 501－2 隔离开关。

(29) 检查 1 号主变压器 501－2 隔离开关三相确已合好。

(30) 检查 1 号主变压器 27－1 隔离开关确已合好。

(31) 检查 1 号主变压器 7－1 隔离开关确已合好。

(32) 合上 1 号主变压器 2201 断路器。

(33) 检查 1 号主变压器 2201 断路器三相确已合好。

(34) 合上 1 号主变压器 101 断路器。

(35) 检查 1 号主变压器 101 断路器三相确已合好。

(36) 检查 1 号主变压器 101 断路器、2 号主变压器 102 断路器负荷分配。

(37) 合上 1 号主变压器 501 断路器。

(38) 检查 1 号主变压器 501 断路器确已合好。

(39) 投入 2 号主变压器 220kV 间隙过电流保护连接片。

(40) 投入 2 号主变压器 220kV 间隙过电压保护连接片。

(41) 拉开 2 号主变压器中性点 27－2 接地隔离开关。

(42) 检查 2 号主变压器中性点 27－2 接地隔离开关确已拉开。

(43) 退出 2 号主变压器 220kV 零序过电流保护连接片。

(44) 投入 2 号主变压器 110kV 间隙过电流保护连接片。

(45) 投入 2 号主变压器 110kV 间隙过电压保护连接片。

(46) 拉开 2 号主变压器中性点 7－2 接地隔离开关。

(47) 检查 2 号主变压器中性点 7－2 接地隔离开关确已拉开。

(48) 退出 2 号主变压器 110kV 零序过电流保护连接片。

注：由于各站线路、变压器、母线保护配置不同，操作方法不同，所以在填写倒闸操作票时，保护、二次操作必须根据各站现场实际的保护配置和现场运行规程进行操作。站用变压器的操作与主变压器操作基本相同，由于保护配置比较简单，所以操作并不复杂。

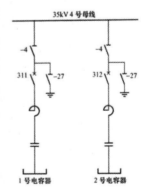

图 3-9 电容器接线图

(四) 电容器倒闸操作（以图 3-9 所示为例）

例 15：1 号电容器及 311 断路器停电检修。

操作任务：1 号电容器及 311 断路器由运行转

检修。

操作步骤如下：

(1) 拉开 1 号电容器 311 断路器。

(2) 检查 1 号电容器 311 断路器确已拉开。

(3) 拉开 1 号电容器 311－4 隔离开关。

(4) 检查 1 号电容器 311－4 隔离开关三相确已拉开。

(5) 在 1 号电容器 311－4 隔离开关断路器侧验明三相确无电压。

(6) 合上 1 号电容器 311－27 接地隔离开关。

(7) 检查 1 号电容器 3H－27 接地隔离开关三相确已合好。

(8) 在 1 号电容器 311 断路器与电抗器之间验明三相确无电压。

(9) 在 1 号电容器 311 断路器与电抗器之间挂 XX 号地线。

(10) 在 1 号电容器与电抗器之间验明三相确无电压。

(11) 在 1 号电容器与电抗器之间挂 XX 号地线（包括中性点接地）。

(12) 拉开 1 号电容器 311 断路器控制电源小开关。

(13) 拉开 1 号电容器 311 断路器储能电源小开关。

例 16：1 号电容器及 311 断路器送电。

操作任务：1 号电容器及 311 断路器由检修转运行。

操作步骤如下：

(1) 合上 1 号电容器 311 断路器控制电源小开关。

(2) 合上 1 号电容器 311 断路器储能电源小开关。

(3) 拆除 1 号电容器与电抗器之间 XX 号地线。

(4) 拆除 1 号电容器 311 断路器与电抗器之间 XX 号地线。

(5) 拉开 1 号电容器 311－27 接地隔离开关。

(6) 检查 1 号电容器 311－27 隔离开关三相确已拉开。

(7) 检查待恢复送电范围内接地线、短路线已拆除。

(8) 检查 1 号电容器 311 断路器确已拉开。

(9) 合上 1 号电容器 311－4 隔离开关。

(10) 检查 1 号电容器 311－4 隔离开关三相确已合好。

(11) 合上 1 号电容器 311 断路器。

(12) 检查 1 号电容器 311 断路器确已合好。

注：对于外壳绝缘的电容器，除将电容器的电极进行放电外，必要时再将电容器外壳进行放电。在进行外壳放电前，工作人员不得触及外壳。交流电路中，电容器若带有电荷合闸，则有可能使电容器承受 2 倍以上额定电压峰值，有损电容器寿命，同时也会造成断路器跳闸或熔断路熔断。因此每次断开电容器后，必须间隔 5min 以等待电容器充分放电后才能再合闸。

第四章 电气一次设备运行

第一节 变压器

一、变压器一般运行规定

(一) 正常运行规定

(1) 在正常情况下,变压器不允许超过铭牌的额定值运行。

(2) 变压器的运行电压一般不应高于该运行分接头额定电压的 105%。

(3) 主变压器在正常运行时的最大环境温度为 40℃;主变压器上层油温一般不得超过 85℃,油的温升不得超过 55℃;主变压器绕组温度一般不得超过 105℃,绕组温升不得超过 65℃。由于在油温 40℃左右时,油流的带电倾向性最大,因此,应尽量避免变压器油运行在 35~45℃温度区域。

(4) 主变压器冷却器全停时,满负荷允许运行时间一般不超过 30min。

(二) 过负荷运行规定

1. 长期急救周期性负载的运行

(1) 长期急救周期性负载下运行时,将在不同程度上缩短变压器的寿命,应尽量减少出现这种运行方式的机会。必须采用时,应尽量缩短超额定电流运行的时间,降低超额定电流的倍数,投入备用冷却器。

(2) 在长期急救周期性负载下运行期间,应加强对负荷和油温的监视,并根据过负荷的大小,每隔 10~30min 记录一次。

(3) 变压器存在较大缺陷时（如：冷却系统不正常，严重漏油，有局部过热现象，油中溶解气体分析结果异常等）或绝缘有弱点或缺陷时，不宜超额定电流运行。

2. 短期急救性负载的运行

（1）短期急救性负载下运行，相对老化率远大于1，绕组热点温度可能达到危险程度。在出现这种情况时，应投入包括备用在内的全部冷却器，并尽量压缩负载、减少时间，一般不超过0.5h。

（2）当变压器有严重缺陷或绝缘有弱点时，不宜超额定电流运行。

（3）在短期急救性负载运行期间，应有详细的负载电流记录。

（三）冷却系统运行规定

（1）应定期切换冷却器的独立电源，检查其自动装置的可靠性。

（2）正常运行情况下，冷却装置的投切应采用自动控制，控制的方式可以按照本体上层油温或变压器的负载电流设定。

（3）强油风冷系统正常运行时，一般不允许同时投入全部冷却装置，避免油流静电现象。

（四）有载调压装置运行规定

（1）有载分接开关有如下几种工作方式：手动、就地、远方、调度（AVC），由有载分接开关操作方式选择开关，选择切换实现。

①手动：用手摇把转动一定圈数实现分接变换，该方式一般在检修或电动装置异常时使用。

②就地：在分接开关控制箱上利用电动实现调挡操作，该方式一般在检修或远方电动调挡异常时使用。

③远方：在控制室利用电动实现分接变换操作，有人值班变电站正常使用该方式。

④调度：由调度 AVC 根据电网运行情况进行的自动分接变换，无人值班的变电站及枢纽变电站正常使用该方式。

（2）正常情况下，一般使用远方电气控制，并到现场核对挡位和动作次数。当远方电气回路故障或有必要时，可使用就地电气控制或手动操作。当分接开关处于极限位置又必须手动操作时，必须确认操作方向无误后方可进行。

(3) 分接变换操作必须在一个分接变换完成后,方可进行第二次分接变换。操作时应同时观察电压和电流指示,不允许出现回零、突变、无变化等异常情况,分接位置指示器及计数器的指示应正确。

(4) 当变动分接开关操作电源后,在未确认相序是否正确前,禁止在极限位置进行电气操作。

(5) 变压器有载分接开关的操作注意事项:

①手动操作时应将有载调压装置的电动操作电源断开。

②每调一挡应间隔 3~5min,不得连续调节几个挡位。调节时应注意观察电压、电流表指示的变化。

③如出现滑挡可按下紧急停止按钮,切断调压电动机电源后用手动摇到适当的分接位置,然后通知检修人员进行处理。

④每次调压操作完毕,值班人员应到现场检查挡位位置指示器,指示器指针应在正确的位置,并记录操作时间、分接头位置和电压变化情况;检查滤油机是否正常运转。

⑤两台变压器并联运行时,允许在 85% 变压器额定负载电流及以下时进行分接开关变换操作,不得在单台变压器上连续进行两个分接变换操作,必须在一台变压器的分接变换完成后,再进行另一台变压器的分接变换操作。每进行一次变换后,都要检查电压和电流的变化情况,防止误操作和过负荷。升压操作,先操作负荷电流相对较少的一台,再操作负荷电流相对较大的一台,防止出现过大的环流,降压操作与此相反。

⑥当变压器过载 1.2 倍运行时,禁止分接开关变换操作。

⑦当出现下述情况时,应禁止或中止操作并检查:分接开关发生误动、拒动;电压和电流指示异常;电动机构或传动机械故障;分接位置指示不一致;内部切换异声;过压力保护装置动作;看不见油位;大量喷油;危及分接开关和变压器安全运行的其他异常情况等(包括轻瓦斯频繁出现信号,调压次数超过规定)。

(6) 以下情况不允许进行调压操作:

①主变压器过负荷 1.2 倍时。

②调压装置发生异常时。

③调压次数超过规定时。

④调压气体保护动作于发信时。

⑤两台并联运行变压器，额定负载电流超过85%以上。

⑥系统有故障时。

⑦220kV系统电压高于对应分接头额定电压7%或低于3%时。

(7) 主变压器挡位调节次数规定：

220kV主变压器每日有载分接变换不宜超过10次。

110kV主变压器每日有载分接变换不宜超过20次。

(8) 新装或大修后的有载调压开关，应在变压器空载运行时，在电压允许的范围内用电动操作机构至少操作一个循环，各项指示应正确，电压变动正常，极限位置的电气闭锁可靠，方可调至调度指定的位置运行。

(9) 滤油装置的运行规定：

①滤油机用于电力变压器有载分接开关油的净化或干燥，每次分接开关变换后即进行一次设定时间长度的滤油（一般为30min）；有载分接开关长期无操作，也应每月进行一次带电滤油。

②滤油装置运行采用自动方式，可由手动方式投入或切除滤油装置。设定为自动滤油方式的滤油机在分接开关变换操作后，如果没有自动滤油，应手动启动进行滤油操作。

③当滤油装置处于滤油过程中时，有载分接开关可照常操作。

④当滤油机压力报警装置报警时，应停用滤油机并记录缺陷汇报检修部门。

⑤当滤油机有异常的运转声或渗油时，应切除滤油机电源并记录缺陷汇报检修部门。

(五) 气体继电器取气装置

当变压器内部有故障时，可通过分析气体继电器中的气体，来判断故障类型。但是，变压器运行时，检查气体继电器是很危险的。取气装置可在气体继电器发出信号后，让运行人员在安全的情况下取出气体继电器内的气体。

气体继电器取气装置如图4-1所示，正常运行时，取气装置通过连接管与

气体继电器连接,阀门1打开,阀门2和阀门3关闭。取气步骤如下:

(1) 旋下阀门3上的螺帽,打开阀门3,将取气装置内的油放出,并用取气针筒吸出气体继电器内的气体。

(2) 当在玻璃窗内可以看到液面时,关闭阀门3,旋上阀门3的螺帽。

(3) 旋开阀门2上的螺帽,插上取气针筒。

(4) 打开阀门2,进行取气操作。

(5) 取气完毕后关闭阀门2,旋上阀门2的螺帽。

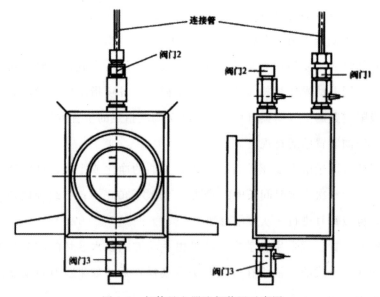

图4-1 气体继电器取气装置示意图

(六) 变压器中性点运行规定

(1) 110kV及以上中性点有效接地系统中,投运或停运变压器的操作,中性点必须先接地。投入后可按系统需要决定中性点是否断开。

(2) 110kV及以上电网中性点的倒换操作应遵循"先合后断"的原则,并尽量缩短操作时间。

(3) 两台容量不同的变压器并列运行时,应投入大容量变压器的中性点。

(4) 变压器某一侧中性点接地时,投入接地侧接地零序保护,退出不接地零序保护;不接地时,投入不接地零序保护,退出接地零序保护。

(5) 三绕组变压器,高压侧或中压侧开路运行时,应将开路运行线圈的中性点接地,并投入中性点零序保护。任一侧开路运行时,应投入出口避雷器、中性点避雷器或中性点接地。

（6）自耦变压器投入运行，中性点均应接地。

（七）变压器保护的运行规定

（1）变压器严禁无主保护运行。

（2）运行中的变压器遇有下列工作或情况时，由值班人员向调度申请，将气体保护由跳闸位置改投信号位置：

①带电滤油或加油。

②变压器油路处理缺陷及更换潜油泵。

③为查找油面异常升高的原因必须打开有关放油阀放气塞。

④气体继电器进行检查试验及在其继电保护回路上进行工作，或该回路有直流接地故障。

（3）变压器压力释放阀动作、油温及绕组温度高跳闸功能应投信号。

（八）排油注氮装置的运行

1. 排油注氮装置的启动条件及动作过程

（1）防爆防火自动启动：断路器跳闸＋重瓦斯动作＋变压器超压。当变压器内部发生故障，油箱内部产生大量可燃气体，引起气体继电器动作闭合触点，使断路器跳闸，此时若变压器油箱压力继续增大，超过压力控制器设定值则启动防爆防火程序，打开排油阀，排油卸压，防止变压器爆炸起火。同时，变压器储油柜下的断流阀动作，自动切断储油柜到变压器箱体的补油油路。排油3s后，氮气从变压器箱体底部注氮口注入，搅拌变压器油，强制冷却故障点及油温，并形成氮气保护层隔绝氧气的进入。随后可连续注氮30min。大量的氮气充分冷却变压器，彻底灭火，防止复燃。

（2）灭火自动启动：断路器跳闸＋重瓦斯动作＋火灾探测报警。当变压器顶上的温感火灾探测器探测到火灾，若变压器断路器跳闸及重瓦斯动作时，则启动灭火程序，打开排油阀，排油卸压，防止变压器爆炸起火。同时，变压器储油柜下的断流阀动作，自动切断储油柜到变压器箱体的补油油路。排油20s后，氮气从变压器箱体底部注氮口注入，搅拌变压器油，强制冷却故障点及油温，并形成氮气保护层隔绝氧气的进入。随后可连续注氮30min。大量的氮气充分冷却变压器，彻底灭火，防止复燃。

（3）手动启动：断路器跳闸＋手动启动设置开关＋手动启动确认按钮。动作过程与防爆防火启动过程相同。

2. 控制屏信号说明

（1）重瓦斯动作：主变压器本体气体保护动作断路器跳闸信号。

（2）断路器跳闸：主变压器各侧断路器跳闸位置指示。

（3）火焰探测动作：当变压器顶部的任何一个温感火灾探测器动作时，发出火灾报警指示信号。

（4）变压器超压：当变压器内部压力超过主变压器消防柜内压力控制器的整定值时，发出变压器超压报警指示。

（5）断流阀动作：当启动排油注氮程序时，变压器内油流超过 80L/min 时，装在变压器储油柜下的断流阀将自动关闭，发出断流阀动作指示信号。

（6）排油阀开启：当装置启动后，排油阀自动开启，排出变压器油，发出排油阀动作指示信号。

（7）氮气阀开启：当装置启动后，注氮阀自动开启，往变压器箱体注氮，发出注氮阀动作指示信号。

（8）氮气压力低：消防柜内氮气瓶压力低于 11.7MPa 时，将发出欠压报警信号给主控室消防控制柜，此时需考虑给氮气瓶重新充气到 15MPa。

3. 巡视检查项目

（1）控制柜交流电源输入正常。

（2）控制柜面板上锁控切换开关处于"自动启动"位置。

（3）按下控制柜上"试验按钮"时，各信号灯都点亮。

（4）消防柜内氮气瓶的高压压力表指示为 11.7～15MPa。

（5）消防柜内氮气瓶的低压压力表正常，为 0。

（6）消防柜内无潮湿、锈蚀现象，加热器能正常工作。

（7）消防柜内的检修阀、氮气球阀，在正常运行时处于开启位置。

（8）消防柜内的快速排油阀，在正常运行时处于"关闭"位置，操作机构储能指示为"储能"。

（9）消防柜内各阀门、连接管无渗油。

（10）变压器本体上，各相关阀门、排油管、注氮管红色漆无脱落。

(11) 变压器本体上，各阀门应处于"开启"位置。

(12) 变压器本体上，排油安装阀、断流阀、注氮管、排油管、法兰无渗漏油情况。

4. 投运前检查项目

投运前除了按照正常巡视项目进行检查外，还应进行以下检查：

(1) 检查各连接处的螺栓是否紧固，法兰密封是否良好。

(2) 关闭和开启所有阀门，检查相应阀开关状态及信号输出是否对应。

(3) 检查操作机构动作可靠灵活，打开排油检查孔，手动关闭排油阀，检查排油阀是否到位和密封完好。

(4) 氮气瓶安装紧固，氮气高压软管旋紧，打开氮气瓶阀，用软刷沾皂液，检查气密性。

(5) 确认各元件接线正确、布线合理、信号灯动作指示正确。

5. 排油注氮装置（FMD 装置）投运步骤

(1) 检查主变压器本体上安装的排油阀、注氮阀处于开启状态，各油管、阀门无渗漏油。

(2) 检查消防柜内的快速排油阀关闭，其操作机构储能良好。

(3) 检查消防柜内氮气瓶阀处于开启状态，高压压力表的示值应处于 11.7~15.5MPa 之间，低压压力表的示值为 0。

(4) 开启消防柜内排油检修阀及氮气球阀。

(5) 合上消防柜内的加热电源空气断路器。

(6) 接通控制柜 FMD 装置电源。

(7) 将控制柜内 FMD 装置面板上的"投入/退出切换开关"切至"投入运行"位置。

(8) 将控制柜内 FMD 装置面板上的"自动/手动切换开关"切至"自动启动"位置。

(9) 观察控制柜内 FMD 装置面板上"投入运行""自动启动"信号灯亮，其他灯不亮。

6. 排油注氮装置退出运行步骤

(1) 将控制柜内 FMD 装置面板上的"投入/退出切换开关"切至"退出

运行"位置。

(2) 断开控制柜 FMD 装置电源。

(3) 关闭消防柜内排油检修阀及氮气球阀。

7. 其他运行要求

(1) FMD 装置正常工作于手动启动方式，若要将切换开关投入"自动启动"，应按手续经报批同意后才能切至"自动启动"位置。

(2) 当装置运行于"手动启动"状态时，须确认变压器确有故障或起火，才可按下"手动启动确认按钮"手动启动 FMD 装置。

(3) 当主变压器检修时，相应的 FMD 装置应退出运行。

(4) 主变压器运行期间，应避免从底部大量取油样，当油流量超过 80L/min，将造成断流阀关闭。

(5) 消防系统非正常动作并且未进行注氮工序，确认主变压器未发生短路及其他故障，确认恢复正常状态后，由本单位安全监察部门确认为消防系统故障，并排除消防设备故障后，由运行部门对主变压器自行恢复运行。

(6) 对于注氮后的主变压器，必须进行真空补油，并进行相关的预防性试验，再对消防装置的全部回路重新检查、核对，制定反事故措施后，经相关部门会商同意后，才允许送电。

(7) 变压器旁代运行时，应将断路器切换开关切至相应位置。

(8) 变压器在运行时，低压侧手车开关转至冷备用或检修，二次插头被取下时，须对低压侧状态手动置位。

8. 其他运行规定

(1) 变压器运行中发现有任何不正常情况时（如漏油、油枕内油面高度不够、发热不正常、音响不正常），应迅速查明原因，用一切方法将其消除，并立即报告调度值班员以及行政领导，将经过情况记录在运行记录及缺陷记录簿内。

(2) 变压器有下述情况之一时，应立即停止运行：①变压器声响明显增大，内部有爆裂声；②严重漏油或喷油，使油面下降到低于油位计的指示限度；③套管有严重的破损和放电现象；④变压器冒烟着火。

(3) 当变压器附近的设备着火、爆炸或发生其他情况，对变压器构成严重威胁或发生危及变压器安全的故障而变压器的有关保护装置拒动时，应立即将变压器停运。

（4）变压器在受到近区短路冲击后，宜作低电压短路阻抗测试或测试绕组变形，并与原始记录比较，判断变压器无故障后，方可投运。

（5）夏季前，应对强油风冷变压器冷却器进行清扫。

二、变压器的操作

（1）新安装或大修后的变压器投入运行前，应在额定电压下作空载全电压冲击合闸试验，加压前应将主变压器全部保护投入，新变压器冲击5次，大修后的变压器冲击3次。

（2）对长期停用或检修后的变压器，在送电前，应使用2 500V绝缘电阻表测量绝缘电阻R_{60}和R_{15}，吸收比值应大于1.3，绝缘电阻值与前次同等条件下的数值比较无明显减小，否则，应立即汇报有关领导，决定是否能够投入运行。

（3）投运前，值班人员应仔细检查，确认变压器及其保护装置在良好状态，具备带电运行条件（指变压器本体正常，外部条件齐备，试验结果合格，保护和测量装置有效，所有接地和短接线、标示牌、遮拦已拆除，工作票已全部收回）。并注意外部有无异物，临时接地线是否拆除，分接开关位置是否正确，各阀门开闭是否正确。

（4）变压器投入操作，保护应正确投入，然后将变压器转到热备用，合电源侧断路器，检查变压器一切正常后，再合负荷侧断路器。

充电前应仔细检查充电侧母线电压及变压器分接头位置，保证充电后各侧电压不超过规定值。变压器的充电，应当由装有保护装置的电源侧用断路器操作，停运时应先停负荷侧，后停电源侧。变压器充电时，气体保护应投跳闸位置。

（5）变压器倒换操作时，应先检查并入的变压器已经带上负荷后方可进行停役变压器的操作。

（6）强油风冷变压器投入运行时，应逐台启动油泵，不得同时全部投入，并按负载情况控制投入冷却器的台数，厂家如有规定，按照厂家规定执行。

三、变压器的验收

1. 变压器投运前的检查项目、内容及要求

（1）变压器本体、冷却装置及所有组部件均完整无缺、不渗油、油漆完整。

（2）变压器油箱、铁心和夹件已可靠接地。

（3）变压器顶盖上无遗留杂物。

（4）储油柜、冷却装置、净油器等油系统上的阀门应正确开闭。

（5）电容套管的末屏已可靠接地，套管密封良好，套管外部引线受力均匀，对地和相间距离符合要求，各接触面应涂有电力复合脂。引线松紧适当，无明显过紧过松现象。

（6）变压器的储油柜、充油套管和有载分接开关的油位正常，指示清晰。

（7）升高座已放气完全，充满变压器油。

（8）气体继电器内应无残余气体，气体保护必须投跳闸位置，相关保护按规定整定投入运行。

（9）吸湿器内的吸附剂数量充足、无变色受潮现象，油封良好，呼吸畅通。

（10）有载分接开关三相挡位一致，操作机构、本体上的挡位、监控系统中的挡位一致。机械连接校验正确，电气、机械限位正常。经两个操作循环正常。

（11）温度计指示正确，整定值符合要求。

（12）冷却装置运转正常，内部断路器、转换开关投切位置已符合运行要求。

（13）所有电缆标志清晰。

2. 变压器投运前验收的条件

（1）变压器及各部组件工作已结束，人员已退场，场地已清理干净。

（2）各项调试、试验合格。

（3）施工单位自检合格，缺陷已消除。

第二节 高压断路器

一、断路器一般运行规定

1. 断路器的正常运行规定

(1) 断路器的分、合闸指示器应指示清晰、正确。

(2) 断路器应有动作次数计数器,计数器调零时应作累计统计。

(3) 端子箱、机构箱箱内整洁,箱门平整,开启灵活,关闭严密,有防雨、防尘、防潮、防小动物措施;电缆孔洞封堵严密,箱内电气元件标志清晰、正确,螺栓无锈蚀、松动。

(4) 应具备远方和就地操作方式。

(5) 断路器在检修时一定要插入分、合闸锁销,以防误动脱扣器或触发器而伤及人身。

(6) 断路器合闸前,必须检查继电保护按规定投入;断路器合闸后,必须检查三相均已接通。

(7) 断路器操作前后,必须检查有关仪表及指示灯的指示是否正确。

(8) 当断路器在运行中,不得误动断路器的操作部分和断路器操作机构的储能位置。

(9) 运行中的分相断路器,因机构失灵造成断路器两相断开、一相合上的情况时,应迅速将合着的一相断路器断开,不准将断开的两相断路器再合上;如果断路器合上两相则应将断开一相断路器再合一次,若不成功即断开合上的两相断路器。

2. 断路器的正常运行维护项目

(1) 不带电部分的定期清扫。

(2) 合闸后检查合闸熔断器是否正常,若更换熔断器时,应核对熔断器容量是否符合要求。

(3) 对气动机构,按规定排水。

(4) 检查加热除湿装置是否运行正常。

(5) 值班人员发现缺陷应及时汇报,并做好记录。

二、断路器的操作

(一) 断路器操作的一般规定

(1) 断路器投运前,应检查接地线是否全部拆除,防误闭锁装置是否正常。

(2) 操作前应检查控制回路和辅助回路的电源,检查操作机构已储能。

(3) 断路器合闸前应必须检查继电保护已按规定投入;断路器合闸后必须确认三相均已接通。

(4) 停运超过 6 个月的断路器,在正式执行操作前应通过远方控制方式进行试操作 2~3 次,无异常后方能按操作票拟定的方式操作。

(5) 检查油断路器油位、油色正常;真空断路器灭弧室无异常;SF_6 断路器气体压力在规定的范围内;各种信号正确、表计指示正常。

(6) 操作前,检查相应隔离开关和断路器位置,确认继电保护已按规定投入。

(7) 操作控制开关把手时,不能用力过猛,以防损坏控制开关;不能返回太快,以防时间短断路器来不及合闸。操作中应同时监视有关电压、电流、功率等表计的指示及红、绿灯的变化。

(8) 断路器分、合闸动作后,应到现场确认本体和操作机构分、合闸指示器以及拐臂、传动杆位置,保证断路器确已正确分合闸。同时检查断路器本体有无异常。

(9) 断路器合闸后的检查:

①红灯亮,机械指示应在合闸位置。

②送电回路的电流表、功率表及计量表是否指示正确。

③电磁机构电动合闸后,立即检查直流盘合闸电流表指示,若有电流指示,说明合闸线圈有电流,应立即拉开合闸电源,检查断路器合闸接触器是否卡涩,并迅速恢复合闸电源。

④弹簧操作机构,在合闸后应检查弹簧是否储能。

（10）断路器分闸后的检查：

①绿灯亮，机械指示在分闸位置。

②检查表计指示正确。

（11）两个断路器互相替代的操作时，必须考虑操作断路器在断合的过程中可能出现的非全相现象，因而操作过程中必须将运行断路器可能误动的有关零序保护解除。

（二）断路器操作机构的手动储能方法

1. 常见型号断路器的操作机构储能方法

（1）LTB－245E1型SF_6断路器在操作机构储能电动机无法储能时，可以手动储能：

①断开储能电动机电源空气断路器。

②卸下操作机构箱底部盖子（电机回路断开）。

③安装手柄和附件。

④逆时针转动手柄直到储能指示在红区，合闸弹簧已完全储能。

⑤重新安装机构箱底部盖子。

（2）GVB－P/3000/800/12M2F2－G－A3、GVB－P/3150型断路器操作机构手动储能的方法：采用专用的手柄，插入手动储能孔，上下运动20次，且储能指示器在"储能"位置，储能结束。

（3）ZN21－10/1250－31.5、ZN21－12、ZN21－10型断路器操作机构手动储能的方法：将储能手柄套在储能轴上，反时针方向转动至储能指示器的"储能"位置时，储能结束。

2. 断路器操作机构储能注意事项

（1）手动储能过程中严禁储能过头导致弹簧过载，损坏弹簧。

（2）任何情况下严禁强行手动接通储能电机主回路进行储能。

（3）严禁手动释放合闸挚子。

（4）手动储能操作应严格按照规定执行。

（5）手动储能操作时应观察储能标志。

三、断路器的验收

（一）断路器的验收

（1）新安装和检修后的高压开关设备，在竣工投运前，运行人员应参加验收工作。

（2）交接验收应按国家、电力行业和国家电网公司有关标准、规程和国家电网公司《预防高压开关设备事故措施》的要求进行。

（3）运行单位应对开关设备检修过程中的主要环节进行验收，并在检修完成后按有关规定对检修现场、检修质量和检修记录、检修报告进行验收。

（4）验收中发现问题，应及时处理。暂时无法处理，且不影响安全运行的，经本单位主管领导批准后方能投入运行。

（二）断路器投运前的检查项目

1. 投运前的准备

（1）运行人员应经过培训，熟练掌握高压开关设备的工作原理、结构、性能、操作注意事项和使用环境等。

（2）操作所需的专用工具、安全工器具、常用备品备件等。

（3）根据系统运行方式，编制设备事故预案。

2. 新装或大修后的断路器，投运前检查内容

（1）断路器的运行编号和名称齐全。

（2）断路器应有明显的相位漆。

（3）油断路器应有易于观察的油位指示器和上、下限油位监视线，油位指示正常（SF_6 断路器 SF_6 压力正常）。

（4）分、合闸闭锁销解除；手动操作手柄拆下。

（5）气动操作机构气压表指示正常，打压机运行正常（液压操作机构液压、油位正常；弹簧操作机构弹簧储能正常）。

（6）操作机构箱内各电源空气断路器与实际运行位置一致。各空气断路器、熔断器标签清晰明了。各二次接头接触牢固完好。机构箱孔洞封堵完好。加热器运行正常。机构箱门平整、开启灵活、关闭紧密。外壳接地良好。

(7) 引线连接部位接触良好，引流线松紧适度。

(8) 断路器就地、远方分合试验正常。保护压板按要求投入；控制信号指示正常。

(9) 各种技术资料收集完整，技术交底全面，试验验收报告合格可投运；由施工负责人在一、二次记录上填写完整并签名以示负责。

第三节　高压隔离开关

一、隔离开关一般运行规定

1. 重点测温

根据运行方式的变化，在下列情况下应进行重点测温：

(1) 长期重负荷运行的隔离开关。

(2) 负荷有明显增加的隔离开关。

(3) 存在异常的隔离开关。

2. 测温范围

测温范围主要是运行隔离开关的导流部位，即触头及接头。

二、隔离开关的操作

1. 一般操作规定

(1) 隔离开关操作前应检查断路器、相应接地刀闸确已断开并分闸到位，确认送电范围内接地线已拆除。

(2) 隔离开关电动操动机构操作电压应在额定电压的85%～110%之间。

(3) 手动合隔离开关应迅速、果断，但合闸终了时不可用力过猛。合闸后应检查动、静触头是否合闸到位，接触是否良好。

(4) 手动分隔离开关，开始时应慢而谨慎；当动触头刚离开静触头时，应迅速拉开后检查动、静触头断开情况。

(5) 隔离开关在操作过程中，如有卡滞、动触头不能插入静触头、合闸不到位等现象时，应停止操作，待缺陷消除后再继续进行。

(6) 在操作隔离开关的过程中,要特别注意若绝缘子有断裂等异常时应迅速撤离现场,防止人身受伤。对 GW6、GW16 型等隔离开关,合闸操作完毕后,应仔细检查操动机构上、下拐臂是否均已越过死点位置。

(7) 电动操作的隔离开关应装设总、分操作电源(可将总、分操作电源设于开关间隔端子箱内)。为了预防因电气回路故障使隔离开关误分误合的严重事故发生,除操作前将该隔离开关操作分电源合上,正常运行或操作完成,其操作分电源应立即断开。对于 110kV 及以上电压等级隔离开关操作后,应检查其相应保护装置及母差保护的隔离开关位置信号是否正常。

(8) 操作带有闭锁装置的隔离开关时,应按闭锁装置的使用规定进行,不得随便动用解锁钥匙或破坏闭锁装置。

(9) 220kV、110kV 电动操作的隔离开关,正常情况下全部采用"远方"电动操作方式,仅在因电动失灵时方可采用"就地"电动操作或"就地"手动操作方式。在手动操作前应将隔离开关操作电源断开方可执行手动操作模式,以防止电动机突然启动伤人。在用手动操作时应分、合到位,并检查辅助开关的位置是否正常到位。

2. 隔离开关允许操作项目

(1) 拉、合无故障的电压互感器、避雷器及空载串联电抗器。

(2) 拉、合正常运行变压器的中性点。

(3) 拉、合 220kV 及以下母线充电电流。

(4) 拉、合励磁电流不超过 2A 的空载变压器和电容电流不超过 5A 的空载线路。

(5) 拉、合经断路器或隔离开关闭合的旁路电流;拉、合 3/2 接线及角形接线方式的母线环流。操作时应将有关断路器的控制电源断开,确保隔离开关两侧电位相等;对现场可远方操作的隔离开关,可不断开断路器操作电源。

3. 严禁用隔离开关直接操作项目

(1) 带负荷分、合操作。

(2) 配电线路的停送电操作。

(3) 雷电时,拉合避雷器。

(4) 系统有接地（中性点不接地系统）或电压互感器内部有故障时，拉合电压互感器。

(5) 系统有接地时，拉合消弧线圈。

三、隔离开关的验收

隔离开关投运前检查项目：

(1) 支柱绝缘子清洁完好，试验合格。

(2) 引线接触良好，触头插入灵活接触良好，弹簧片压力均衡正常。

(3) 操作机构应接地良好，传动部分灵活，隔离开关断、合到位。

(4) 防误装置良好。

(5) 各部件应刷漆、各相的相位、相色应明显正确。

(6) 隔离开关操作机构箱内应装设驱潮气装置，密封良好，不受潮。

(7) 隔离开关投运前还应检查以下资料是否备齐：

①按照规定格式编制的设备台账。

②设备出厂试验报告及调试记录。

③设备主要附件的出厂合格证明。

④设备的安装、使用说明书、安装图及构造图。

⑤设备现场开箱验收记录。

⑥设备安装、调试报告。

⑦设备安装验收记录。

⑧设备交接试验报告。

⑨设备评级的详细记录。

第四节 互感器

一、互感器一般运行规定

(1) 互感器应有标明基本技术参数的铭牌标志，互感器技术参数必须满足装设地点运行工况的要求。

(2) 电压互感器的各个二次绕组（包括备用）均必须有可靠的保护接地，且只允许有一个接地点。电流互感器备用的二次绕组应短路接地。接地点的布置应满足有关二次回路设计的规定。

(3) 互感器应有明显的接地符号标志，接地端子应与设备底座可靠连接，并从底座接地螺栓用两根接地引下线与地网不同点可靠连接。接地螺栓直径应不小于12mm，引下线截面应满足安装地点短路电流的要求。

(4) 互感器二次绕组所接负荷应在准确等级所规定的负荷范围内。

(5) 互感器安装位置应在变电站（所）直击雷保护范围之内。

(6) 停运半年及以上的互感器应按有关规定试验检查合格后方可投运。

(7) 电压互感器二次侧严禁短路。

(8) 电压互感器允许在1.2倍额定电压下连续运行，中性点有效接地系统中的互感器，允许在1.5倍额定电压下运行30min，中性点非有效接地系统中的电压互感器，在系统无自动切除对地故障保护时，允许在1.9倍额定电压下运行8h。

(9) 电磁式电压互感器一次绕组N（X）端必须可靠接地，电容式电压互感器的电容分压器低压端子（N、J）必须通过载波回路线圈接地或直接接地。

(10) 中性点非有效接地系统中，作单相接地监视用的电压互感器，一次中性点应接地，为防止谐振过电压，应在一次中性点或二次回路装设消谐装置。

(11) 电压互感器二次回路，除剩余电压绕组和另有专门规定者外，应装设快速开关或熔断器；主回路熔断电流一般为最大负荷电流的1.5倍，各级熔断器熔断电流应逐级配合，自动开关应经整定试验合格方可投入运行。

(12) 电压互感器的外接阻尼器必须接入，否则不得投入运行。

(13) 电流互感器二次侧严禁开路，备用的二次绕组也应短接接地。

(14) 电流互感器允许在设备最高电流下和额定连续热电流下长期运行。

(15) 电容型电流互感器一次绕组的末（地）屏必须可靠接地。倒立式电流互感器二次绕组屏蔽罩的接地端子必须可靠接地。

(16) 66kV及以上电磁式油浸互感器应装设膨胀器或隔膜密封，应有便于观察的油位或油温压力指示器，并有最低和最高限值标志。运行中全密封互感器应保持微正压，充氮密封互感器的压力应正常。互感器应标明绝缘油牌号。

(17) SF_6 互感器运行中应巡视检查气体密度表工况，产品年漏气率应小于1%。若压力表偏出绿色正常压力区（表压小于 0.35MPa）时，应及时补气，有条件时尽量采用带电补气。带电补气时，应在厂家指导下进行。

(18) 树脂浇注互感器外绝缘应有满足环境条件的爬电比距，并通过凝露试验。

二、互感器的操作

(1) 严禁用隔离开关或取下熔断器的方法拉开有故障的电压互感器。

(2) 停送电压互感器前应注意下列事项：

①注意对继电保护及自动装置的影响，防止误动、拒动。

②电压互感器停电检修时不仅要断开一次侧隔离开关，还需将二次回路主熔断器或自动开关断开（包括计量回路熔断器或空气断路器），防止二次低电压反充电至一次侧产生高电压，威胁人身安全。

③电压互感器投入后应检查三相电压是否正常。

(3) 为防止铁磁谐振，倒闸操作中应避免用带断口电容的断路器投切带有电磁式电压互感器的空母线。

(4) 新更换或检修后互感器投运前，应进行下列检查：

①检查一、二次接线相序、极性是否正确。

②测量一、二次绕组绝缘电阻。

③测量空气断路器、消谐装置是否良好。

④检查二次回路有无开路或短路。

⑤零序电流互感器铁心不应与架构或其他导磁体直接接触，避免构成分磁回路。

三、互感器的验收

投运前的检查项目：

(1) 设备外观清洁完整无缺损。

(2) 一、二次接线端子应连接牢固,接触良好。

(3) 油浸式互感器无渗漏油,油标指示正常。

(4) 气体绝缘互感器无漏气,压力指示与规定相符。

(5) 三相相序标志正确,接线端子标志清晰,运行编号完备。

(6) 互感器需要接地的各部位应接地良好。

(7) 油漆应完整,相色应正确。

(8) 详细技术资料和文件应移交。

(9) 制造厂提供的产品说明书、试验记录、合格证件及安装图纸等技术文件应齐备。

(10) 现场应有安装技术记录、器身检查记录、干燥记录。

(11) 竣工图纸完备。

(12) 试验报告并且试验结果合格。

第五节 电力电容器、电抗器

一、一般运行规定

(一) 电容器运行规定

(1) 电容器拉闸后,虽然电容器已经自动放电,但仍应对电容器逐个多次放电后,并在电容器母线上挂好接地线后,才能接触电容器。

(2) 电容器室应符合防火要求,并设有总的消防通道,室外电容器组应配有专用消防器材。

(3) 电容器室不得采用采光玻璃,门应向外开启,相邻电容器室的门应能向两个方向开启。

(4) 电容器室的进、排风口应有防止风雨和小动物进出的措施。

(5) 运行中电抗器室温度不得超过35℃,当室温超过35℃时,干式三相重叠安装的电抗器线圈表面温度不应超过85℃,单独安装不应超过75℃。

(6) 运行中的电抗器室通风口不应堵塞,门窗应严密。

(7) 运行中的电容器组三相电流应基本平衡。当电容器组的运行电压达到 1.10 倍额定电压和运行电流达到 1.30 倍额定电流时，应将电容器组退出运行，三相电流差不超过 5%或差流保护定值的要求。电容器组在 1.05 倍额定电压下可连续运行；在 24h 内，电容器在 1.10 倍额定电压下运行时间不得超过 8h，电容器在 1—15 倍额定电压下运行时间不得超过 30min。

(8) 运行中电容器温度短时间（1h）周围环境温度不应超过 40℃，电容器外壳温度不超过 50℃，如发现温度过高，应开启排风扇进行降温，或将电容器退出运行。

(9) 母线失压时，电容器组失压保护首先将电容器断开；当母线失压而保护未动作，应人为切除电容器组并通知继保人员处理。

(10) 电网高峰时段，本站电容器组均投入运行后，10kV 母线电压仍在 10.0kV 以下，应与调度联系，适当调整主变压器分接头直至电压合格。

(11) 电网低谷时段，在电容器退出运行后，10kV 母线电压仍在 10.7kV 以上，应与调度联系，降低主变压器分接头以保证 10kV 母线电压合格。

(12) 户内安装的电容器应有良好的防尘和通风装置。

(二) 电抗器运行规定

(1) 干式电抗器噪声、振动无异常。

(2) 干式电抗器温度无异常变化。

(3) 应使用断路器投切并联电抗器组。

(4) 各组并联电抗器及断路器轮换投退，延长使用寿命。

(5) 干式电抗器的投切按调度部门下达的电压曲线或调度命令进行。

(6) 有人值班变电站：运行人员投切干式电抗器后，应检查表计（如电流表、无功功率表）指示正常，还应到现场检查干式电抗器和断路器等设备情况。对于并联有避雷器的干式电抗器，每次投切操作之后，35kV 及以上干式电抗器还应检查避雷器是否动作，并做好记录。

(7) 无人值班变电站：监控人员投切干式电抗器后，应检查监控系统中干式电抗器的潮流指示正常，相关设备潮流及系统电压是否正常。有电视监控系统的，通过工业电视检查干式电抗器有无冒烟、起火现象。

(三) SVC 运行规定

SVC 是静止无功补偿装置的简称，通过并联的静止无功补偿装置输出或吸收无功功率，改变其容性或感性电流，连续调节无功功率的输出，以维持或控制电力系统的一些特定参数（母线电压）。通常可通过控制晶闸管导通角来改变晶闸管控制电抗器（TCR）和晶闸管控制电容器（TSC）的无功功率量。

SVC 系统除一次设备外，为保证系统的正常运行，还配置了纯水冷却系统、就地控制保护装置和监控系统等。

1. 水冷系统的运行

（1）水冷系统运行正常方可投运 SVC 系统。

（2）SVC 短期（10 日内）停运，水冷系统在无故障情况下可保持运行无需停运，切勿 SVC 系统停运后马上停运水冷。

（3）水冷系统运行时，切勿将选择开关置于停止位置或断开交、直流电源，以免造成水冷系统紧急停运。

2. 系统控制。

（1）SVC 控制系统的控制包含两部分：稳态无功电压控制、暂态稳定和阻尼控制，即常规的无功控制和 TCR 控制两部分。

（2）系统正常运行方式下，充分利用 TCR 的调节作用，TSC 电容器支路的自动投切 TSC 的补偿容量作为无功备用，与 TCR 快速调节相配合完成综合控制功能。

（3）系统稳态运行时，利用 TCR 的调节作用进行动态无功补偿，以实现调度电压控制目标。

在系统故障情况下，SVC 控制系统自动控制 TCR 回路电流，快速调节，同时快速投切 TSC，实现预定暂态控制功能。TSC 支路实现 SVC 在暂态条件下的强补功能；强补时间为 1s，TSC 容量全部投入补偿。

（4）不允许 TCR 支路单独运行；不允许 TSC 支路单独运行；允许 5 次滤波器（FC）支路单独运行；允许 TSC、TCR、5 次滤波器支路，其中两路同时运行。即系统允许运行方式：TCR+TSC+FC、TCR+TSC、FC、FC+TCR、FC+TSC。禁止运行方式：禁止 TCR 单独运行、禁止 TSC 单独运行。

二、操作规定

1. 电容器操作规定

（1）电容器合闸后，应立即检查电容器的电流和电压是否正常，三相电流应平衡。各相电流差一般不应超过 5%。

(2) 电容器的操作,应特别注意下列几点:

1) 电容器的开关断开电源后,应经 3~5min 放电才能合闸送电。

2) 合闸前应检查继电保护装置是否完好。

3) 当母线电压超出允许电压限额时不得合闸。

(3) 电容器的投切操作,仍按电气操作顺序进行并应记录在值班日志内。

(4) 电容器组的投运,只许用后台机遥控操作,不宜到现场采用手动操作。

(5) 电容器投切操作时,应根据母线电压实际情况投入或退出适当的电容器组。

(6) 10kV 母线停电时,应先断开电容器组开关(即电容器组全部退出运行),再断开各 10kV 馈线开关及母线,送电时,应先合母线及各 10kV 馈线开关后,然后根据母线电压的情况投入适当的电容器。

2. SVC 操作规定

(1) 纯水冷却装置控制系统工作方式分为手动模式、停止模式、自动模式 3 种,通过面板切换开关实现。

(2) 总回路断路器除进行检修、传动试验外,运行时必须将监控操作屏上的"开关操作方式"切换开关置"远方"位置,严禁置"就地"位置,否则监控功能将失效。

(3) 总回路断路器的操作应通过综合自动化系统后台操作员站执行,投入断路器时,应先启动水冷系统,并运行至少 30min,等待各项参数稳定,无异常告警信号,同时确保 SVC 监控及调节系统工作正常并符合开关合闸逻辑。严禁不带 SVC 监控及调节系统手动投入断路器,严禁在 TCR 和 TSC 运行时退出水冷系统。

投运前检查 TCR 监控有无告警信号,通道运行状态是否正常。检查 TSC 监控有无告警信号,通道运行状态是否正常。告警信息中如有光字牌为红色有效,根据光字牌提示查找排除故障,待故障排除后再进行下一步操作。

(4) SVC 控制屏上的"SVC 紧急退出"按钮通过硬触点与总断路器跳闸线圈相连,当按下此按钮时,总断路器将会跳闸,当再次投入 SVC 时,需在人机界面按下复归按钮。正常此按钮仅供调试人员使用。

（5）5 次滤波器单元的状态及操作方法同电容器组，5 次滤波支路的单缸电容器采用熔断器保护。运行、检修人员确认总断路器在分闸位置，拉开支路隔离开关，10min 后验电，并合上设备侧接地刀闸后，方可打开围栏进行检修（此时放电线圈放电完毕）。

三、验收规定

1. 电容器的投运要求

（1）应提交的资料文件应完整，交接试验项目应无漏项，交接试验结果应合格。

（2）现场制作件应符合设计要求，电容器的安装符合规程规定，继保定值及熔断器配置符合要求，三相台数基本平衡。

（3）外壳无渗油及膨胀现象。

（4）接线螺钉及瓷套无松动。

（5）接线正确，接地良好。

（6）套管无裂纹、破损。

（7）电容器室通风情况，测温装置情况均良好。

（8）放电装置一次、二次侧连接线良好，极性正确。

（9）消防器材完备。

2. 电抗器投运前的检查项目

（1）干式电抗器包封完好，无起皮、脱落。

（2）支柱绝缘子完整无裂纹、无破损，表面清洁无积尘。

（3）电抗器风道无杂物，场地平整清洁。

（4）引线、接头、接线端子等连接牢固完整。

（5）户外电抗器的防雨罩安装牢固。

（6）包封表面和支柱绝缘子按照"逢停必扫"原则进行清扫。

（7）安全围栏安装牢固，接地良好，围栏门应可靠闭锁。

第六节　母线、避雷器及消弧线圈

一、一般运行规定

1. 避雷器的运行

（1）线路无避雷器的该单元断路器不能长期处在热备用状态。

（2）每月应定期检查并记录避雷器的动作次数，在雷电或系统事故冲击后，也应检查放电记录器有无动作。

（3）雷电情况下不应在高压设备下久留，不得靠近避雷针、避雷器。

（4）避雷器的维护：

①连接引下线应定期进行检查测试，接地引线与地网连接电阻应 5 年测试一次。

②雷雨季节到来前，应对避雷器完成检查试验。

③110kV 及以上氧化锌避雷器应定期抄录泄漏电流，并检查放电动作情况。

④雷雨季节禁止将避雷器退出运行，对因设备检修必须将避雷器退出的情况，应考虑临时安全技术措施，并经总工批准。

（5）磁吹式阀式避雷器应具有压力释放装置，试验时压力释放装置应能可靠动作，试验破坏后的碎片不应超过规定围栏所包围的范围。

2. 消弧线圈的运行

（1）消弧线圈调整分接头后，应测量通路。

（2）消弧线圈二次电压回路应安装熔断器。

（3）自动补偿的消弧线圈，当自动失灵时，应改为手动调整。

（4）消弧线圈倒换分接头或有检修工作时，一次侧应有明显断开点，并验电、接地。

（5）当系统发生接地时，禁止使用消弧线圈小电流表，禁止手动调整消弧线圈分接头。

（6）消弧线圈分接头位置应在模拟图上或微机面板上予以标示，指示位置应与消弧线圈分接头位置一致。

(7) 当系统发生连续性接地时,消弧线圈允许运行 2h 或按设备铭牌规定的时间运行。

(8) 禁止将一台消弧线圈同时接在两台主变压器中性点上,如需改变消弧线圈连接方式时,应先将其停用再倒至另一台主变压器。

(9) 带有消弧线圈运行的主变压器需要停电时,应先停消弧线圈,后停变压器;送电时先投入变压器再投入消弧线圈。

(10) 为避免线路掉闸后发生串联谐振,应采用过补偿方式运行。当消弧线圈容量不足时,可采用欠补偿运行。运行中,消弧线圈的端电压超过相电压 15% 时,或信号装置动作,应立即上报调度,查找接地点(某台消弧线圈操作中引起的电压偏移除外)。

(11) 过补偿运行方式下,增加线路长度应先调高消弧线圈的分接头后再投入线路,减少线路长度时,应先将线路停运再调低消弧线圈的分接头。

(12) 中性点位移电压超过 50% 额定相电压或不对称电流超过表 4—1 时,禁止用隔离开关投、停消弧线圈。

表 4—1　不对称电流数值表

系统额定电压(kV)	3~6	10	35	110
接地电流值(A)	30	20	10	3

(13) 消弧线圈、阻尼电阻箱、接地变压器等均应有标明基本技术参数的铭牌标志,消弧线圈技术参数必须满足装设地点运行工况的要求。

(14) 消弧线圈、阻尼电阻箱、接地变压器等均应有明显的接地符号标志,接地端子应与设备底座可靠连接。接地螺栓直径应不小于 12mm,引下线截面积应满足安装地点短路电流的要求。

(15) 停运半年及以上的消弧线圈装置应按有关规定试验检查合格后方可投运。

(16) 消弧线圈装置投入运行前,调度部门必须按系统的要求调整保护定值,确定运行挡位。

(17) 中性点经消弧线圈接地系统,一般应运行于过补偿状态。

(18) 中性点位移电压小于 15% 相电压时,允许长期运行。

二、消弧线圈的操作

（1）雷雨天气时禁止用隔离开关投、停消弧线圈。

（2）消弧线圈只有在系统无接地现象时方可进行投、退操作。

（3）消弧线圈从一台变压器的中性点切换到另一台变压器的中性点时，必须先断后合，不允许将两台变压器的中性点同时接到一台消弧线圈上。当系统发生单相接地时或中性点的位移电压超过15%相电压时，禁止操作或调节消弧线圈，同时其持续运行时间不得超过2h。

（4）系统单相接地时的注意事项：

①系统发生单相接地时，禁止操作或手动调节该段母线上的消弧线圈。

②拉合消弧线圈与中性点之间单相隔离开关时，如有下述情况之一时禁止操作：

a. 系统有单相接地现象，已听到消弧线圈的"嗡嗡"声。

b. 中性点的位移电压超过15%相电压。

③当发生单相接地时，显示屏显示接地信息，同时阻尼电阻被短接，控制器挡位自动闭锁消弧线圈调节，直至故障解除。

④发生单相接地必须及时排除，接地时限一般不超过2h。

⑤发生单相接地时，应监视并记录下列数据：

a. 消弧线圈运行情况。

b. 阻尼电阻控制器运行情况。

c. PK屏面板上电阻短接指示灯。

d. 微机调谐器显示参数：电容电流、残流、脱谐度、中性点电压和电流、有载开关挡位和有载开关动作次数等。

e. 单相接地开始和结束时间。

f. 单相接地线路及单相接地原因。

g. 天气状况。

（5）消弧线圈的操作。

①投入运行操作步骤：

a. 合上保护屏后交、直流电源开关。

b. 合上微机调谐器电源开关。

c. 合上消弧线圈接地装置开关控制电源。

d. 合上消弧线圈接地装置开关信号电源。

e. 合上主变压器中性点隔离开关。

②投运时注意事项：

a. 投运前应确保控制电源正常。

b. 先投二次设备再投一次设备。

c. 一次设备投运后，将控制器上调或下调一挡，再置于自动运行。

③消弧线圈退出运行操作步骤与投入运行相反。

三、验收规定

1. 母线的验收

（1）应提交的资料文件应完整，交接试验项目应无漏项，交接试验结果应合格。

（2）现场制作件应符合设计要求，设备线夹、金具是否牢固，伸缩接头是否正常。

（3）硅橡胶复合绝缘子完好、无脱胶现象。

（4）母线上无塑料袋等漂浮物。

（5）多股导线应无松散、无伤痕和断股现象。

（6）三相导线弛度应适中，管型母线无下垂现象。

（7）硬母线应平直不弯曲，固定金具与母线之间应有间隙。

（8）绝缘子、套管无裂纹和破损，设备标志正确、相色正确清晰。

2. 避雷器的验收

（1）应提交的资料文件应完整，交接试验项目应无漏项，交接试验结果应合格。

（2）现场制作件应符合设计要求，构架式安装的避雷器安装高度、构架及横担的强度应满足要求。

（3）低栏式布置的避雷器与围栏距离，构架式安装的避雷器与其他设备或构架的距离应满足设计要求。

(4) 避雷器外部应完整无缺损，封口处密封应良好，硅橡胶复合绝缘外套憎水性应良好，伞裙不应破损或变形。

(5) 避雷器应安装牢固，各连接部位应可靠，其垂直度应符合要求。

(6) 均压环应水平，安装深度应满足设计要求。

(7) 避雷器拉紧绝缘子应紧固可靠，受力应均匀，引流线的截面及弧垂应满足要求。

(8) 放电计数器密封应良好，动作应正常。

(9) 绝缘基座及接地应良好、牢靠，接地引下线的截面应满足热稳定要求，接地装置连通应良好。

(10) 油漆应完整，相色应正确。

(11) 带有泄漏电流在线监测装置的避雷器，在线监测装置指示应正常。

(12) 带串联间隙避雷器的间隙应符合设计要求。

(13) 低栏式布置的避雷器遮拦防误锁应正常，应悬挂标示牌，栏内应无杂物。

(14) 标示牌应齐全，编号应正确。

3. 消弧线圈的验收

(1) 本体及所有附件应无缺陷且不渗油；干式消弧线圈表面应光滑、无裂纹或受潮现象；器顶盖上应无遗留杂物。

(2) 一、二次接线端子应连接牢固，接触良好。

(3) 三相相序标志正确，接线端子标志清晰，运行编号完备。

(4) 消弧线圈装置需要接地的各部位应接地良好。

(5) 油漆应完整、相色标志应正确。

(6) 验收时应详细移交技术资料和相关说明书。

(7) 制造厂提供的产品说明书、试验记录、合格证件及安装图纸等技术文件。

(8) 安装的技术记录、器身检查记录及修试记录完备。

(9) 竣工图纸完备。

(10) 试验报告及试验结果合格。

第七节　高压电力电缆

一、电力电缆一般运行规定

（1）电缆原则上不允许过负荷，即使在处理事故时出现过负荷，也应迅速恢复其正常电流或将电缆停运。

（2）检查电缆的温度，在夏季或电缆最大负荷时，应选择电缆排列最密处散热情况最差处进行测量。

（3）电力电缆不宜过负荷运行，必要时可过负荷15%，但持续时间不应超过1h。

（4）电缆终端处应有明显的相位标志，并标明电缆线号、起止点。变电站内电缆夹层、竖井、电缆沟（电缆隧道）内的电缆应外包防火阻燃带或使用防火阻燃护套电缆。在电缆线路回路排列应尽量一致，相序色应和系统相序色相同，电缆的布置应尽量避免交叉。

（5）电缆沟道与站内电缆夹层间应设有防火、防水隔墙。电力电缆至开关柜和设备间，穿过楼层或隔墙时应有封堵措施。

（6）电缆隧道和电缆沟内应有排水设施，电缆隧道、电缆沟内无积水，无杂物。

（7）配合停电对电缆终端进行清扫。对于污秽严重，可能发生污闪的，应及时停电清扫。

（8）备用电缆应视停用时间按 DL/T 596—1996《电力设备预防性试验规程》进行试验，合格后方可投入。

（9）不允许将三芯电缆中的一芯接地运行，在三相系统中，用单芯电缆时，三根单芯电缆之间距离的确定，要结合金属护层或外屏蔽层的感应电压和由其产生的损耗，一相对地击穿时危及临相的可能性等各种因素全面考虑，除了充油和水底电缆外，单芯电缆的排列应尽可能组成正三角形。

二、电缆的验收

（1）检查电缆及终端盒有无渗漏油，绝缘胶是否软化溢出。

(2) 检查绝缘套管是否清洁、完整，有无裂纹及痕迹，引线接头是否完好、紧固，无过热现象。

(3) 电缆的外皮应完整，支撑应牢固。

(4) 外皮接地良好。

(5) 高压充油电缆终端箱压力指示应无偏差，电缆信号盘无异常信号。

(6) 电缆封堵应完好。

第八节　高压开关柜、GIS设备

一、一般运行规定

1. 高压开关柜运行

(1) 开关柜应具备五防功能；操作时按照联锁条件进行。

(2) 柜体正面有主接线图；柜体前后标有设备名称和运行编号。

(3) 手车断路器推入"运行"位置后，应检查是否已推到底并锁定；手车断路器拉出在"试验"位置应完全锁定；任何时候均不准将手车断路器置于"试验"与"运行"位置之间的自由位置上；手车断路器拉出后，活门隔板应完全关闭。对于手车式开关柜，每次推入手车之前，必须检查相应的断路器的位置，严禁在合闸位置推入手车。

(4) 高压室内相对湿度达到80%以上时，应开启防潮装置；当环境温度低于设备允许运行温度时，应开启保温装置。

(5) 配合停电检查绝缘部件及灭弧室外壳、二次接线、机构箱辅助接点、活门隔板，二次插头应无氧化、变形现象。

(6) 封闭式开关柜（包括备用）内加热器在正常运行时应在投入状态，不得退出运行。

(7) 封闭式开关柜工作电流达到1250A时可将加热器退出运行。

(8) 当封闭式开关柜的室内环境温度大于30℃、湿度小于70%时，加热器可以全部或部分退出运行，以保证开关柜保护装置的运行安全。温度大于30℃、湿度大于70%时，需退出加热器，同时必须启用其他降温通风设备，并保证开关室内湿度不大于80%。

（9）结合设备年检对带电显示器、加热器、温湿度传感器进行试验检查，发现问题应及时更换。

2. GIS设备运行

GIS成套组合电器设备将断路器、隔离开关、接地开关、电压互感器、电流互感器、避雷器、母线、电缆终端、进出线套管等设备组合在一个系列的密闭腔体内，并在腔体内充入一定压力的SF_6气体作为绝缘和灭弧介质。对于各段独立的腔体，称之为气室。由于SF_6气体的泄漏、外部水分的渗入、导电杂质的存在、绝缘子老化等因素影响，都可能导致GIS内部闪络故障。现场气室连接处外表有红色标示为一个封闭气隔。

GIS设备的内部闪络故障通常发生在安装或大修后投入运行的一年内，根据统计资料，第一年设备运行的故障率为0.53次/间隔，第二年则下降到0.06次/间隔，以后趋于平稳。根据运行经验，隔离开关和盆型绝缘子的故障率最高，分别为30%及26.6%；母线故障率为15%；电压互感器故障率为11.66%；断路器故障率为10%；其他元件故障率为6.74%。因此在运行的第一年里，运行人员要加强日常的巡视检查工作，如果GIS有异常情况，必须及时对有怀疑的设备进行检测。

（1）每天应对各气室的SF_6密度表计进行抄录一次，并核对比较。当发现在同一温度下，前后两次表计读数的差值达到0.01~0.03MPa时，应进行全面检漏。

（2）特别是对隔离开关的巡视，在巡视中应留意SF_6气体压力的变化，是否有异常的声音（音质特性的变化、持续时间的差异）、发热和异常气味、生锈等现象。

（3）巡视检查气体分隔绝缘子完好，波纹管无破损裂纹等现象。气室腔体采用多点接地，应巡视检查外壳接地导体是否接触良好，无松动，损坏等。

（4）检查场地是否局部下沉。

（5）气室内SF_6气体抽至零表压时，该气室内还有1个大气压的SF_6气体。不得对运行中的设备的气室进行抽真空。

（6）对母线侧隔离开关进行开盖检修时，应停役该隔离开关所连接的母线。

（7）对气室内设备进行开盖检修时，应高度保持工作场地的清洁度，空气中含尘量一般不得超过 $0.1\text{mg}/\text{m}^3$，空气的相对湿度不宜超过70%。检修完毕，应使用导体振动清洁的方法，清除导体表面可能存在的铝屑和金属丝，并应尽量把气室腔体内部死角的残留物清理出来，检查是否有遗留物品。

（8）进入室内 SF_6 开关设备区，需先通风15min，并检测室内氧气密度正常，SF_6 气体含量不大于 $1000\mu L/L$。处理 SF_6 设备泄漏故障时，必须戴防毒面具，穿防护服。

二、操作规定

1. 高压开关柜的操作

（1）操作手车开关柜时，应严格按照规定的程序进行，防止由于程序错误造成闭锁、二次插头、隔离挡板和接地开关等元件损坏。

（2）手车式断路器允许停留在运行、试验、检修位置，不得停留在其他位置。检修后，应推至试验位置，进行传动试验，试验良好后方可投入运行。

（3）手车断路器的倒闸操作依然按照断路器运行的四种状态转换：

①运行状态：与其他形式断路器条件相一致。

②热备用状态：与其他形式断路器条件相一致。

③冷备用状态：拉出手车断路器于试验位置。

④检修状态：应把手车断路器从"试验位置"拉至操作平台车上，放置于高压室通道上等待检修，断路器检修后，应将断路器投入开关柜内"试验位置"，进行断路器分合试验。

（4）操作手车断路器的注意事项：

①操作手车前，应戴好绝缘手套，穿上绝缘靴，并按规定在开关柜前铺上绝缘垫。

②10kV母分手车推入柜内的程序：先推入隔离手车，后推入断路器手车。

③将隔离手车由"试验位置"推入"工作位置"，或由"工作位置"拉至"试验位置"，在操作手车时，动作应匀速，但在操作前一定要确认该间隔的

断路器和接地刀闸在断开位置。

④手车从试验位置拉至柜外之前,应先将二次插头拔下,并挂置于门内挂钩上,以免损坏。

⑤将手车摇入或摇离"运行位置"时,应动作迅速,中途不得停顿。

⑥断路器在进出开关柜操作过程中,发生任何卡住现象时,不得强行推、拉、摇动敲打,应查明原因,消除机械障碍,方可继续操作。

⑦手车断路器推入"运行"位置后应检查是否已推到底并锁定;手车断路器拉出在"试验"位置应完全锁定;任何时候均不准将手车断路器置于"试验"与"运行"位置之间的自由位置上;手车断路器拉出后,活门隔板应完全关闭。对于手车式开关柜,每次推入手车之前,必须检查相应的断路器的位置,严禁在合闸位置推入手车。

(5) 10kV KYN28－12Z 开关柜操作程序。

①手车上柜与下柜操作:将载有手车的转运手车,推到柜前,对正后,向前推。转运手车会自动与柜体连接,并有与挂钩相连的"嗒咔"声。双手握住手车把手,向内拉,将之推入柜体手车室;到位后,双手松开,手车两边插销自动插入柜体两边插孔,再将手车二次插头插入柜体二次插座。手车上柜操作结束,可将转运手车拖至旁边。

②送电操作程序:

a. 下门关闭、接地刀闸分闸,断路器处于分闸状态(接地刀闸或断路器如果合闸,则手车无法操作)将手车上二次插头插入柜体上二次插座,把手车推进操作手柄插入手车操作孔(用力推,听到"咔嗒"声,即插好),然后顺时针转动手柄,手车就会缓慢进入,待听到"咔嗒"声后,手车就到工作位置(此时手柄无法再转动),将手车推进手柄取下(手车断路器在推入的过程中,"远方/就地"开关上的绿灯灭,到位后,绿灯才亮)。手车推进工作位置程序结束。

b. 正常情况下,断路器应使用电动储能和电动合闸。当控制回路故障或失去电源又十分紧急情况时,可按以下步骤进行手动储能和手动合闸:断路器操作机构储能手柄插入面板储能六角孔内,然后,逆时针转动手柄,弹簧开始储能,储能到位后,可听到"咔嗒"声,若继续转动手柄,则无受力感,手柄空转,面板指示已储能。取下储能手柄,用拇指用力压下断路器面板上绿色合闸按钮,听到断路器合闸声,然后将中门锁紧。送电操作程序结束。

注:若手车在工作位置和试验位置之间,则断路器可以储能,但无法合闸(合闸按钮压不动;电动也无法合闸,因为二次尚未接通)。

③停电操作程序:

a. 检查要操作开关柜上的带电显示器确有电压指示。

b. 正常情况下,断路器应使用电动分闸。当控制回路故障或失去电源又十分紧急时,可将中门打开,然后,用拇指用力压下断路器面板上分闸按钮。

c. 查断路器确在断开位置后,将手车推进手柄插入手车操作孔(用力推,听到"嗒咔"声,即插好),然后逆时针转动手柄,手车就会慢慢退出(断路器若合闸,手车无法操作,手车断路器在拉出的过程中,"远方/就地"开关上的绿灯灭,到位后,绿灯才亮)。待听到"嗒咔"声后,手车就到试验位置,取下手车推进手柄。检查该开关柜上的带电显示器确无电压指示,将接地开关手柄插入操作孔内,顺时针方向转动手柄90°,听到接地刀闸合闸声,接地刀闸即完成合闸操作。此时,下门可打开,柜后封板可拆下,进入维修状态或停电状态。

注:无接地刀闸的开关柜,可省略接地刀闸的分合操作;二次插头只能在试验位置插入和拔下。

(6) GGX2金属全封闭开关柜。

①GGX2金属全封闭开关柜操作注意事项:

a. 操作地隔离开关前应检查对应的断路器确在断开位置。

b. 为防止因操作连杆断裂而造成带电合接地隔离开关的恶性误操作事故,断路器在冷备用状态时,欲将断路器转到检修状态或恢复到热备用前,应检查对应的接地刀闸确已断开,并在操作票中作专项填写。

②10kV GGX2—10高压开关柜隔离开关的操作:

上隔离开关、上接地刀闸、下隔离开关、下接地刀闸经拉杆与各自的机构组件连接,四个机构组件顺序套装在一个主轴上,主轴工作行程为270°,每90°行程就可实现一个隔离开关的动作(上下接地刀闸同时动作)。顺时针转动为投入运行操作,逆时针转动为退出运行操作。

③隔离开关送电操作顺序（中门及下门全部关闭并锁好后）：

a. 将操作把手插入下门右下侧的接地刀闸六角孔内，顺时针旋转90%使线路接地刀闸锁住。

b. 将操作把手插入断路器室中门右侧主轴六角孔内，顺时针旋转270°，依次使断路器母线侧接地刀闸分闸—断路器线路侧接地刀闸分闸—母线侧隔离开关合闸—线路侧隔离开关合闸。

c. 操作断路器控制开关（SA）或遥控，电动合上断路器。

④隔离开关停电操作顺序（开关柜处于运行状态，断路器在合闸状态）：

a. 检查要操作开关柜上的带电显示器确有电压指示。

b. 操作断路器控制开关（SA）或遥控，电动断开断路器。

c. 查断路器确在断开位置后，逆时针操作。

d. 检查该开关柜上的带电显示器确无电压指示。

e. 逆时针操作。

(7) GG—1A开关柜。

①GG—1A开关柜运行管理规定。

a. 检修结束后恢复送电的开关柜、首次带电的开关柜不得就地进行断路器合闸操作。各种人员不得在附近逗留。

b. 巡视、测温过程中，不论发现何种异常情况均严禁采用各种方式打开开关柜断路器室前后柜门。如需在开关柜内工作，必须将断路器及线路转检修并做好相应的安全措施后方可打开柜门，同时，应检查接地刀闸确已合到位或接地线确已挂好，才能开始工作。

c. 现场缺陷处理完毕后，检修人员应等待运行人员操作完毕后方可离开。

d. GG—1A开关柜转冷备用时，开关柜前后悬挂"线路侧带电"警示牌。

e. GG—1A开关柜在正常运行时（包括冷备用状态下）其网门不得打开，只有在线路转检修时（在接地端接好的情况下），方可将网门打开进行验电，与柜内设备保持0.7m以上距离，并应穿绝缘靴、戴绝缘手套及安全帽。在验电时发现线路有电应立即将网门关闭。

f. 有装设接地刀闸又没配操作机构的，运行人员在操作时所使用的绝缘工器具应完好且经试验合格，合接地刀闸前必须先验电后接地。接地操作时必须先合 V 相，后合 U、W 相；断开时应先断 U、W 相，后断 V 相。

g. 当 GG—1A 开关柜隔离开关无法分、合或分、合不到位（包括隔离开关卡涩等），应立即停止操作，汇报调度及变电部，等待检修人员前去处理，运行人员不得擅自打开柜门拨动锁板或打开断路器室前后柜门进行查看，并严禁强行操作。

h. 当断路器无法分合闸时，运行人员经现场检查断路器操作机构储能及控制电源正常，而断路器不能操作时应立即停止操作，并汇报相关部门；若检查发现断路器操作机构储能电源消失或直流控制电源消失，运行人员应查看空气断路器上下端电压是否正常，若空气断路器上端有电压而下端无电压可重新试分合一次空气断路器，如仍不正常（熔断器熔体更换后仍熔断），应立即汇报调度及变电部，等待检修人员前来处理。运行人员在检查过程中不得将开关柜微机防误锁解除后，打开柜门进行检查。

i. GG—1A（或 GGX2、XGN2）在对断路器、隔离开关等进行检修工作需要打开断路器室前后柜门时，必须将断路器及线路一并转检修；同时在母线侧隔离开关与断路器之间加设一块绝缘挡板，若仍不能满足要求的，要求母线同时转检修。

②GG—1A 开关柜操作注意事项。

a. 断路器在合闸后，隔离开关不能分合闸操作；只有断路器在分闸位置，隔离开关才能分合闸操作。

b. 操作隔离开关前应确认送电范围内接地线已拆除，前后柜门均已上锁关紧，检查对应的断路器确在断开位置。

c. 为防止因操作连杆断裂而造成隔离开关操作不到位的误操作事故，当隔离开关分合完毕后，一定要认真查看隔离开关是否操作到位，如有异常应立即上报Ⅰ类缺陷进行处理。

d. 开关柜在正常运行中应将前后上下柜门用程序锁或微机五防挂锁关紧上锁，严禁运行人员在操作发生疑问时擅自解锁打开开关柜柜门检查，更不许在设备验电接地前触摸设备。

③GG—1A 高压开关柜隔离开关的注意事项：

a. 隔离开关在操作过程中，如有卡滞、动触头不能插入静触头、合闸不到位等现象时，应停止操作并上报Ⅰ类缺陷，严禁擅自解锁打开开关柜柜门检查，待缺陷消除后再继续进行操作。

b. 操作隔离开关应正确迅速，在合闸终了时不可用力过猛，以免冲击造成隔离开关损坏，操作完后应检查接触是否良好，并将机构加锁。

④GG—1A 高压开关柜隔离开关的送电操作：

a. 检查开关柜内无遗留碎布、扳手等杂物，拆除柜内的接地线并锁好前后网门。

b. 先合上母线侧隔离开关，再合上线路侧隔离开关。

c. 操作断路器控制开关（SA）或遥控，电动合上断路器。

⑤GG—1A 高压开关柜隔离开关的停电操作（开关柜处于运行状态，断路器在合闸状态）：

a. 操作断路器控制开关（SA）或遥控，电动断开断路器。

b. 查断路器确在断开位置后，先断开线路侧隔离开关，再断开母线侧隔离开关。

c. 打开该开关柜柜门，验明确已无电压后即装设接地线。

⑥因 10kV 馈线经常出现配网转供电现象，因此在 10kV 线路转检修前严禁人员擅自触摸设备，即将线路侧设备视为带电设备。

⑦因 10kV 电缆化现象比较普遍，因此在线路侧转检修前应对线路侧电缆头逐相放电后再挂接地线，防止因电缆中的残余电荷伤人。

2. GIS 设备的操作

GIS 装置通过在均匀电场中充入 SF_6 来大大提高绝缘强度。若隔离开关、接地开关分闸不到位，就会影响电场的均匀性，从而大大降低耐压强度；可能会引起一次触头发热熔化等异常现象发生。

GIS 装置隔离开关和接地开关的一次触头不可见、无专门的精确到位指示，虽然隔离开关、接地开关的操作回路中都有合到位、分到位停电动机回路，但在传动机构脱销、卡涩变形等情况下，电气联锁回路就不能正确反映隔离开关、接地开关的到位情况。这时可通过观察机械锁转轴来判断隔离开关、接地开关的到位情况，在隔离开关、接地开关分合操作后检查分合闸指示牌、传动联杆、机械锁指示，间接地观察隔离开关、接地开关的分合闸到位情况，防止隔离开关、接地开关分合闸不到位。

GIS 装置的隔离开关电动操作之前应检查机械联锁插销（在隔离开关操作机构箱外体的右下方）位置是否正确，只有机械联锁插销插入解锁口时，才可以进行隔离开关的操作。GIS 装置的接地开关电动操作之前应检查机械联锁插销（在隔离开关操作机构箱外体的右下方）位置是否正确，只有机械联锁插销插入解锁口时才可以进行接地开关的操作。

手动操作 GIS 装置的隔离开关及接地开关应使用专用操作手柄。断开隔离开关电动操作的电动机电源，打开手动操作门，顺时针转动挡板，将手动操作手柄插入与手动轴相连并转动即可。手动操作过程中，手柄不能取出。手动操作到位后，手柄才能取出。如果发现挡板无法转动时，应检查隔离开关联锁回路是否具备手动操作条件，或者回路电压是否正常。

三、验收规定

1. 高压开关柜的验收规定

（1）应提交的资料文件应完整，交接试验项目应无漏项，交接试验结果应合格。

（2）现场制作件应符合设计要求，开关柜应具备五防功能；操作时能按照联锁条件进行。

（3）后台监控机上的断路器、隔离开关位置与实际位置一致，断路器的远方、就地均能正常操作，隔离开关操作灵活轻便无卡涩。

（4）柜内各部位及电缆沟封堵完好牢固。

（5）柜内的电缆号牌、电缆号头清晰正确，各端子接线牢固无松脱，并无裸露线头。

（6）柜内的各倒流排相色（油漆或热缩材料）清楚正确，柜内设备检修需挂接地线的，导流排各相应预留一处挂接地（油漆应去除干净，热缩材料应割开）并三相分别错开。

（7）柜内照明正常，绝缘子应完好，无破损。

（8）柜体、母线槽应无过热、变形、下沉，各封闭板螺钉应齐全，无松动、锈蚀，接地应牢固。

(9) 柜内的各熔断器空开完好,交直流空开不混用。

(10) 柜内无碎布、扳手等杂物。

(11) 油断路器油位、油色应正常;真空断路器灭弧室应无漏气,灭弧室内屏蔽罩如为玻璃材料的表面应呈金黄色光泽,无氧化发黑迹象;SF_6 断路器气体压力应正常;瓷质部分及绝缘隔板应完好。

(12) 接地牢固可靠,封闭性能及封堵应完好。

2. GIS 设备的验收规定

(1) GIS 整体外观正常,油漆完好,无锈蚀损伤,高压套管无损伤等。

(2) 断路器、隔离开关及接地开关分、合闸指示器的指示正确。

(3) 各种压力表、油位计的指示正确。

(4) 汇控柜上的各种信号指示、控制开关的位置正确。

(5) GIS 中 SF_6 气体微水量测定应符合规程要求。

(6) 各部位 SF_6 气体压力正常(装有密度继电器的应无动作及压力低等信号)。

(7) 断路器的远、近控操作应正常,保护传动及信号灯指示正确。

(8) 二次接线紧固,接线正确,绝缘良好。

(9) 现场应清洁。

(10) 修试记录簿记录清楚。

(11) 所有接地可靠,一套 GIS 外壳需要几个点与主接地网连接,而且所有接地引出线端都必须采用铜排。

(12) 对于户外 GIS 设备,应进行适当的布置(通风和/或内部加热等)以防止辅助和控制回路外壳产生有害的凝露。

(13) 设备气体管道有符合规定的颜色标示,在现场应配置与实际相符的 SF_6 系统模拟图和操作系统图,应表明气室分隔情况、气室编号,汇控柜上有本间隔的主接线示意图,设备各阀门上应有接通或截止的标示。

第五章 电气一次设备异常运行及其处理

第一节 变压器

变压器在运行中一旦发生异常情况,若未能及时处理,将可能发展为事故,影响系统正常运行方式和用户的正常供电。对于变压器异常运行的分析和采取及时有效的防范措施,对于系统的稳定运行有着重要的作用。下面介绍变压器运行中常见异常状态的分析与处理。

一、呼吸器异常的分析与处理

呼吸器硅胶正常干燥时一般为蓝色,其作用是吸收进入油枕胶袋、隔膜空气中的潮气,以免变压器绕组受潮。当硅胶蓝色变为粉红色表明受潮而且硅胶已经失效,必须及时予以更换新的硅胶。若发现呼吸器长时间不呼吸,应检查呼吸孔是否堵塞,杯罩是否旋过紧,若完全旋紧应稍微旋开一些。

1. 硅胶变色过快的原因

(1) 长期天气阴雨,空气湿度较大。

(2) 呼吸器容量过小。

(3) 硅胶玻璃罩罐有裂纹或破损。

(4) 呼吸器下部油封罩内无油位或油位太低,起不到良好的油封作用,使湿空气未经油封过滤直接进入硅胶罐内。

(5) 呼吸器安装不良,如胶垫不合格,螺钉松动,安装不密封。

2. 硅胶变色过快的处理

(1) 当发现呼吸器硅胶大量变色时，应检查呼吸器是否有破损，呼吸器杯罩油位是否过低，若发现呼吸器由上至下变色，则判断为呼吸器密封不严，应通知检修部门进行更换。

(2) 更换呼吸器时应将气体保护投入信号位置，更换完毕并运行2h后，气体继电器内未发现气体，无异常信号，方可将气体保护投入跳闸位置。

二、有载调压装置异常处理

变压器有载调压装置发生下列异常情况时应做如下处理：

(1) 无法远方电气操作时，应检查远方就地选择开关位置是否正确，有载调压装置电动机电源是否正常，是否有过负荷闭锁调压的信号出现并进行处理。在确认远方电气控制失灵且必要时可使用就地电动或手动调压。

(2) 无法就地电气操作时，应检查远方就地选择开关位置是否正确，测控屏上遥控调压连接片是否正常投入，调压机构电动机电源是否正常，是否有过负荷闭锁调压的信号出现并进行处理。

(3) 有载调压装置远方位置显示与电动机构分接位置不一致时，应以现场指示为准，并汇报有关部门进行处理。

(4) 有载调压装置电动机电源空气断路器跳闸时，应检查是否存在短路故障和机构卡涩，经查无故障时，可试合一次，若再次跳闸，不可强行操作，应汇报检修部门进行处理，待查明原因消除后方可进行操作。

(5) 如出现滑挡可按下紧急停止按钮，并切断有载调压装置电动机电源后用手动摇到适当的分接位置，通知检修人员处理。

三、滤油机异常处理

有载滤油机一般有3种运行方式：①定时滤油方式，即按照系统设置的时间定时起动滤油机进行自动滤油，滤油2h后自动停止；②联动滤油方式，即由选择开关切换信号起动滤油机，滤油30min后自动停止；③手动滤油方式。

滤油机发生下列异常情况时应做如下处理：

(1) 运行中出现"滤油机过压"或"滤油机空气断路器脱扣"信号时，可能是由于滤油机的电动机电源空气断路器跳闸或者是滤油机的压力超过上限同时温度超过定值。若滤油机电源空气断路器跳闸，可试送一次，若再次跳开，表明电源回路有故障，应通知检修部门进行故障查找，未查明原因前不得继续合闸。若滤油机压力超过上限，应检查滤油机压力表指示是否超过报警值，应检查变压器有载调压装置进油阀和净油机出油阀是否关闭，如关闭则打开阀门；检查报警压力值设置是否正常；若阀门已打开以及报警压力值设定正常，设备仍然报警，则需停止滤油机运行并汇报检修更换滤芯。

(2) 滤油机不能运行时，检查滤油机电源空气断路器是否闭合，可试送一次，不正常应汇报检修处理；可手动起动一次滤油机，如果不能正常运行应汇报检修处理。

(3) 滤油机运转超过设定时间仍不停止时，应手动停止滤油，并汇报检修处理。

(4) 自耦变一般设置三相分相的滤油装置，当其中一相出现异常时，视同三相异常。

(5) CJC 型变压器有载调压装置在线滤油装置只有一种运行方式——不间断运行，若运行中发现滤油机停止滤油，应视为故障进行查找处理。

(6) 当滤油机退出运行后，不影响主变压器的正常运行，仍可继续正常调挡。

四、冷却装置异常原因分析及处理

(一) 冷却器全停原因分析及处理

1. 冷却器全停可能的原因

(1) 冷却器两路交流工作电源同时失电。

(2) 冷却器两路交流控制电源断路器同时跳闸。

(3) 运行中的一路交流工作电源断路器跳闸，另一路没有自动投入。

2. 冷却器全停处理

(1) 油浸风冷变压器、风扇停止工作时，允许的负载和运行时间，按制造厂的规定执行。强油循环风冷变压器，当冷却系统故障切除全部冷却器时，允许带额定负载运行 20min。如 20min 后顶层油温未达到 75℃，则允许上升到 75℃，但这种状态下最长运行时间不得超过 1h，制造厂有规定的，按照制造厂规定执行。

(2) 检查冷却器故障变压器的负荷情况，密切注意变压器绕组温度、上层油温情况。

(3) 检查冷却器工作电源是否缺相，若冷却装置仍运行在缺相的电源中，应立即断开连接。

(4) 检查冷却控制箱各负荷断路器、接触器、熔断器、热继电器等工作状态是否正常，若有问题，立即处理。

(5) 检查冷却器控制箱内另一工作电源电压是否正常，若正常，则迅速切换至该工作电源。若冷却控制箱电源部分已不正常，则应检查所用电屏上负荷断路器、接触器、熔断器，检查站用变压器高压熔断器等工作状态是否正常，对发现的问题做相应处理。

(6) 运行人员应及时将情况向调度及有关部门汇报，根据调度指令进行有关操作。若运行人员不能消除缺陷，应及时通知检修人员进行处理。

(二) 冷却器电源故障原因分析及处理

1. 冷却器电源发生故障的可能原因

(1) 低压配电盘上冷却器交流电源一路或两路消失，或双电源监控回路故障。

(2) 冷却器控制箱内的空气断路器跳闸。

2. 冷却器电源故障的处理

(1) 若冷却器仍然在运行，则应检查冷却器工作电源是否故障，若故障应通知检修人员处理。

(2) 若冷却器全部停止运行，按照冷却器全停的处理方式进行处理。

(3) 若两路电源正常而回路跳闸，可将每组冷却器的交流电源断开，然后试送回路电源空气断路器，若成功则逐台投入每组冷却器交流电源，以查出故障回路并进行隔离。

(4) 运行中发现冷却器风扇反转时，应检查电源相序是否接反，并予以调整。若单台风扇反转，可先停用该台风扇，开启备用风扇，通知检修人员处理。

（5）运行中发现潜油泵油流继电器指针反偏，应检查变压器油温是否异常升高，若油温异常升高，应立即汇报调度，通知检修人员处理，期间应密切监视油温，必要时停电处理。

五、变压器温度异常原因分析及处理

1. 变压器温度异常的形式

变压器温度异常，在现场运行中常表现为以下几种形式：

（1）变压器油温高出平时 10℃ 以上（变压器负载、环境温度、冷却器工作情况没有较大变化）。

（2）负载不变而温度不断上升。

（3）出现"变压器温度高"报警信号。

2. 变压器温度异常的原因

（1）内部故障引起。变压器内部故障，如绕组匝间短路、内部引线接头发热、铁心多点接地使涡流增大发热等因素引起变压器温度异常，严重时可能造成气体保护或差动保护动作。

（2）冷却器运行不正常引起。冷却器运行不正常或发生故障，如风扇损坏、散热器阀门没有打开等，将引起变压器温度异常。

3. 变压器温度异常的处理

变压器温度过高，将加快变压器油的劣化，加快变压器绝缘的老化，因此，在发现变压器温度异常升高时，按照如下步骤处理：

（1）检查变压器就地及远方温度指示是否一致，用手触摸比较本体油温，比较安装在变压器上的几只不同温度计读数，并充分考虑气温、负荷的因素，判断是表计问题、误发信号还是变压器温升异常。

（2）检查变压器的负载和冷却介质的温度，并与在同一负载和冷却介质温度下正常的温度核对。

（3）检查变压器冷却装置的运行情况是否正常，若冷却器运行不正常，应设法处理，若无法恢复冷却器运行，则应汇报调度，控制负荷。若不能立即停运处理，应调整变压器的负载至允许运行温度的相应容量，并按照冷却器全停的相关规定执行。

(4) 检查变压器有关蝶阀开闭位置是否正确，检查变压器油位状况。

(5) 变压器是否过负荷，是否过电压，若因长期过负荷或过电压引起，应及时向调度汇报，采取相应措施。

(6) 变压器声音是否正常，油位有无异常变化，有无其他故障迹象。

(7) 变压器在正常负荷、环境温度及冷却器正常运行的情况下温度仍持续升高，或伴有轻瓦斯动作的信号则可能是本体内部故障，应立即汇报调度，申请将变压器退出运行。

六、变压器绝缘套管异常处理

主变压器绝缘套管发生异常时应按如下步骤进行处理：

(1) 变压器高压引出线绝缘套管发现油位异常时，应加强监视，并检查是否有渗油点，汇报相关部门。若油位低于油位计指示限度时，应汇报调度，将变压器停运，通知检修部门检查处理。

(2) 变压器绝缘套管有异常声响时，应汇报调度，将变压器停运，通知检修部门检查处理。

(3) 变压器绝缘套管顶部柱头测温发现温度异常升高时，应加强监视，并向有关部门汇报，要求降低负荷，若柱头温度继续上升超过80℃，应汇报调度，必要时停运处理。

七、油位异常处理

运行中的变压器的油枕油位变化应与油位指示表相一致，正常时，应符合油枕"油位—油温"的变化曲线，若相差较大则视为油枕油位异常。

当出现"油枕油位异常"或"有载调压装置油位异常"信号后，运行人员应按照如下步骤处理：

(1) 到现场检查设备有无异常情况，现场油枕或有载调压装置油位指示是否在正常区域，若现场实际指示位置正常，则可能为保护误发信，通知检修人员检查处理。发现油位异常但设备仍可正常运行时应加强对油位的巡视。

(2) 若变压器温度变化正常，而变压器油标管内的油位变化不正常或不变，则说明是假油位，应汇报调度，通知检修人员处理。可能造成运行中出现假油位的原因主要有：①油标管堵塞；②油枕呼吸器堵塞；③防爆管通气孔堵塞、油位计失灵。

(3) 运行中的变压器油面过低应视为异常，因为油位低至一定限度，会造成气体保护动作，严重缺油时，变压器内部线圈暴露在空气中，将造成绝缘能力降低、绝缘散热不良而引起损坏。发现变压器油面过低，应检查变压器有无渗漏油现象，并汇报调度，通知检修人员补油。若因大量漏油造成油位下降时，严禁将变压器气体保护连接片改投信号位置。安装排油注氮装置的变压器，应检查排油管是否有漏油，若有漏油应将检修阀关闭，停用排油注氮装置并向有关部门汇报。造成变压器油面过低的常见原因主要有：①变压器漏油；②变压器长期未补油。

(4) 变压器负荷正常，而有载调压装置油位异常升高，可能是变压器主油箱的油向有载调压油箱渗漏，在严重的情况下可能会从有载调压油枕油封杯外溢，此时运行人员应立即向调度汇报，并通知检修人员分析处理，另外应严密监视变压器负荷、油位和油温。

八、变压器本体异常分析及处理

1. 变压器声音异常可能的原因及处理

变压器正常运行时会发出轻微的、连续不断的"嗡嗡"声。产生这种声音的原因有：①励磁电流的磁场作用使硅钢片振动；②铁心的接缝和叠层之间的电磁力作用引起振动；③绕组的导线之间或线圈之间的电磁力作用引起振动。

如果运行中变压器的声音异常，应认真检查其原因，并作相应的处理。变压器常见的声音异常检查和处理如下：

(1) 若变压器声音变大，但比较均匀，可能为电网发生过电压或变压器过载，此时应结合仪表等指示判断是何原因，并汇报调度，待过电压或过负荷消除后，再跟踪变压器声响是否恢复正常。

(2) 变压器声音比正常时增大且有明显杂音，但电流电压正常，可能是内部夹件或压紧铁心的螺钉松动，使硅钢片振动增大造成。此时应通知检修人员到现场确认，若确认不影响主变压器运行，可继续运行。

(3) 变压器内部或表面有放电声。若在夜间或阴雨天气下,变压器套管附近有电晕或火花,说明瓷件污秽严重或线夹接触不良,此时应通知检修人员进行带电清扫或处理;若是变压器内部放电,则可能是不接地的部件静电放电或分接断路器接触不良放电等,此时应通知检修人员到现场检查确认,并汇报调度,必要时将主变压器停运。

(4) 变压器声音中夹杂有水沸腾声或不均匀的爆裂声,则可能是变压器绕组发生短路故障、内部或表面绝缘击穿等引起,此时应立即汇报调度,将变压器停运检查。

(5) 变压器运行中夹杂有连续的、有规律的撞击声或摩擦声,可能是变压器外部某些零件的摩擦声或外来高次谐波引起,应通知检修人员确认处理。

2. 变压器起火检查处理

变压器起火应做如下处理:变压器起火时,立即断开变压器各侧断路器,切除故障变压器所有二次控制电源,停运冷却装置。立即向消防部门报警,同时在确保人身安全的情况下采取必要的灭火措施,并立即将情况向调度及有关部门汇报。若变压器装有消防灭火装置,应检查灭火装置是否动作,若变压器消防灭火装置未起动,应立即手动开启灭火装置进行灭火。

变压器起火应进行的检查工作:

(1) 检查保护装置动作信号情况。

(2) 查看其他运行变压器及各线路的负荷情况。

(3) 检查变压器起火是否对周围其他设备产生影响。

九、气体保护发"轻瓦斯动作"信号的原因及处理

1. "轻瓦斯动作"的常见原因

(1) 绝缘缺陷。如:铁心绝缘恶化引起的短路、变压器内部电气连接处的接触不良。铁心多点接地引起绕组局部过热和绝缘损坏等。

(2) 直流系统失地引起误发信号。

2. "轻瓦斯动作"检查处理

当变压器气体保护动作发"轻瓦斯动作"信号后,运行人员应按如下步骤检查处理:

(1) 检查变压器油枕油位是否正常,气体继电器内有无气体,有无喷油,有无异常油温和异常声响。

(2) 若气体继电器内有气体,应进行取气并判断气体性质。若气体为空气,可将气体继电器内积聚的空气放出后继续运行;若判断为内部故障,应汇报调度将变压器停运。

(3) 若外部检查无异常且气体继电器内无气体,再检查气体继电器防雨罩是否脱落,信号线是否进水受潮等。

(4) 检查其他保护装置动作信号情况、二次回路及直流系统是否异常。

(5) 若经确认为二次回路故障引起的误动,可考虑将气体保护连接片改投信号位置并加强监视。

(6) 出现"轻瓦斯动作"信号时,禁止对主变压器进行调压操作。

十、排油注氮装置异常原因及处理

排油注氮装置的工作原理为:当变压器内部发生故障,油箱内部产生大量可燃气体,引起气体继电器动作,使断路器跳闸。此时若变压器油箱压力继续增大,超过压力释放阀和压力控制器设定值,则起动防爆防火程序,打开排油阀,排油卸压,防止变压器爆炸起火。同时,变压器油枕下的断流通阀动作,自动切断油枕到变压器箱体的补油油路。排油 1~3s 后,氮气从变压器箱体底部注氮口注入,搅拌变压器油,强制冷却故障点及油温,并形成氮气保护层隔绝氧气的进入。当油温降到闪点(135~150℃)和燃点(160~190℃)以下时,便达到防火灭火的目的。

当发现排油注氮装置未动作而排油管漏油时,或排油管的集油杯内发现积油,应检查变压器油位是否下降,关闭检修阀,停用排油注氮装置,并向有关部门汇报。若发现油位下降到低于油位计的指示限度,还应将变压器停运。

第二节　高压断路器

一、运行中断路器出现分、合闸闭锁的原因及处理

运行中的断路器出现分、合闸闭锁时，常伴随"断路器分闸总闭锁""断路器弹簧未储能""控制回路断线""断路器压力低闭锁重合闸"等信号。

运行中的断路器出现分、合闸闭锁时，首先要判断分、合闸闭锁的原因，找出故障范围。具体处理方法如下：

（1）若是油泵电动机交流失压引起，运行人员应用万用表检查电动机三相交流电源是否正常，复归热继电器，使电动机打压至正常值，若是电动机烧坏或操作机构问题应通知检修人员处理。

（2）若是弹簧机构未储能，应检查其电源是否完好，若属于弹簧操作机构问题应通知检修人员处理。

（3）若灭弧介质压力降低至合闸闭锁值，则应断开断路器的控制电源，通知检修人员补气至正常值。若是断路器出现分闸闭锁还应在操作把手上悬挂"禁止分闸！"标示牌。条件允许时，可考虑旁代。

（4）若是液压操作机构压力下降至分、合闸闭锁，且经检查无法使闭锁消除时，则应按下列情况进行处理：

①申请停用重合闸。

②断开断路器控制电源，若是断路器出现分闸闭锁时，还应在断路器操作把手上悬挂"禁止分闸！"标识牌。

③对于有旁路母线的接线方式，可用旁路断路器旁代运行，采用等电位拉开故障断路器两侧的隔离开关（断开故障断路器两侧的隔离开关操作时，应取下旁路断路器的直流操作熔断器）的方式隔离故障断路器。

④对于无旁路断路器的双母线接线方式可用母联串代故障断路器，即将非故障出线断路器倒换至另一段母线，用母联断路器使故障断路器隔离出系统。

⑤对于母联断路器可采用转移负荷后用隔离开关断开空载母线的方式，

将故障断路器从系统中隔离。

⑥断开断路器操作机构电源,如液压机构的断路器可取下液压机构油泵电源熔断器或断开油泵电源空气断路器。

(5) 若断路器就地控制箱内"远方—就地"选择开关置于就地位置或接点接触不良,则可将"远方—就地"选择开关置远方位置或将选择开关重复操作两次,若接点回路仍不通,应通知检修人员进行处理。

(6) 若是控制回路问题,应重点检查控制回路易出现故障的位置,如同期回路、断路器控制开关、分合闸线圈、分相操作箱内继电器等,在确定故障原因且明确运行人员无法处理时,一般应通知检修人员进行处理。若是断路器辅助触点接触不良引起断路器无法进行分、合闸操作时,应通知检修人员进行处理。

(7) 分、合闸操作电源不正常或未投入,应尽快恢复操作电源。

二、操作过程中出现断路器拒绝分、合闸原因及处理

操作时断路器出现拒绝分、合闸时,可用控制开关再重新操作一次,确认是否由于操作不当引起,若仍不能分、合闸,应按以下步骤检查处理:

(1) 若是分、合闸操作电源消失,运行人员可更换回路熔断器或试合电源空气断路器。

(2) 试合就地控制箱内分、合闸电源空气断路器。

(3) 将断路器操作控制箱内"远方—就地"选择开关投远方位置。

(4) 出现断路器拒绝合闸时应检查测控装置上"检同期""检无压"的硬连接片和软连接片是否在正确位置。

(5) 是否伴随"控制回路断线"信号,检查控制电源是否消失,可更换控制熔断器或试合控制电源空气断路器。如果是控制回路问题应通知检修人员处理。

(6) 检查是否由于五防锁具接线松脱引起,可进行紧固后再行操作。

(7) 对于手车断路器可检查辅助断路器是否到位,可以将手车断路器重新操作一次,如果仍然拒绝分、合闸应通知检修人员处理。

(8) 当故障造成断路器不能投运时,应按断路器分、合闸闭锁的方法进

行处理。

三、运行中的断路器出现非全相运行原因及处理

运行中的 220kV 及以上分相断路器发生非全相运行时，操作机构本身非全相保护动作，延时跳开三相，并闭锁合闸回路，运行人员应汇报调度，到现场对断路器进行检查，没有查明原因前不得将对断路器投入运行。

断路器单相自动跳闸，造成两相运行时，如果相应保护起动的重合闸没有动作、非全相保护没有动作时，可立即指令现场手动合闸一次，合闸不成功则应断开其余两相断路器。

（1）如果断路器是两相断开一相运行时，应立即将断路器运行的一相断开。

（2）如果非全相断路器采取以上措施无法断开或合上时，则马上汇报调度。

（3）若有旁路断路器也可以用旁路断路器与非全相断路器并联，用隔离开关隔离非全相断路器或用母联断路器串联非全相断路器切断非全相电流。

（4）220kV 主变压器发生非全相运行无法恢复时，应首先尽量转移主变压器负荷，有条件的应先考虑将旁代故障断路器进行隔离，否则应停主变压器进行隔离。此间不得进行中性点倒换操作，事故处理完毕，应保证中性点接地个数符合要求并汇报调度。

（5）220kV 双母线的母联断路器发生非全相运行，应立即合上断开相断路器，若无法合上时应汇报调度，母联断路器允许非全相运行 24h；在非全相运行期间，应尽快采取措施降低母联潮流。

第三节 高压隔离开关

一、隔离开关接头发热原因及处理

1. 隔离开关发热的原因

隔离开关发热常有以下几种原因：

（1）动静触头长期暴露在室外，缺少必要的防护措施，易积灰尘和锈蚀

所致。

（2）触指耐电性差易烧损所致。

（3）接触面凸凹不平或接触面小。

（4）弹簧易疲，造成夹紧力不够。

（5）触指镀银层过薄容易脱落。

（6）一些固定连接部位接触面导流量不够或螺钉压接工艺不符合要求引起发热。

（7）隔离开关长期运行后传动部件锈蚀，导致再次操作时不能完全合到位引起接触部位发热等。

（8）过负荷运行。

2. 隔离开关发热的处理

值班运行人员发现隔离开关过热后应汇报调度，根据不同接线方式进行处理：

（1）双母线接线时在运行方式许可的情况下，将母线段倒至另一段母线，将发热隔离开关退出运行。

（2）有旁路断路器时可以采用旁代，将发热隔离开关退出运行。

（3）无法倒母线或旁代时可向调度申请迅速减少负荷并加强测温监视。通知检修部门在有可能的情况下带电处理，若过热严重应向调度申请停电处理。

二、隔离开关支柱瓷绝缘子出现裂纹或严重闪络处理

值班人员巡视或操作中发现支柱瓷绝缘子断裂或闪络应向调度申请倒换运行方式，将其隔离出系统（只有在确保人身安全、电网安全的条件下方可对故障隔离开关进行操作），一般情况下应用上一级断路器将其隔离，同时按紧急缺陷上报，做好安全措施，等待检修部门处理。

三、隔离开关在操作过程中出现异常情况时的处理

（1）操作机构因机械卡涩合不上或分不开，此时应暂停操作（电动机构应立即按下"停止"按钮），进行如下处理：

①先检查接地隔离开关,看是否完全拉开到位,机构连锁是否确已解除,将接地隔离开关拉开到位后,可继续操作。

②分合闸时,若该隔离开关允许手动操作,则手动操作;如果该隔离开关不允许手动操作,应立即汇报调度停止操作并通知检修人员到场处理。

③隔离开关在操作过程中,如有卡滞、动触头不能插入静触头、合闸不到位等现象时,应停止操作,待缺陷消除后再继续进行。

(2) 隔离开关操作不到位。

①隔离开关操作中严重不同期或未合上时,应拉开再次合闸,如隔离开关确实三相未同时合上或两臂不在一条直线上时,不得擅自继续操作,应通知检修人员处理。

②若水平分合式隔离开关合闸后导电杆不在同一直线上,当可观察到三相刀口均已接触良好,可继续操作,但在带上负荷后必须对刀口进行测温跟踪,若严重发热,应汇报调度将其停运或更换运行方式。

③若垂直分合的剪刀式隔离开关在合闸后导电杆两臂未在同一直线上时,需确认拐臂是否已过死点,若未过死点,不得继续操作,立即通知检修人员处理。剪刀式隔离开关是否操作到位的说明如图 5-1 所示。

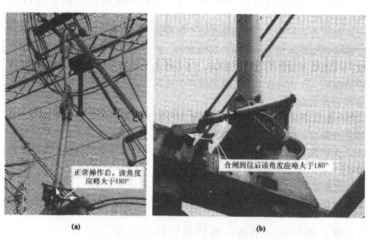

图 5-1 剪刀式隔离开关是否操作到位的说明
(a) 隔离开关未合闸到位的情况;(b) 隔离开关合闸到位的情况

第四节 互感器

一、TV 断线处理

当出现"TV 断线"信号后，运行人员应按照以下步骤检查处理：

（1）首先将可能误动的距离保护等和自动装置退出（有特殊情况除外）。

（2）在 TV 二次侧熔断器或空气断路器两端，分别测量相电压和线电压来判别故障。

（3）若 TV 二次侧熔断器或端子接触不良，经现场处理正常后，投入所退出的保护及自动装置。

（4）若 TV 二次侧熔断器熔断，检查外观正常后，可更换同一规格熔断器，重新投入试送一次，成功后投入所退出的保护及自动装置。若再次熔断，应检查二次回路中有无短路、接地故障点，并不得加大熔断器容量或 TV 二次侧空气断路器的动作电流值，若仍无法找到故障点应汇报调度，通知保护人员到场处理。

（5）若高压熔断器熔体熔断，向调度汇报并申请将 TV 转检修，做好安全措施后更换同规格熔断器，检查 TV 外部无异常，试送一次，正常后投入所退出的保护及自动装置。若再次熔断，说明 TV 内部有故障，应将故障 TV 停电检修。

（6）TV 高压侧熔断器一相或两相熔断时，在未将 TV 一次侧隔离开关断开的情况下不得进行二次侧并列，以免产生环流烧毁开口三角形绕组。

二、TA 二次开路分析及处理

1. TA 二次开路分析

由于 TA 在正常运行中，二次回路接近于短路状态，因此一般无声。当二次回路突然开路时，由于铁心内磁通发热急剧增加，达到饱和，铁心损耗发热严重，可能损坏 TA 的二次绕组。此时因磁通密度增加引起非正弦波，使硅钢片振动极不均匀，从而发出较大的噪声。对于二次单绕组的 TA 还会在 TA 二次绕组产生很高的感应电动势，危及在二次回路上工作人员的生命和设备安全。

TA 二次计量绕组开路时，将造成电能计量的减少，母线的电量不平衡率增大；TA 的二次测量绕组开路时，将造成测控装置及后台监控机上该相电流消失；TA 的二次保护绕组开路时，引入保护装置的该相电流消失，相应的线路保护或主变压器保护及母线差动保护出现"TA 断线"信号。

2. TA 二次开路异常处理

当发现 TA 二次开路后，运行人员应按照如下步骤检查处理：

（1）应先分清故障属哪一组电流回路开路、开路的相别、对保护有无影响，同时汇报调度，解除可能误动的保护，并通知检修人员到场处理。

（2）设法降低负荷、改变运行方式（如用旁路断路器代运行）直至停电。

（3）不得擅自对出现"TA 断线"信号的保护进行复归，退出保护待检修人员检查处理完毕后，将保护复归，线路电流差动保护、主变压器差动保护、母线差动保护复归后运行 10s 无异常，方可将保护正式投入。

三、互感器异常声响处理

运行中发现互感器有异常声响，应立即检查是否 TV 二次短路、TA 二次开路，并按照以上所述进行处理。若系互感器本体故障，应立即停电处理。110kV 以上电压等级的 TV 本体有异常放电声、异味、冒烟或着火时，不得用拉开隔离开关的方式隔离故障 TV，应选择用母联断路器隔离故障 TV，危急情况下可断开该母线上相应馈线断路器及母联断路器将故障 TV 隔离，然后向调度汇报有关情况。

四、互感器渗油异常处理

运行中发现油浸式互感器发生渗油，应立即检查互感器油位，如油位有明显下降，应通知检修部门进行处理。如在油位指示器中已无法看到油位，应立即汇报调度，并将互感器停运。

五、互感器 SF_6 压力降低异常处理

电流互感器 SF_6 压力降低告警时，应立即查明原因，确认是否误报警。若

SF$_6$压力确实下降,到达第一报警压力时,运行人员应立即通知检修人员处理,并向调度汇报。如有条件可进行带电补气,如无法带电补气,应申请将该 TA 退出运行。若 SF$_6$ 压力下降到达第二报警压力,运行人员应立即汇报调度,申请停电,并通知检修人员。

六、其余应立即停运的互感器异常情况

(1) 互感器本体有严重过热现象。

(2) 互感器向外喷油。

(3) 瓷绝缘套管出现裂纹或破损。

(4) 金属膨胀器异常膨胀变形。

(5) 压力释放装置（防爆片）已冲破。

(6) 树脂浇注互感器出现表面严重裂纹、放电。

第五节 高压断路器、高压隔离开关操作机构

一、断路器操作机构异常处理

(一) 断路器液压操作机构异常处理

1. 操作机构超时打压

一般规定储压筒预压力打压时间不超过 3~5min,因此出现长时间打压现象时,要检查高压放油阀是否关紧,安全阀是否动作,机构是否有内漏和外漏现象,油面是否过低,吸油管有无变形,油泵低压侧有无气体等。若打压时间超过 5min,到现场检查发现储压筒压力已正常时,可断开储能电源,通知检修人员处理。若打压时间超过 5min,而压力始终无法恢复正常值,说明储能回路存在泄漏等异常或储能电动机有问题,应断开储能电源,通知检修人员处理。此外,若现场储压筒压力已低至闭锁值,按照断路器分合闸闭锁处理。

2. 操动机构频繁打压

油泵频繁起动,间隔时间低于 15min,应检查操作机构有无漏油,主要

检查在阀门系统内部有无明显泄漏，油路有无渗漏，并尽量保证液压系统的压力正常，立即通知检修人员处理。若间隔时间在15~30min，可以继续运行，但应加强监视跟踪，看有无继续发展的迹象，并联系检修人员安排消缺。

3．蓄能器中氮气压力低或进油

运行人员在巡视过程中比较直观的现象是油压过低或过高现象。处理方法是将蓄能筒内部气体放尽后，卸下活塞内部密封圈，仔细检查密封圈的唇口和筒体内壁，对损坏的密封圈应予以更换，对筒壁有少许拉毛的，可用砂条进行精细打磨处理，直到宏观上看不出沿轴向有拉毛痕迹为止，对严重拉毛的需要更换。

4．操动机构外部泄漏

当高压油回路接头外部泄漏时，特别是卡套式接头有泄漏时，应将油压降至零压后，用扳手小心检查、拧紧，看是否因操作振动而松动。若不是，则应拆下卡套仔细检查，必要时应加以更换。处理时，应先将断路器停运，若压力已经降低至闭锁值，按照断路器分合闸闭锁处理。

（二）断路器电磁操作机构异常处理

断路器电磁操作机构异常应按如下步骤进行检查：

（1）电磁操作机构拒动应首先检查直流母线电压是否正常。

（2）若电压偏低应调整直流母线电压后再进行合闸操作。

（3）检查合闸熔断器是否熔断，若熔断应立即更换后重新进行合闸操作。

（4）检查机构外观是否完好，是否有异味。

（5）无法自行处理时应立即联系检修人员处理。

（三）断路器气动操作机构异常处理

断路器气动操作机构异常应按如下步骤进行检查：

（1）空压机打压超时（大于5min）、空压机频繁起动打压（间隔时间小于15min），要检查各放水阀门是否关闭，安全阀是否动作，操作机构是否有内漏和外漏现象等，这样才能有针对性地进行处理。若打压间隔时间在15min~2h之间，应加强监视跟踪，看有无继续发展的迹象，并联系检修人员安排消缺。

（2）空压机不启动打压，应检查热继电器是否动作，若为热继电器动作，运行人员复归后空压机应能正常打压，但运行人员要观察热继电器是否还会动作。若频繁动作是电动机内部有故障，应上报处理。若不是由于热继电器动作造成，应该用万用表检查空压机的三相电源是否正常，当测出电源正常时空压机还不打压，应马上上报处理。

（3）当空压机内的油标指示器指示油位仅为二分之一时，应通知检修部门进行换油或加油。当发现空压机内无机油时应即时汇报调度转负荷，因为空压机无机油容易引起电动机绕组烧毁或热继电器动作，当空气压力泄漏时无法得到补充使压力降低到零。在进行检修前应派专人检查，以防止空气泄完和电动机烧毁。

（四）断路器弹簧操作机构异常处理

断路器弹簧操作机构储能不到位时应将储能电源断开，进行手动储能，直到储能到位。断路器弹簧操作机构电动机不转应按如下步骤进行检查：

（1）检查储能电源是否正常，若电源消失应立即恢复，无法恢复立即通知专业人员前来处理。

（2）若是电动机原因造成无法储能的，应立即断开储能电源后进行手动储能，然后通知专业人员前来处理（ABB公司的断路器不建议运行人员进行手动储能操作，可通知专业人员前来处理）。

二、隔离开关操作机构异常处理

（一）隔离开关无法电动操作处理

当隔离开关无法进行电动操作时，应进行如下检查：

（1）隔离开关电动机电源是否良好，空气断路器是否跳闸。

（2）电气闭锁条件是否满足，闭锁回路是否正常，相关的接地刀闸辅助接点是否接触不良。

（3）热继电器是否动作未复归。

（4）操作控制回路有无断线、端子松动或明显接线错误。

（5）接触器自保持辅助接点是否接触不良。

（6）接触器或电动机是否故障。

（7）隔离开关操作机构有无卡涩等现象。

(8) 若该隔离开关允许手动操作,可将电动机电源断开后手动尝试操作。

(9) 操作隔离开关时,电动机空转,若该隔离开关允许手动操作,可断开隔离开关操作电源,手动操作,并通知检修人员处理。

(二) 隔离开关无法手动操作处理

若隔离开关不能手动操作,应进行如下检查:

(1) 隔离开关与接地刀闸之间的机械闭锁是否未解除。

(2) 机械传动部分的各元件有无明显的松脱、损坏、卡涩和变形等现象。

(3) 动、静触头是否变形卡涩。

(4) 当运行人员无法判断原因或无法处理缺陷时,应尽可能将隔离开关恢复到操作前的状态,汇报调度并通知检修人员处理。

(三) 隔离开关其他异常处理

(1) 操作隔离开关时,若机构无卡涩现象而隔离开关合不到位,可能是行程开关触点不到位,可断开操作电源,尝试手动操作,若手动操作仍然无法到位,应停止操作,通知检修人员到现场处理。

(2) 操作母线侧隔离开关后应检查监控机、母差保护装置、操作箱上相应的位置指示是否正确,如辅助触点未到位可断开后再合一次,如果仍然无法到位,应通知检修人员到现场处理。

第六节 电力电容器、电抗器、母线

一、电力电容器异常分析及处理

1. 电力电容器异常分析

电容器油箱随着温度变化膨胀和收缩是正常现象。但是,当内部发生局部放电,绝缘油将产生大量气体,使箱壁塑性变形明显。造成电容器局部放电的主要原因是运行电压过高或断路器电弧重燃引起的操作过电压以及电容器本身的质量不良。

电容器是全密封装置,密封不严则空气、水分和杂质都可能进入油箱内部,危害极大,因此,电容器是不允许渗漏油的。

2. 电力电容器异常处理

运行中发现电容器大量漏油或明显鼓肚、电容器冒烟着火、电容器套管破损放电等,应马上断开电容器的断路器,并将其退出 AVC 系统,并向调度汇报,申请将电容器组转检修,通知检修部门前来检查处理。

如果造成电容器膨胀的原因是周围环境温度过高(超过 40℃),特别是在夏季或重负载时,应开启强力通风以降低电容器温度,如膨胀状况好转,可继续运行,但应加强监视,若膨胀现象继续加大,则应马上停运检查处理。

电容器的断路器因速断、过流、不平衡电压、不平衡电流保护动作跳闸后,应对电容器断路器单元间隔和电容器组进行检查,发现有熔断器熔断的应予以更换。更换熔断器后检查设备外观有无异常,有条件的还应对单体电容器的电容量进行测量,确认未超过额定值的±10%,可试送一次。试送时人员不得逗留在电容器组附近,以免发生危险。若未发现熔断器熔断,应通知检修部门进行高压试验,试验合格前不得投入电容器组。

运行中发现电容器组熔断器未装设弹簧、或弹簧未拉紧不受力,应向调度申请将电容器组转检修,重新安装熔断器正常后再投入运行,电容器熔断器正常使用寿命应不超过 5 年。

二、电抗器异常处理

若发现电抗器有局部过热现象,应汇报调度,降低电抗器的负荷,并加强通风,若严重过热且无法消除,应汇报调度,将电抗器停运。

运行中发现电抗器支柱瓷绝缘子破损放电、电抗器表面放电污闪、有异常噪声、油浸式电抗器大量漏油或鼓肚、油浸式电抗器绝缘套管严重破损或闪络放电时,应汇报调度并立即将电抗器停运。

三、母线异常分析及处理

(一)母线过热异常的分析及处理

1. 母线过热异常的分析

若母线过负荷运行或母线接头或线夹连接处接触不良,都会引起母线过热。

母线过热的判断方法：

（1）示温蜡片融化或变色。

（2）红外点温仪或红外热成像检测。

（3）雨、雪天气接头处有雪融化和冒热气现象。

2. 母线过热异常的处理

当发现母线过热时，运行人员应进行如下处理：应尽快汇报调度，视发热严重情况安排运行方式，采取倒换母线、转移负荷等方式降低母线温度，若发热严重，应停运处理。

（二）母线绝缘子破损、放电的分析及处理

1. 母线绝缘子破损、放电的分析

若设备运行环境恶劣，会造成绝缘子绝缘不良污闪放电、绝缘子击穿等，引起母线绝缘子放电、破损；另外，系统短路电流冲击、气温骤变等也有可能造成母线绝缘子断裂破损。

2. 母线绝缘子破损、放电的异常处理

运行中发现母线绝缘子破损、放电，应立即汇报调度，将母线停运处理。在停运处理前，应加强巡视及监视。

（三）主变压器绝缘管母异常处理

运行中的主变压器绝缘管母测温时发现局部过热、声响异常时，应立即汇报调度，降低负荷，通知检修人员到现场检查确认，若情况较严重应申请将主变压器停役后通知检修人员处理。

第七节　防雷设施

一、接地引下线锈蚀断裂现象及处理

运行中发现避雷针、避雷器接地引下线锈蚀断裂，应立即向相关部门汇报，通知检修部门处理。在未处理前，运行人员不得靠近故障避雷器或避雷针。

二、避雷器泄漏电流超标现象及处理

1. 避雷器泄漏电流超标现象

遇有下列情况之一时，值班人员应加强跟踪监视、及时汇报避雷器在线监测仪的运行情况：

（1）正常运行状态下，在线监测仪在晴天所指示的金属氧化物避雷器（MOA）泄漏电流值增加到正常上限值的1.1倍。

（2）雨天或湿度大于85%时，在线监测仪所指示的泄漏电流值增加到正常上限值的1.2倍。

（3）三相读数偏差较大或监测仪本身有进水、小瓷套脱落等故障应及时上报缺陷流程。

注：若出现（1）、（2）两种情况，记录人应及时汇报本单位过电压负责人并加强监视。

2. 避雷器泄漏电流超标处理

正常运行状态下，采用屏蔽安装的在线监测仪在晴天所指示的泄漏电流值超过正常上限值的1.2倍，或在雨天超过正常上限值的1.3倍，应立即按设备缺陷汇报地调值班员及专责人进行带电测试。

当在线监测仪所指示的泄漏电流下降到正常值下限0.9倍时，值班人员应及时上报缺陷流程。

对于地处高盐密或高污秽等级区域的变电站，在避雷器高压带电测试合格的情况下，可根据相关规定要求，适当放宽缺陷标准。

三、避雷器绝缘外套破损处理

运行人员应将绝缘外套破损情况及是否存在放电现象向调度和上级主管部门汇报，并加强对故障避雷器的巡视。在故障避雷器停运之前，严禁运行人员接近故障避雷器。

如避雷器绝缘外套破损未造成避雷器外套放电，运行人员应加强对避雷器运行监视，特别是避雷器是否有异常声响和避雷器泄漏电流的变化情况；如避雷器绝缘外套破损已造成避雷器外表闪络放电时，运行人员应密切观察故障的发展变化情况，必要时将故障避雷器停运。

四、避雷器断裂处理

当出现避雷器断裂时,运行人员应初步判断故障的类别、故障相别后,向调度和上级主管部门及过电压负责人汇报。在确认已不带电并做好相应的安全措施后,对避雷器的损伤情况进行巡视。在事故调查人员到来前,严禁运行人员挪动故障避雷器的断裂部分,也不得对断口部分做进一步的损伤。

如存有与故障避雷器相同型号的经试验合格的备品,在备品安装完毕经试验合格,同时变电站内与故障避雷器有直接电气联系的设备及非故障相避雷器经试验检查无异常时,即可恢复运行。

第八节　电力电缆

一、电力电缆过负荷分析及处理

电力电缆负荷过高会加速绝缘老化,缩短使用寿命并可能发展为热击穿事故。电力电缆运行中发现过负荷,应汇报调度要求及时转移负荷,若未超过10%,最长运行不得超过2h,若未超过15%,最长运行不得超过1h,否则应申请停止运行。

二、电缆头绝缘破坏处理

运行中发现电缆头绝缘破坏、放电、异响或电缆头炸裂等,应立即汇报调度及相关部门,并将电力电缆停止运行。

三、电缆发热处理

运行中测温发现电力电缆发热,应汇报调度,要求降低负荷,当发生严重过热时,应汇报调度,必要时将其停运。

四、充油电缆漏油处理

运行中发现充油电缆漏油,应及时向调度汇报,加强监视并降低负荷,必要时停运处理。

五、电力电缆电压异常处理

运行中电力电缆的电压若超过额定电压的 15%,将可能造成电缆绝缘击穿,若发现电压过高,应视为异常,立即汇报调度,采取相应措施,降低母线电压。

第九节　小电流接地系统单相接地的分析处理

一、小电流接地系统发生单相接地的现象

(1) 警铃响,监控后台机出现"母线接地"光字牌。

(2) 10kV 母线遥测表指示母线一相电压降低,另两相升高;金属性接地时,接地相电压下降接近 0,另两相电压升高接近线电压。

(3) 微机消谐装置"接地"灯亮。

(4) TV 开口三角形电压增大。

(5) 对于中性点经消弧线圈接地系统,消弧线圈的电流指示增大。

二、小电流接地系统发生单相接地的检查和处理

(1) 根据相电压、线电压等遥测值和遥控信号进行判断,确定是母线失地还是 TV 一次熔断器熔断或谐振,防止误判断。

(2) 将接地时间、现象、相别及接地母线段等情况详细记录并立即汇报调度。

(3) 检查人员应穿好绝缘靴,戴好绝缘手套,注意在检查过程中不得触及金属部分。

(4) 指派有经验的运行人员,对接地母线所连接的本站内所有设备进行必要检查(包括站用变压器、电容器组等),以确定站内设备有无故障点。此时,应特别注意穿墙套管部位有无放电闪络声。若检查到接地故障点,应按下列原则执行:

①当接地故障点在站用变压器时,应先将站用电负荷倒至备用站用变压器(站用变压器高压侧安装断路器的可将断路器断开;若高压侧安装有高压熔断器,可断开负荷开关,将站用变压器隔离)。

②若接地点在电容器单元应汇报调度后将相应电容器组断路器断开,若此时 10kV 母线电压偏低可投入其他电容器组。

③若故障点在 10kV 母线上或靠母线侧隔离开关上,应立即报告调度并根据其命令进行操作。

④接地故障点找到后,应将故障设备停止运行,如暂时不能停止时,带故障运行时间最长不得超过 2h。

(5) 本站设备经过检查未发现接地点时,未安装接地选线装置的变电站按以下方法处理:

①向调度申请进行馈线试拉,顺序一般为:空载线路,备用的设备或回路,曾经经常发生接地的线路,不重要或负荷轻的线路,重要或负荷重的线路,接地变压器。在母线发生接地时,严禁对消弧线圈进行调挡操作或用隔离开关断开消弧线圈。

②断开线路断路器,若接地不消失,则应立即恢复运行。若接地消失,则说明接地在该线路上,征得调度意见后,投入运行或保留断开状态。若调度要求投入运行,则运行时间不得超过 2h。

③上述检查未发现接地点,经调度同意后断开接地母线上所有断路器,如接地故障还在,则接地点可能在母线上或主变压器低压侧,可再次对设备进行一次检查;若仍未查找到故障点,汇报调度并根据调度指令执行;如接地故障消失则说明线路有两条或两条以上同名相接地,逐条恢复送电,恢复过程接地现象又出现,则接地故障在该线路上,断开该断路器后继续逐条恢复,直至查找出所有的接地线路。

(6) 有安装接地选线装置的变电站,可先按照接地选线装置所选择的线路进行试拉,若接地现象未消失说明选线不准确或还存在同名相接地点,可按照第 (5) 条的方法进行检查处理。

(7) 在母线发生接地时,应加强对电压互感器和消弧线圈状态的监视,防止因接地时电压升高造成电压互感器或消弧线圈发热、绝缘损坏或高压熔断器熔断。

(8) 接地运行期间,若发现电压互感器、消弧线圈故障或严重异常,应立即断开故障线路。

第六章　继电保护及自动化装置运行、检查与异常处理

第一节　线路继电保护

一、线路保护各模块之间的配合

（一）线路保护基本模块

1. 主保护模块

主保护是指能满足电力系统稳定及设备安全要求，能以最快速度有选择地切除被保护设备和线路故障的保护。电压等级越高，系统对快速全线切除故障的要求也越高，因此，高电压系统把线路保护按"主保护"和"后备保护"划分管理的界线十分明显，线路主保护基本等于线路全线无时限（0s）速动的代名词。

220kV及以上线路主保护主要是各种原理的纵联保护，如电流差动保护、高频闭锁保护等，一般每条线路配有两套不同原理的主保护。110kV及以下线路短路容量相对较小，一般为单电源供电，对具有双电源供电的线路，一般作为互为备用的电源使用，因此，110kV及以下线路无需全线无时限速动，可以使用电流保护、距离保护的Ⅰ段与Ⅱ段配合工作实现全线故障快速切除，一般每条线路只配一套保护。但是，并不是所有110kV及以下线路均无需全

线无时限速动保护，在一些连接变电站与发电厂的重要线路、10km以下短线路或一些110kV线路为主干网的地区，110kV线路可配置一套全线快速保护。

2. 后备保护模块

"后备保护"是主保护或断路器拒动时，用于切除故障的保护，是相对"主保护"切除同样故障的动作时限较长的保护，它与"主保护"配合，在线路出现故障时，主保护、后备保护同时启动，但后备保护需经延时发跳闸命令，只有当主保护或主保护控制的断路器由于某种原因"拒动"时，才动作于跳闸切除故障。

后备保护分为近后备和远后备。220kV线路后备保护与主保护一样，一般按两套后备保护（包括断路器失灵保护）配置，而110kV以下线路按单套保护配置。"近后备"有两种形式：断路器失灵保护是220kV及以上系统的一种"近后备"形式，它在主保护动发出跳闸命令而断路器拒动时，由断路器失灵保护发出命令，切除与该断路器相连的其他所有断路器，达到最终切除故障的目的；本套保护的主保护与后备保护以及双套配置的保护之间也是"近后备"关系的另一种形式。"远后备"主要是线路电流保护、距离保护的Ⅱ、Ⅲ段，它们在线路故障而保护或断路器拒动时，由各电源侧的相邻线路保护装置动作将故障切除。如，过流Ⅲ段，既是本线主保护的后备保护，也是相邻线路主保护的后备保护。

3. 其他保护功能

为弥补主保护和后备保护的不足，或当主保护或后备保护退出、失效时投入使用的保护，以及为加速切除某部分故障、增强系统稳定性而增加的保护，这些保护称之为辅助保护。如短引线保护、充电保护、死区保护、重合闸装置、低周低压减载装置等等。

（二）线路保护各模块之间的配合关系

对于变电运行人员而言，掌握继电保护方面知识的重点不在继电保护装置本身是如何工作，也不在于继电保护在故障计算、整定计算等方面内容，重点在于如何管理才能确保继电保护正常运行、具体的保护到底启用了哪些功能、事故和异常发生时如何分析继电保护的行为，及时判断到底发生什么故障，尽快恢复系统的正常运行。

本节将侧重从变电运行角度，定性分析继电保护的典型情况，将较为深奥的继电保护按模块方式进行抽象总结，以期让读者快速建立电网继电保护的层次关系。

此外，现代保护功能强大，保护装置在设计时，通常考虑各地区的不同电网结构和不同的管理要求，一套保护的功能往往包罗万象、无所不能，使其具有更强的市场适应能力。因此，不同变电站在使用同一套保护时启用的功能可能不尽相同，需要读者认真研读本变电站保护装置具体的定值单。本单元在介绍保护装置时，尽量兼顾到保护装置运用的通用性，但难于做到唯一性，请读者重点掌握继电保护的动作分析方法。

下面以简要图形方式阐述有关线路保护各模块之间的配合。

1. 10kV/35kV 线路各保护模块的配合

10kV/35kV 一般为中性点不接地系统，其保护配置基本相同。图 6-1 所示为单端电源的 10kV/35kV 线路保护各保护模块的典型配合关系图。单端电源线路只在线路的电源侧安装保护。

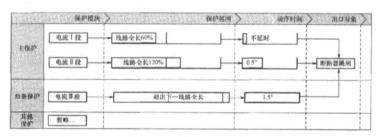

图 6-1 单端电源的 10kV/35kV 线路保护各保护模块典型配合关系图

从图 6-1 上可以定性看出 10kV/35kV 线路保护各保护模块的配合关系，本线路故障由本线路主保护快速切除。运行人员在线路故障断路器跳闸时，应重点查看是哪段电流保护动作，并以此判断故障点的可能范围。应该注意的是，部分城市 10kV 线路往往很短，电流Ⅰ段无时限跳闸难于与下一级开关站等配网保护配合，因此，电流Ⅰ段保护可能不得不退出。

10kV/35kV 线路保护装置的主要辅助保护包括断路器重合闸装置和低周减载装置。值得注意的是：

（1）如果重合到线路近端故障，巨大的故障电流将加剧对主变压器的伤害。如造成主变压器绕组变形、损伤绝缘等,影响主变压器寿命甚至损坏变压器。为此,在某些变电站,10kV 线路设定"大电流闭锁重合闸"功能,当故障电流达到一定数值时,线路保护将闭锁断路器重合闸,避免重合到永久性故障时再次伤害变压器。

(2) 变电站低周减载装置可能集中到专用低周减载装置上进行管理,应注意甄别。

此外,目前国内部分发达城市 10kV 电网的缆化率(即 10kV 电缆占该电压等级电网线路总长度的百分率)日益提高,10kV 电网单相失地电流与日俱增,而且接地故障属电缆故障的比率也日渐提高,电缆单相失地尽快切除显得更为迫切。为此,当前 10kV 线路保护中可能包括完整的零序电流保护,以结合安装小电阻接地系统,实现单相失地的快速切除。

2. 110kV 线路各保护模块的配合

110kV 一般为中性点直接接地系统,配置三段式距离保护和零序电流保护,形成主保护和后备保护关系。三段式电流保护由于动作灵敏度不够或配合困难一般不予采用,部分保护(如南瑞保护)虽有整定,但仅在母线电压消失时投入使用。图 6-2 所示为单端电源的 110kV 馈线各保护模块的典型配合关系图。

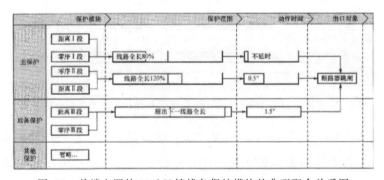

图 6-2 单端电源的 110kV 馈线各保护模块的典型配合关系图

从图 6-2 上可以定性看出 110kV 馈线各保护模块的配合关系,本线路故障由本线路主保护快速切除。运行人员在线路故障断路器跳闸时,应重点查看保护动作情况,并以此判断故障点的可能范围和故障性质。如接地距离保护或零序保护动作,则说明存在接地故障;如相间距离Ⅰ段保护动作,可能本线路始端发生相间故障等。

另外，110kV 终端变电站较为特殊，如图 6-3 所示接线，对距离Ⅰ段整定值的要求略有不同。

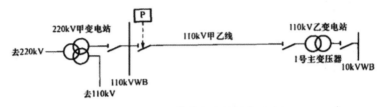

图 6-3 110kV 终端变电站接线示意图

220kV 甲变电站通过 110kV 甲乙线向 110kV 乙变电站的 1 号主变压器送电，乙变电站是终端变电站。安装在甲变电站侧的 110kV 甲乙线保护 P，其距离Ⅰ段保护的保护范围可整定为线路全长 100% 以上，也就是保护到变压器内部，当变压器内部发生故障时，线路保护距离Ⅰ段可能动作。

110kV 线路保护装置的主要辅助保护包括断路器重合闸装置和低周低压减载装置。值得注意的是：

（1）10～110kV 断路器一般为三相联动，线路故障时断路器重合闸与线路故障形式无关。如果重合到永久性故障上，一般采用较为灵敏的保护通过"重合闸后加速"快速跳开断路器，不再按三段式保护通过配合进行跳闸。

（2）变电站低周低压减载装置可能集中到专用低周低压减载装置上进行管理，应注意甄别。

必须指出，微机保护中每套保护各段定值可以单独整定，整定手段灵活，读者有时可能看到如"电流Ⅰ段"没有整定、出现"零序Ⅳ段"定值、"Ⅲ、Ⅳ段定值"相同等，要重点分析的是各套保护之间的配合而不是具体各段保护的名称。

3. 220kV 线路各保护模块的配合

220kV 一般为中性点直接接地系统，该电压等级系统短路容量大、系统稳定要求高，线路两侧多为电源，保护装置应具备全线 0S 速动功能（纵联保护）、三段式保护功能和断路器失灵保护功能。其中纵联保护是 220kV 线路的主保护，其他保护为后备保护。同样，过电流保护由 T 无法在高压电网实现逐级配合，满足各种运行方式下灵敏度与选择性的要求，仅在母线电压消失时投入使用。图 6-4 所示为 220kV 线路保护各保护模块典型配合关系。

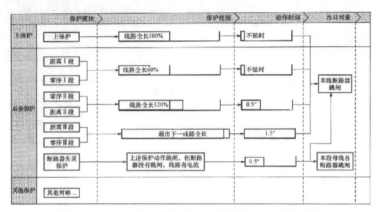

图 6-4　220kV 线路保护各保护模块典型配合关系图

从图 6-4 上可以定性看出 220kV 线路保护各保护模块的配合关系，本线路故障由本线路主保护快速切除。运行人员在线路故障断路器跳闸时，应重点查看保护动作情况，并以此判断故障点的可能范围和故障性质，如主保护动作则故障点一般在本线路范围内，接地距离保护或零序保护动作，则说明存在接地故障。

220kV 线路保护一般按双重化配置，即一条线路安装两套保护，而且，两套保护一般考虑在保护功能的实现上具有一定的差异性，或称不同原理。如生产厂家不同、主保护一套为高频保护而另一套为电流差动保护等。通过差异性配置，扬长避短、博采众长，避免同一类保护装置设计缺陷给线路安全运行带来隐患。

220kV 线路保护装置的主要辅助保护是断路器重合闸装置。220kV 线路断路器一般为三相分相动作，重合闸装置也有"单重、三重、综重"等方式，线路故障时故障相别与断路器跳闸、合闸方式有对应关系：如投"三重"方式，其动作逻辑与 110kV 线路相同。如投"单重"方式，则线路单相故障单相跳闸，单相重合，重合到永久性故障上跳三相；线路相间故障跳三相，不重合。如投"综重"方式，则线路单相故障单相跳闸，单相重合，重合到永久性故障跳三相；相间故障跳三相，三相重合，重合到永久性故障上三跳。

二、典型线路保护运用

(一) 常见线路保护

当前线路保护主要为微机型保护，传统的电磁型、晶体管保护、集成保护通过逐步技改更换，由功能强大的微机保护所取代。而且，部分微机保护应用较早的变电站已经着手将第一代微机保护更换为第二代或第三代。

1. 南瑞保护

南京南瑞继保电气有限公司（简称南瑞保护），20 世纪 90 年代中期生产以工频变化量为核心技术的 LFP 系列电力系统继电保护，进入 21 世纪之后升级生产 RCS 系列电力系统继电保护。

(1) 220kV 线路保护 RCS—902A。

RCS—902A 是 RCS—900 系列高压线路保护中的一种型号。RCS—902A 包括以纵联距离和零序方向元件为主体的快速主保护，由工频变化量距离元件构成的快速 I 段保护，以及由三段式相间和接地距离及两个延时段零序方向过流构成全套后备保护；保护有分相出口，配有自动重合闸功能，对单母线或双母线接线的断路器实现单相重合、三相重合和综合重合闸。

(2) 110kV 线路保护 RCS—941A。

RCS—941A 是 RCS—900 系列高压线路保护中的一种型号，包括完整的三段相间和接地距离保护、四段零序方向过流保护和低周保护；装置配有三相一次重合闸功能、过负载告警功能、频率跟踪采样功能；装置还带有分合闸操作回路以及交流电压切换回路。

(3) 10kV/35kV 线路保护 RCS—9611A。

RCS—9611八是 RCS—9000 系列低压线路保护中的一种型号，适用于 110kV 以下电压等级的非直接接地系统或小电阻接地系统中的馈线保护及测控装置，可在开关柜就地安装。

保护方面的主要功能有：①二段定时限过流保护；②零序过流保护/小电流接地选线；③三相一次重合闸（检无压或不检）；④过负载保护；⑤合闸加速保护（前加速或后加速）；⑥低周减载保护；⑦独立的操作回路及故障

录波。

测控方面的主要功能有：①9路遥信开入采集、装置遥信变位、事故遥信；②正常断路器遥控分合、小电流接地探测遥控分合；③P、Q、Iu、Iw、Uu、Uv、Uw、Uuv、Uvw、Uwu、U_0、F、cos∅等13个模拟量的遥测；④断路器事故分合次数统计及事件SOE等；⑤4路脉冲输入。

2. 四方保护

北京四方继保自动化股份有限公司（简称北京四方），主营产品包括CSC系列微机继电保护和自动装置、变电站自动化系统、电力系统区域安全稳定装置、电网动态安全监控系统、电网故障管理信息系统等。

(1) 220kV线路保护CSC—101B。

CSC—101B型数字式线路保护装置适用于220kV及以上电压等级的高压输电线路，保护主要功能包括：①纵联方向距离（相间和接地距离）、纵联零序方向保护；②三段相间距离和三段接地距离保护，以及快速距离Ⅰ段保护；③四段零序方向保护和零序反时限保护，零序Ⅰ段自动带方向；非全相时，设置了不灵敏Ⅰ段、带延时的零序Ⅳ段（T04－500ms）和零序反时限保护；④TV断线后的过流保护和零序过流保护；⑤综合重合闸。

(2) 110kV线路保护CSC—161A。

CSC—161A数字式线路保护装置适用于110kV中性点直接接地的大电流接地系统的输电线路。保护装置主要功能包括：①三段相间距离和三段接地距离保护；双回线相继速动、不对称故障相继速动功能；②四段零序电流保护和一段零序加速段（可选）；③TV断线后的两段过流保护；④三段过流保护和一段过流加速段（可选）；⑤过负载保护；⑥三相一次重合闸。

(3) 10kV/35kV线路保护CSC—211。

CSC—211数字式线路保护测控装置适用于66kV及以下电压等级的中性点非直接接地系统的输电线路。保护装置具备以下主要功能：

①过电流保护功能。装置配置有三段式定时限过流元件、低电压元件、相电流方向元件和反时限元件。各段可有选择性地投入低电压元件和方向元件，过流Ⅳ段可设置为反时限特性。

②零序过流保护功能。装置配置有三段式定时限零序过流元件、零序方

向元件和反时限元件。各段可有选择性地投入方向元件,零序Ⅲ段可设置为反时限特性。

③小电流接地选线功能。装置可与主站构成集中式的小电流接地选线系统,由主站计算各装置上送的信号判断接地;同时也具备单装置的接地判据,实现接地的就地判断。

④过负载保护功能。装置的过负载元件,可动作于跳闸或告警。

⑤三相一次重合闸功能。装置具有非同期(不检无压不检同期)、检同期、检无压、检无压及检同期(检无压或检同期)合闸方式。

⑥合闸加速保护功能。装置具有相电流和零序电流加速元件,能实现充电手合加速和保护前加速、后加速功能。

⑦低周减载保护功能。装置能够K分系统频率从正常状态变为低频率时的故障情况、电动机反充电和真正的有功缺额,实现低周减载。

⑧低压解列保护功能。装置能够动判定系统电压从正常状态变为低电压时是否切除负载,实现低压解列。

3. 南自保护

国电南京自动化股份有限公司(简称国电南自),主要产品有:电网自动化、电厂自动化、水利水电自动化、智能一次设备等。

(1) 220kV 线路保护 PSL—602。

PSL—602 是 PSL—600 系列数字式线路保护装置之一,其改进产品为 PSL—600G 系列。PSL—602 可用作 220kV 及以上电压等级的输电线路的主保护和后备保护。PSL—602 保护主要功能包括:①纵联距离、纵联零序;②快速距离保护,三段式相间距离保护,三段式接地距离保护,四段式零序电流保护;③重合闸装置。

(2) 110kV 线路保护 PSL—621C。

PSL—621C 是 PSL—600 系列线路保护的产品之一。PSL—620C 系列数字式线路保护装置是以距离保护、零序保护和三相一次重合闸为基本配置(可加配高频保护)的成套线路保护装置,适用于 110kV 输电线路。保护装置的主要功能包括:①三段式相间距离、三段式接地距离;②四段式零序保护;③三相一次重合闸;④二段式过流保护;⑤双回线相继速动、不对称故障相继速动；⑥低压减载、低周减载。

(3) 10kV/35kV 线路保护 PSL—641。

PSL—641 数字式线路保护装置是以电流电压保护及三相重合闸为基本配置的成套线路保护装置，适用于 66kV 及以下电压等级的配电线路。保护装置主要功能包括：①三段式相间电流；②三段式零序电流；③三相重合闸；④低周低压减载。

另外，随着通信技术的发展，电流差动保护由于其动作逻辑简单、可靠，动作速度快，在 220kV 及以上线路得到相当普遍的运用。上述三家主流保护厂家当前的主要电流差动保护分别是：南瑞继保的 RCS—931、北京四方的 CSC—103、国电南自的 PSL—603。

三、线路保护运行管理

加强线路保护的科学管理，是确保电网安全运行的重要保障。下面从线路保护运行等方面简要阐述相关管理规定。

(一) 保护装置室的管理

(1) 严禁在保护装置室内使用无线电对讲机或移动电话。这主要是针对微机保护提出的，曾经有过调试人员在保护室内使用对讲机进行设备调试时，其他运行中的保护因为较强的电磁干扰发生跳闸事故。

(2) 不得在运行中的保护屏、控制屏、配电屏上加装设备或打孔等工作。这主要考虑这些工作将产生较大振动，可导致继电器不正确动作。

(3) 不准将保护或操作电源用作试验电源。

(4) 保护室应有空调设备且随时处于完好状态，保护室温度一般控制在 5～30℃、湿度控制在 80% 以下，应防止腐蚀性气体和灰尘侵入。微机保护发热量大，对环境温度要求较高。温度过高，可能导致死机等故障。因此，保护室空调的管理应列为变电运行管理的重要内容之一。而且，保护室空调应具备市电停电后重新来电自启动功能，保护室应装设温度过高等环境监控报警装置，以保证保护室温度得以有效监控。

(5) 保护室的门窗应关闭，防粉尘侵袭保护装置。

线路保护可能与主变压器保护、母差保护等设备安装在同一设备间，因此，本节保护室的管理同样适用于之后各节其他保护或自动装置的管理。

(二) 保护定值的管理

(1) 运行值班室应保存一套完整、有效的保护装置整定值通知单。通知单一般由设备调度部门下达。运行单位应建立完整的定值计算、定值单流转、定值整定、定值确认规定，确保各保护定值正确。

(2) 保护装置在新投入或整定值变更时，运行人员必须和当值调度员进行整定值核对，无误后方可投入运行。

(三) 保护装置的投入与退出

1. 保护装置投运前的准备

(1) 验收合格。

①保护装置经上级主管部门组织验收合格。

②保护屏前后必须有正确的设备名称，屏上各保护用的转换开关及连接片均应有正确的名称编号。

③变电站现场应具有符合现场实际的原理图和展开图。

④现场应有定值通知单，有保护装置专用规程及运行中有关注意事项的规定。

(2) 定值整定正确。

①确认正式定值单已收到，并且保护装置实际定值与定值通知单相符。

②有定值整定专业人员确认记录、签名，确保整定人员按要求输入保护定值。

③打印出保护内驻定值，并与定值单核对无误。

④与设备管辖调度员核对即将启用的定值单，确认无误。

(3) 连接片按调度要求投入。

①各种继电器的元件、插件、连接片及试验部件均根据调度下达命令置正常状态和规定位置。

②投入保护出口连接片前，应使用高内阻电压表测量其两端无电压方可投入。所用电压表应符合国家计量要求。

(4) 保护装置运行正常。

①确认保护装置上各种信号灯显示正常。

②微机保护液晶显示正常运行参数（电流、电压、相位、重合闸充电等）。

③中央监控系统无保护运行异常信号。

④断路器合闸送电后，保护运行正常。

2. 线路保护的投退顺序

线路保护投入操作一般遵循"先投交流，后投直流"，退出操作一般遵循"先退直流，后退交流"。

（1）线路保护投入运行顺序。

线路保护投入运行一般按以下顺序执行：

①检查连接结合滤波器的接地隔离开关确已在断开位置（仅对高频保护）。

②检查交流电流回路确已接通。

③检查交流电压回路确已接通。

④合上保护直流电源，如控制、信号、打印机等的电源。

⑤检查装置本体无异常，检查通道接口设备无异常。

⑥投入相关的切换开关。

⑦投入保护装置的各种连接片。

（2）线路保护退出运行顺序。

线路保护退出运行一般按以下顺序执行：

保护装置的退出顺序与保护装置的投入顺序相反，即先解除保护装置的各种连接片、解除相关的切换开关、断开保护直流电源、断开交流电压回路、断开交流电流回路等。

保护投退，必须确保保护运行状态下，交流量（电流、电压）不出现突变，否则可能引起保护误动作。因此，上述保护投退步骤中，操作保护投入先投交流后投直流，退出时先退直流后退交流。

（四）保护装置运行中常见问题的处理

（1）电气设备在运行中发生故障时，值班人员应及时检查保护及自动装置的动作情况，并做好记录，经第二人复核无误后，方可按规定复归信号。保护动作信号是一次设备故障性质的依据，经第二人复核，能更好地确保保护信息采集的正确性。

（2）发生保护动作、断路器跳闸后，如有检修或其他人员在现场工作，应立即通知全部工作班组停止一切工作，查明原因。尽管进入变电站工作受到严格管制，但是，其他进站人员导致保护误动却屡见不鲜，因此，保护动作、断路器跳闸，站内又正好有施工队，则人为误动的概率较大。因此，应立即通知全部工作班组停止一切工作，使现场事故处理更为有序，同时避免事故处理不当危及他人安全。

（3）对于微机保护装置，当保护动作后，在还没有取出报告之前，不可将保护装置的直流工作电源断开，也不宜马上进行保护装置试验。因为微机保护事故报文一般储存在微机保护 RAM 中，保护装置直流工作电源一旦断开或频繁进行保护试验，事故报文将随之丢失或被覆盖，这将不利于事故的分析和处理。

（4）微机保护装置故障时，应先退出保护，才可按插件上的复位按钮，以免微机保护误动。微机保护存在复位瞬间保护误动的可能，这是微机保护无法克服的缺陷，因此，运行人员应慎用微机保护"复位"按钮。另外，微机保护在上电时，有严格的软硬件自检控制，可以有效防止故障设备误动，建议运行人员采用分、合保护直流工作电源的方法取代按"复位"键。

（5）发现保护装置有起火、冒烟、巨大音响等紧急情况，威胁设备或人身安全时，值班人员可先停用保护装置进行处理，然后报告值班调度员。

（五）其他重要要求

（1）变电运行值班人员应对保护、自动装置及其二次回路的工作状态进行定期巡视、检测、监视，确保各装置正常运行；定期检查各保护装置 GPS 对时情况。

（2）在任何情况下，电气一次设备不得无保护运行，必要时可停用部分保护，但主保护不得同时停运。

（3）值班人员应按照值班调度员的命令，通过操作保护连接片、熔断器、转换开关、空气断路器、按钮及 TA 二次回路的连接片来改变继电保护装置的投停方式。运行人员禁止擅自改动保护屏内整定用的旋钮、键盘、开关。

（4）闭锁式高频保护，其高频通道平时没有信号通过，长时间没有信号，通道是否正常难于把握。因此，闭锁式高频保护应每天测试检查通道一次，确保保护通信正常。每天测试可以是手工测试，也可以设定保护或收发信机定时自动测试。收发信机自动测试时段，运行监控人员应从监控后台观察有无收发信机异常信号，切勿置之不理。同样，高频保护在投入跳闸连接片前以及保护动作切除故障后或送电前，通道状况不明确，应检查高频通道一次。

(5) 线路两侧的纵联保护应同时投退，严禁一侧投入，一侧退出。保护通道异常或任一侧保护装置异常时，线路两侧纵联保护退出。

(6) 在继电保护工作完毕时，运行人员应进行验收。检查工作中所拆动的二次线、元件、标志是否恢复正常，连接片及转换开关位置是否正确，继电保护整定单是否正确执行，继电保护记录簿所写内容是否清楚、完备等，以免保护检修后留下新的问题。

(7) 在倒母线操作过程中，应检查相应线路的电压切换、继电器切换是否正确，如切换不正确不得继续操作，待消除缺陷后方可继续操作。

(8) 有些线路由架空线路与电缆线路构成，这种线路一般要求退出重合闸，避免重合到故障的电缆线路上加大对电缆的损伤；线路长期充电备用时，也应将重合闸退出，避免线路故障再次冲击系统。当前，各网省公司对线路事故跳闸重合不成功的考核力度越来越大，重合闸的投入原则正在改变，如部分公司要求电缆比重小于60%的单回电缆应投入重合闸等。

(9) 220kV线路保护一般为"双重化"配置，两套保护一般均具备重合闸功能，如果两套保护重合闸均投入，两套保护将出现重合闸先后动作的可能，管理上，一般只投入一套保护的重合闸出口连接片，但两套保护的重合闸方式必须一致。

四、线路保护常见异常处理

(一) 线路保护告警处理

线路保护告警是线路保护异常运行的表征，线路保护通过面板信号、液晶显示、监控信号（软报文、硬触点）告知运行监控人员或运行巡视人员有关保护的异常运行信息。告警可能是保护本身的问题；也可能是与保护相关联的设备问题，如母线TV断线等。告警时保护功能一般没有丧失，但部分保护功能可能已经闭锁，应尽快处理。

随着微机保护告警信号的拓展，在让运行人员充分了解设备运行状态的同时，也加大了监视工作量。运行人员应对这些告警信息加以取舍，有序归类，确保与运行相关的重要信号不丢失，与运行无关的信号不干扰对保护信号的监视。特别是随着我国电网朝集约化管理方向发展，"大监控"使得监控人员同时监管的变电站越来越多，信号梳理与分类势在必行。这方面的资料请读者参考变电运行信号分类有关文献。这里仅以常见微机保护为例，列举与运行相关的常见告警信号与处理方法。

1. TV 断线

"TV 断线"一般指母线 TV 断线，系线路保护测得母线电压不正常，如单相电压丢失或三相电压消失，均认为"TV 断线"。

(1) "TV 断线"的原因。

"TV 断线"的可能原因有：TV 一次侧失压、TV 本体存在故障、TV 二次熔断器熔断或空气断路器跳闸、保护电压空气断路器跳闸、TV 二次回路各触点接触不良、保护本身交流量采集系统异常等。

(2) "TV 断线"时保护的响应。

TV 断线，线路保护没有了母线电压作参考，与母线电压相关的保护无法判断故障发生的方向、位置，与母线电压量有关的保护模块应退出，以免误动。微机保护除发出告警信号外，保护配置也自动发生了相应变化：纵联保护部分判据和距离保护退出，零序保护不再带方向（可取 TV 开口电压者除外），同时可能投入 TV 断线零序电流保护和 TV 断线相电流保护作补充。"TV 断线"恢复，保护随即自动恢复正常运行。另外，在"TV 断线"判别和保护响应策略上，各线路保护生产厂家设计思路大同小异，请读者注意区别。

(3) "TV 断线"的处理。

TV 断线，尽管可能误动的保护已经自动退出，但为了保险起见，一般要求运行人员在 TV 断线时，将可能误动的保护退出。如距离保护、零序保护、保护自带低频低压减载等，然后汇报调度，按命令处理。

TV 二次有多个绕组，每个绕组都有一定的供电范围，并通过空气断路器

（或熔断器）形成一个供电网络。因此，TV 断线时应仔细判断，在确保保护不误动的前提下，尽快确定故障范围、性质，让可以继续运行的保护尽快恢复运行。

如果是单套保护 TV 断线，断线原因可能在本套保护范围；如果是接在同一段母线的所有线路保护同时发出 TV 断线，则可能是 TV 本身至电压小母线之间存在问题；对双重化配置的线路保护，如果是所有接在同一段母线同一套（如第一套）保护同时发出 TV 断线，而另一套保护正常，则可能是第一套保护所接 TV 的这组二次绕组至电压小母线之间存在问题。

如果没有空气断路器跳闸（或熔断器熔断），则可能是接触不良造成的，否则可能存在断路点。

进一步排查时，应使用万用表检查上述"TV 断线"可能原因提及的各个接触点的电压情况，必要时请检修专业人员到场处理。

（4）TV 断线检查与处理过程中应注意的问题：

①不要造成 TV 二次短路。

②更换熔断器或空气断路器时，型号要相同。

③慎用线路断路器运行状态下倒母线或 TV 并列操作，以免造成另一正常 TV 运行异常。

④TV 二次所有空气断路器（熔断器）只能试送电一次，再次跳闸（熔断）不得再送。

⑤如遇有 TV 本身喷油、冒烟等故障，应尽快通过断路器将电源切除，严禁使用隔离开关切除故障 TV。

一般 110kV 及以上线路的线路侧装有单相 TV，线路保护取其电压作为重合闸时"检同期"或"检无压"用，该 TV 也有断线的可能。当线路 TV 断线时，如重合闸已投入，保护将报出"线路 TV 断线"，但不闭锁保护，可将重合闸退出。电压恢复，保护信号自动消失。

另外，如果线路装设三相 TV 而母线装设单相 TV，如部分 500kV 变电站，则这里所讲的保护电压应取自线路三相 TV，在 TV 断线处理上也将与上面描述不同，请读者自行分析。

2. TA 断线

报"TA 断线"或"TA 不平衡"信号,系保护测得的零序电流超过告警值,也可能是保护测得的自产零序电流与外接零序电流相差较大,对于电流差动保护,还可能是两侧保护测得的电流相差较大,这些情况,保护均认为"TA 断线"。

(1) "TA 断线"的原因。

"TA 断线"的可能原因有:TA 一次侧三相电流存在较大不平衡、TA 本体存在故障、TA 二次回路各触点存在开路、保护本身交流量采集系统异常等。

(2) "TA 断线"时保护的响应。

TA 断线发生时,有一相电流变小或消失,三相电流不再平衡,不该有的零序电流出现了,因此,线路保护在 TA 断线发生时一般将闭锁零序保护。"TA 断线"恢复,保护随即自动恢复正常运行。对电流差动保护,可选择是闭锁还是告警,一般整定为报警不闭锁。

(3) "TA 断线"的处理。

TA 断线,尽管可能误动的保护已经自动退出,但为了保险起见,一般要求运行人员在 TA 断线时,将可能误动的保护退出,如零序保护、母差保护、主变压器差动保护等,然后汇报调度值班员,按调度命令处理。

TA 二次有多个绕组,每个绕组都有一定的供电范围,其供电范围内的设备通过串联形式构成一个闭环,因此,TA 断线时,其供电范围内的所有设备将同时受影响。

如果是该 TA 供电范围内所有装置均报"TA 断线",则可能是 TA 本身有问题;如果是某一绕组供电范围内所有装置均报"TA 断线",而其他绕组供电范围内的装置正常运行,则可能是该绕组存在开路问题。

TA 二次绕组开路,其开路点可能存在几千伏的危险高压,同时可能存在高压放电声、光,TA 本体将伴有异常声响,查找和处理时应注意避免高压触电。如需压接开路点,一般应将负载减小或使负载为零,必须使用合格的绝缘工具将开路点可靠压紧后,方可带电处理。

如 TA 本身出现喷油、冒烟等故障,人员应尽快撤离,并通过断路器将电源切除。必要时请检修专业人员到场处理。

3. 控制回路断线

线路断路器运行中发生控制回路断线，线路保护将无法实现断路器跳闸，这时，如果线路发生故障，系统将发生越级跳闸。越级跳闸涉及多套保护、多台断路器的同时响应，故障停电范围扩大。同时，如有保护配合考虑不周或某个设备动作不可靠，甚至可能发生设备重大损坏或引发系统故障。因此，线路断路器控制回路断线应及时处理，把故障损失控制在最小范围内。

发生线路断路器控制回路断线，应查看断路器控制电源是否正常，并力求恢复；如果是断路器操作机构储能不足，应力求恢复储能，并将断路器停运处理；如无法恢复储能或是因为断路器 SF_6 密度不足造成断路器无法断开，应想办法通过运行方式调整，用隔离开关将断路器隔离处理；如果断路器本身没有问题，但二次控制回路存在故障，控制电源无法投入，可以考虑使用断路器就地跳闸功能实施断路器手动分闸，尽快停运断路器。

目前 220kV 及以上线路基本按双重化配置，断路器一般有两个独立的跳闸回路，如果是单个控制回路断线，断路器还是可以切除故障，这种情况的处理节奏可以放缓。

4. 纵联保护通道异常

纵联保护通道异常，表明线路两侧主保护无法协同工作实现全线快速切除故障，线路该套主保护随时可能发生误动或拒动。因此，纵联保护通道异常，应汇报调度将本套保护两侧的主保护同时退出，等待处理。

纵联保护一般用于 220kV 及以上线路，而且线路保护均为双套配置，正如前述，两套保护一般采用不同原理实现，因此，纵联通道异常一般不会是两台纵联保护的通道同时发生异常，在异常处理上，应退出通道异常的主保护即可，同时确保另一套正常的纵联保护不受影响。

5. 保护死机

保护死机，线路已经失去该套保护，线路发生故障，该保护无法动作，可能发生越级跳闸。保护死机，可能是软件设计缺陷，也可能是硬件发生故障，或保护运行中受到较强的电磁干扰造成的，一般情况应重新启动微机保护。为预防保护误动，重新启动微机保护时应将保护出口连接片解除。

如果保护恢复运行，应加强保护运行监视，并在适当时候安排停电检查检验；如果保护死机无法恢复正常，运行人员应尽快征得调度同意将保护退出，或将线路停运，避免保护失配。

6. 保护掉电

保护掉电，如同保护死机，线路发生故障，该保护无法动作，可能发生越级跳闸。保护掉电，可能是保护直流电源供电故障，也可能是保护电源插件发生故障。运行人员应检查恢复保护直流电源供电是否正常，如果是保护电源插件故障，应尽快征得调度同意将保护退出，或将线路停运，避免保护失配。

（二）线路保护闭锁处理

线路保护闭锁一般是线路保护本身发生致命错误导致的。保护闭锁，本保护装置不再发挥作用，线路失去保护，电网中各保护之间的配合关系被打乱，线路发生故障可直接导致越级跳闸，急需处理。必要时，应考虑暂时停运该线路。当然，如果线路保护为双套配置，情况就不是那么紧急了。

1. 常见闭锁

保护在上电、重启和保护正常运行时，一般均进行保护自检活动，微机保护一般由多个CPU组成，因此，保护自检可能还包括多个CPU之间的互检活动，不同厂家在保护自检方面的设计不尽相同。保护自检一般包括"定值检验""保护程序校验""A/D通道自检""开入/开出检验""存储芯片校验"等。保护硬件故障，一般直接导致保护闭锁。

2. 闭锁处理

保护闭锁，一般是保护发生致命错误，保护功能已经闭锁，而且运行人员基本无法恢复，就算一时得到恢复，但保护闭锁也可能随时继续发生，因此，运行人员应通过调度直接将保护退出，或将线路停运，避免保护误动或拒动。

第二节 主变压器继电保护

一、主变压器保护各模块之间的配合

（一）主变压器保护基本模块

1. 主保护

变压器主保护与线路主保护的范围相似，是变压器各侧断路器 TA 范围内故障的快速保护。变压器主保护保护范围示意图如图 6-5 所示。

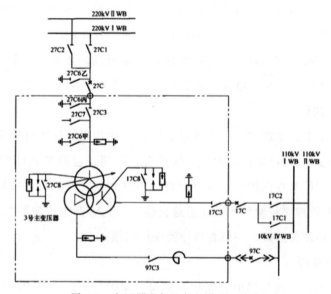

图 6-5 变压器主保护保护范围示意图

35kV 及以上变电站油浸式变压器一般配有气体保护和差动保护作为变压器主保护。主保护动作，0s 跳开变压器各侧断路器。

（1）差动保护。

差动保护包括两个模块，即上图阴影范围内各侧 TA 构成的电流差动保护和电流差动速断保护。电流差动保护模块保护动作需要经过变压器励磁涌流闭锁，而差动电流速动不需要；差动速断定值高，在变压器区内发生严重短路故障时，在 TA 电流饱和差动拒动时设置的保护。

(2) 气体保护。

变压器内部发生匝间短路时,差动电流可能不大,差动保护可能无法动作切除故障,类似这样的主变压器故障,需要用气体保护才能快速切除。变压器匝间短路虽然在差动回路的电流不大,但在短路的匝间,短路电流依然可以达到几千安,变压器的内部可产生大量油气,因此,气体保护可以有效保护变压器内部的匝间短路等各种故障,这是差动保护难以替代的。

气体保护包括动作于信号(轻瓦斯保护)和动作于跳闸(重瓦斯保护)两种方式,轻瓦斯保护只报告警信号,而重瓦斯保护出口跳闸。这里提及的气体保护均指重瓦斯保护。

变电站多数变压器具有载调压功能,调压需进行分接头切换,变压器油油质劣化快,因此,这种变压器一般设有本体油系统和调压油系统,并分别设置气体保护,即"本体气体保护"和"调压气体保护"。

2. 后备保护

变压器涉及多个电压等级的多个系统,保护接线复杂。为简化起见,以图 6-6 所示 220kV 常见变压器接线来介绍保护的配置。

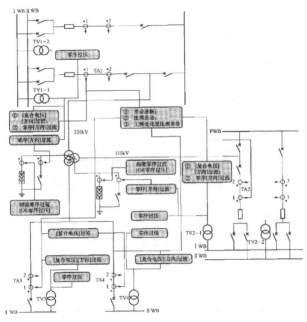

图 6-6 220kV 常见变压器接线保护配置

注:1. 图中所示保护在一台装置中实现,所有量只接入装置一次。

2. 利用第二组 TA 和第二台装置完成第二套保护功能（与第一套完全相同）。

3. 构成双主、双后备 [ ] 内选项可投退。

4. 复合电压可选各侧复合电压，或各侧复合电压的"或"。

图 6-6 是 RCS－978H 变压器保护的典型配置。从图 6-6 中可以看出变压器主保护、后备保护电气量的出处，这样将更方便、更准确地掌握变压器各保护模块的保护范围和配合关系。

(1) 复压过流保护。

复压过流保护，即复合电压过电流保护，主要作为变压器区内外相间故障的后备保护。复压过流保护通过保护整定可选择各段过流是否经过复合电压闭锁，是否经过方向闭锁，是否投入，经多长时间跳哪些断路器。

图 6-6 变压器各侧均装有复压过流保护，接入保护的电流取自各侧断路器 TA，因此，该保护若带方向，其分界点在各侧断路器 TA 处。一般地，复压过流保护均经复压闭锁，特别是动作较为灵敏的复压过流 I 段保护；变压器电源侧的复压过流，复压过流 I 段保护可能经方向闭锁并指向变压器。

各段复压过流保护一般经过多个延时出口不同对象，图 6-7～图 6-9 所示为变压器各侧复压过流保护配合逻辑示意图，是以一 180MVA 降压变压器 RCS—978 保护的具体整定绘制而成，图中仅包括变电器各侧复压过流保护的动作和出口逻辑。

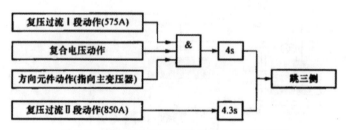

图 6-7 高压侧复压过流保护配合逻辑示意图

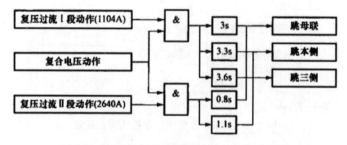

图 6-8 中压侧复压过流保护配合逻辑示意图

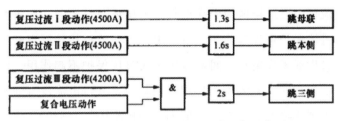

图 6-9 低压侧复压过流保护配合逻辑示意图

复合电压过电流既是主变压器的后备保护，也是相邻元件，特别是中低压侧系统的后备保护。如：主变压器低压侧（10kV）母线一般不装设母线差动保护、10kV 断路器不装设失灵保护，10kV 线路故障，断路器或保护拒动，故障将依靠主变压器低压侧复压方向过流切除（1.3s 跳母分断路器，1.6s 跳主变压器低压侧断路器），同样，10kV 母线故障也按上述方式切除；110kV 系统也基本相仿，只是 110kV 母线故障将由母差保护动作切除，如果母差保护没有动作，将由主变压器中压侧复合电压过电流后备保护动作切除故障。

复合电压从取自各侧母线 TV 的二次电压进行故障特征判断，如果出现一定值的低电压或负序电压，即可认为系统出现故障，复合电压闭锁开放，允许保护动作跳闸。变压器保护所提及的"复压"，一般是各侧复压元件的"或"，即只要有一侧复合电压元件动作，变压器各侧复压闭锁均开放。这在运行中要特别注意，处理某一侧 TV 电压异常时，要兼顾主变压器其他侧的复压过流保护的投退。

（2）零序过流保护。

零序过流保护，主要作为变压器中性点接地运行时接地故障的后备保护。通过整定控制字可控制各段零序过流是否经方向闭锁，是否经零序电压闭锁，是否投入，经多长时间跳哪侧断路器。

零序保护的分析与复压过流相仿，只是 10kV 系统不使用，具体保护配合关系参考本节表 6-7，并按上述方法自行分析总结。

（3）间隙零序过流保护、零序过压保护。

间隙零序过流保护、零序过压保护实际上是两套保护，如图 6-6 所示，它们分别取自变压器中性点间隙 TA 和母线 TV。间隙零序过流、零序过压保护有别于变压器各侧的零序过流保护：前者在中性点不接地运行时使用，后者用在中性点接地运行时。当变电器中性点接地运行时，系统发生单相接地故障，故障电流可以通过接地的中性点与大地构成通道流通，变压器出现零序电流，零序过流保护可以起作用；由于中性点间隙被接地隔离开关短接，中性点间隙不会出现零序电量，间隙零序过流过压保护不起作用。而当变压器中性点不接地运行时，系统发生单相接地故障，故障电流没有通道流通，中性点间隙将出现危险工频过电压（可威胁变压器中性点绝缘）。这个过电压由主变压器中性点避雷器、零序过压保护、间隙零序过流保护各司其职、各自从不同角度共同保护变压器中性点的绝缘安全。一般情况下零序过压保护0.5s跳三侧断路器；中性点间隙一旦击穿，考虑与变压器220kV及110kV线路全线快速保护配合，间隙零序过流保护一般取1.2s跳三侧断路器。

3. 其他保护功能

(1) 反应变压器对称过负载的过负载保护。

对于400kVA及以上的变压器，当数台并列运行或单独运行并作为其他负载的备用电源时，应根据可能过负载的情况装设过负载保护。对自耦变压器和多绕组变压器，保护装置应能反应公共绕组及各侧过负载情况。过负载保护应接于一相电流上，带时限动作于信号。在经常无值班人员的变电站，必要时过负载保护可动作于跳闸或断开部分负载。

(2) 反应变压器过励磁的过励磁保护。

大型变压器的额定磁密接近于饱和磁密，频率降低或电压升高时容易引起变压器过励磁，导致铁心饱和，励磁电流剧增，铁心温度上升，严重过热会使变压器绝缘劣化，寿命降低，最终造成变压器损坏。500kV变压器应装设过励磁保护。

(3) 反应变压器不正常运行工况的其他非电量保护。

主要由绕组温高、油温高、冷却器全停、压力释放、压力突变、本体油位异常等构成，在此不一一介绍。

(二) 主变压器保护各模块之间的配合

主变压器保护的保护模块多，配合关系复杂，跳闸对象（断路器）各异，表6-1列出上述保护的一般配合关系，方便读者从运行角度对主变压器保护动作情况的分析。

表6-1 主变压器保护配合关系（以三圈变为例）汇总表

保护名称	保护范围	动作后果	用途说明
差动保护	主变压器三侧断路器TA之间	①跳各侧断路器；②启动断路器失灵保护	主变压器三侧断路器TA之间各种故障（含主变压器内部）瞬时动作的主保护
气体保护	主变压器油箱内部	跳各侧断路器（不启动失灵保护）	作为主变压器内部故障的主保护。轻瓦斯动作报信，重瓦斯动作跳三侧断路器，不启动断路器失灵
负压过流	电压量取三侧母线或引线TV，电流量取各侧断路器（成套管）TA	①依次跳母联、母分断路器→路本侧断路器→跳各侧断路器；②启动断路器失灵保护	作为主变压据内部相间故障的近后备和外部相间故障的远后备，低压侧母线相间故障的主保护
零序过流	电压量取三侧母线TV，电流量取各侧断路器（或容管）TA，中性点TA	①依次跳母联、母分断路器→跳本侧断路器→跳各侧断路器；②启动断路器失灵保护	作为主变压器中性点接地运行时，内部接地故障的近后备和外部接地故障的远后备
中性点间隙过流	电流量接主变压器中性点间隙TA	①路各侧断路器；②启动断路器失灵保护	作为变压器中性点不接地时，接地故障的近后备和外部接地故障的远后备
中性点间隙过压	电压量接母线TV开口三角	①路各侧断路器；②启动断路器失灵保护	作为中性点不接地变压器接地故障的近后备和外部接地故障的远后备
过励磁保护	电压量接主变压器高压侧TV	①跳各侧断路器；②启动断路器失灵保护	①为500kV主变压器因电压升高或频率降低而过励磁的主保护；②低定值延时段动作于信号，高定位延时段动作于跳闸

二、主变压器保护运行管理

(1) 变压器差动保护必须作空载合闸试验,确认差动保护躲过励磁涌流的能力。

(2) 110kV 及以上中性点有效接地系统中,投运或停运变压器的操作,中性点必须先接地。投入后可按系统需要决定中性点是否断开。

(3) 三绕组变压器,高压侧或中压侧开路运行时,应将开路运行线圈的中性点接地,并投入零序过流保护;同时,在主电源侧断路器断开而变压器继续运行时,应通知继保专业人员校验差动保护灵敏度。

(4) 主变压器差动保护和气体保护不能同时退出运行,因为只有二者同时投入,主变压器内部故障、外部故障 0s 速动才有保障。如确需退出,考虑安全责任,必须经本单位领导同意。

(5) 一般而言,变压器非电量保护除了气体保护投跳闸外,其他非电量保护,如压力释放动作、温度高等,仅报信号提醒运行人员注意处理。但非电量保护不跳闸不是绝对的,应按相关规定执行。

(6) 以下情况应退出气体保护:变压器带电换油、滤油,更换呼吸器硅胶或气体继电器二次回路工作等。

(7) 注意 TV 断线时退出相应保护。变压器复压过流保护的"复压"一般取自变压器各侧 TV,而且任一侧 TV 复压动作,三侧复压过流保护的"复压闭锁"均开放。但是,保护装置一般可以通过连接片选择本侧"复压"是否参与闭锁,如果本侧 TV 断线,应将本侧"复压"闭锁退出。不同的保护装置,"应将本侧复压闭锁退出"有不同的做法,有些是连接片投入时"参与闭锁",有些则是连接片退出时"参与闭锁",有些是仅对部分高、中压侧保护有效,等等,形式多样,读者要注意针对不同保护自行整理归纳。另外,高、中压侧复合电压对低压侧故障的灵敏度不够,变压器低压侧 TV 断线,变压器低压侧复压过流一般改为不经复压闭锁的纯过流保护。

(8) 注意管理好断路器失灵保护。220kV 系统均配有断路器失灵保护,旁代时也是如此。线路被旁代时,本线原有保护全部退出(高频通道除外),保护功能完全由旁代保护替代。但主变压器断路器被旁代时,主变压器保护只是将本来取自主变压器高压侧 TA 的电流量改为取自旁代断路器，把本来应出口跳开主变压器高压侧断路器的跳闸指令改为出口跳开旁路断路器。这样，变压器就有了"旁路断路器失灵启动连接片"和"高压侧断路器失灵启动连接片"，高压侧断路器被旁代时，"旁路断路器失灵启动连接片"应投入，"高压侧断路器失灵启动连接片"应退出，旁代结束时，连接片要及时恢复。值得提出的是，中、低压侧后备保护出口跳高压侧断路器的同时，也会启动高压侧断路器失灵保护。但是，不同的装置，可能有些须经连接片选择投退，有些却没有，应注意识别，切勿出错。

（9）主变压器断路器旁代过程注意主变压器差动保护的正确投退。如前所述，主变压器断路器被旁代时，主变压器保护将本来取自主变压器高压侧 TA 的电流量改为取自旁代断路器，但这有个操作过程，而且此期间主变压器差动保护退出。以 220kV 侧为例，一般在 220kV 旁路断路器操作到热备用时，要投入主变压器差动保护 220kV 旁路断路器差动交流电流回路的切换连接片，同时断开接地切换连接片（TA 回路电流在不用时是三相短接并接地的），将旁路断路器的电流接入主变压器差动保护；当操作至主变压器旁路断路器合上而高压侧断路器热备用时，要退出主变压器差动保护 220kV 断路器差动交流电流回路的切换连接片，同时短接接地切换连接片，将 220kV 断路器 TA 电流退出主变压器差动保护。否则，当主变压器断路器与旁路断路器合上时，由于旁路断路器分走了部分电流，流入主变压器差动保护的电流有缺失，主变压器差动保护可能误动切除变压器。RCS—978H 保护引入"一个半断路器"概念，把主变压器高压侧 TA 和旁路 TA 同时引入装置并在旁代操作期间进行软件"和电流"计算，主变压器差动保护不误动，旁代过程可以不退出主变压器差动保护。

（10）注意高阻抗变压器保护失配问题。高阻抗变压器可以有效限制系统短路电流、提高变压器的抗短路能力，因此，高阻抗变压器在电力系统得到越来越多的应用。但是，高阻抗变压器限制短路电流的同时，使得变压器后备保护和下一级保护可能失配，主变压器低压侧故障，只能依靠变压器差动保护切除故障，变压器的后备保护可能无法动作。运行中，此类变压器不得退出差动保护，在发现差动保护没有动作而低压侧故障存在时，应立即手动断开变压器各侧断路器。

主变压器是多个电压等级的连结体,涉及不同电压等级电流变比转换、不同电压等级后备保护配合,以及出口跳闸、启动失灵对象繁多等问题。当然,随着微机保护的发展,一些复杂的二次回路设计及连接片投退要求正逐步消失,保护的运行管理正逐步简化。但是,系统内老式保护依然存在,主变压器保护的管理要求依然较高。

三、主变压器保护常见异常处理

1. 主变压器保护告警处理

当保护装置检测到装置长期启动、不对应启动、装置内部通信出错、TA断线或异常、TV异常时,发出装置报警信号。此时装置还可以继续工作,但部分保护功能可能已经闭锁,系统保护适配,应汇报调度作必要调整。另外,保护动作也有告警信号。主变压器保护常见告警的检查与处理参见表6-2。

表6-2 主变压器保护常见告警的检查与处理表

异常信号	检查与处理
差动保护电源消失	表明差动保护装置电源消失;应检查该保护屏后的差动保护装置电源空气断路器是否合上,电源回路是否正常,无法恢复时应及时汇报调度及检修部
后备保护电源消失	表明后备保护装置电源消失;应检查该保护屏后的后备保护装置电源空气断路器是否合上,电源回路是否正常,无法恢复时应及时汇报调度及检修部
保护TV断线	表明保护的TV回路断线;应检查保护屏的交流电压空气断路器及其回路是否正常,各母线电压切换继电器是否正常,即母线侧隔离开关是否接触良好及各母线TV二次回路是否正常,若短时间内不能恢复则应向地调申请解除保护相应侧的复压闭锁元件投入连接片
保护差动电流越限	表明保护的差动保护的差动电流越限,不闭锁保护,表明差动电流回路存在问题或装置定值整定有问题;不论是否存在自动复归现象,应申请解除主变压器差动保护,检查保护TA二次回路及接线端子情况,及时查看差动保护的差流值是否达到整定值,同时汇报检修部。这期间,主变压器负载不能进一步升高,避免主变压器调压

续表

异常信号	检查与处理
其他保护TA断线	表明其他保护的TA回路断线,不闭锁保护;不论是否存在自动复归现象,均应检查保护TA二次回路及接线端子情况,同时汇报调度及检修部。TA回路恢复时保护装置告警自动复归,如一时无法恢复,应申请主变压器保护退出运行,进行检修
差动保护动作	表明差动保护动作出口;应到现场检查断路器及保护动作情况,并汇报调度,按事故处理相关规定处理
气体保护动作	表明变压器内部存在故障,应检查主变压器本体及气体继电器动作情况,检查压力释放阀等,停止潜油泵运转,并汇报调度,按事故处理相关规定处理
高后备保护动作 中后备保护动作 低后备保护动作	表明相应侧后备保护动作出口;应到现场检查断路器及保护动作情况,并汇报调度,按事故处理相关规定处理
过负载	表明主变压器过负载,延时发信;应及时查看主变压器此时的电流,经核实后应及时汇报调度,及时转移负载,进行减载,并加强冷却及监视,按过负载规定处理
过励磁	可能是系统电压过高或频率异常降低,500kV变压器使用。应加强系统电压、频率监视,通过调度对系统进行调压、调频,尽快使之恢复正常
油温高、绕组温度高	表明油温高、绕组温度高,一般只告警不跳闸,有可能确实是油温高、绕组温度高,也有可能是温度计异常或绕组温度电流补偿装置异常引起,应参照负载和其他温度监测判断虚实再行处理。如确实属于主变压器温度异常升高,应设法转移负载,主变压器检修;如属个别温度计测温异常又不影响温度监视,可纳入计划停运消除缺陷

2. 主变压器保护闭锁处理

当保护装置检测到装置本身硬件故障时,发装置闭锁信号,闭锁整套保护。硬件故障包括:RAM异常、程序存储器出错、定值无效、光电隔离失电报警、DSP出错和跳闸出口异常等。此时装置不能继续工作,应报告调度退出保护或将变压器停运。

当保护监测到差动保护 TA 断线时,差动保护闭锁,运行人员均应检查保护 TA 二次回路及接线端子情况,及时查看差动保护的差流值是否达到整定值,同时汇报调度及检修部,无论是无法恢复或自动复归,均申请解除主变压器差动保护。

第三节 母线继电保护

一、母线保护各个模块的基本原理及其配合

对变电站而言,架空线路故障,由线路主保护快速切除,保证系统的稳定,但它一般只保护到线路 TA 安装处,变压器保护也是如此。母线故障,同样要求快速切除故障,这将由母线保护实现。二者保护范围分界示意图如图 6-10 所示。

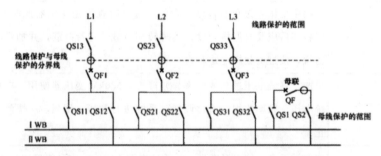

图 6-10 母线保护与线路保护的保护范围分界示意图

母线保护一般包括母差保护、断路器失灵保护、母联充电过流保护等模块,不同厂家产品存在差异。下面,以深圳南瑞 BP—2B 为例,从运行管理角度简要介绍母线保护主要模块的功能。

(一)母差保护功能

母差保护即母线各连接单元电流差动保护,正常运行和区外故障时,流入差动元件电流为零(不平衡电流),保护不动作;母线故障时,流入差动元件的电流为故障电流,差动元件动作切除连接本段母线的所有断路器,实现母线故障的快速切除。因此,母差保护是母线的主保护。

在母线保护实际应用中,考虑到母线的重要性,为防止母差保护误动,

220kV系统一般要增设电压闭锁元件,差动元件动作与电压闭锁元件同时动作才允许保护出口跳闸。500kV系统一般采用3/2接线,母差保护不经电压闭锁。

110kV、220kV变电站母线接线形式以双母线接线最为普遍,下面仅以双母线接线的母线保护为例进行介绍。

双母线接线可能出现三种运行方式：双母线并列运行、双母线分列运行以及倒母线操作期间的母线互联运行,对应母线的这三种运行方式,母差保护通过调整实现自动适应,能最大限度满足母线保护的快速性和选择性。

1. 双母线并列运行

双母线并列运行,即母联断路器合上,接线如图6-11所示。

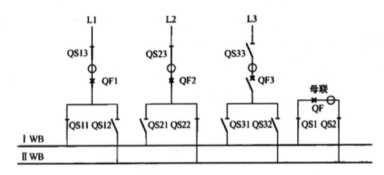

图6-11 双母线并列运行示意图

假设ⅡWB母线故障,母差保护应能识别故障母线并选择性切除ⅡWB母线,ⅠWB母线保持继续运行。双母线并列运行母差保护各元件配合关系如图6-12所示。

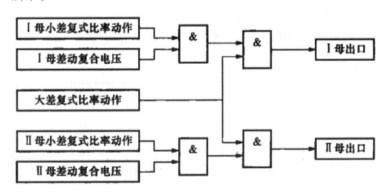

图6-12 双母线并列运行母差保护各元件配合示意图

实际母差保护中增加大差元件（取两段母线除母联外的母线上所有支路电流），大差元件与小差元件（取该段母线相连接的各支路电流，其中包括了与该段母线相关联的母联电流）差别在于小差元件只保护其中一段母线，而大差元件把两段母线进一步"揉"在一起，即把两段母线看成一段母线对待，两段母线的任何一段母线故障，大差元件均会动作。

从图6-12上可以看出：母差保护使用大差比率差动元件作为区内故障判别元件，使用小差比率差动元件作为故障母线选择元件。如ⅠWB母线发生故障，"Ⅰ母小差动作"+"Ⅰ母复合电压动作""大差动作"，"Ⅰ母出口""Os"跳ⅠWB母线所有断路器，切除故障。

2. 母线互联运行状态

母线互联，主要用在母联断路器合上时进行倒母线操作的保护，如图6-13所示，进行L1单元倒母线时，由于某些原因，在倒母线期间母联断路器意外跳闸，可能造成QS12隔离开关带负载拉合。

此外，当QS11、QS12隔离开关同时合上时，可能造成Ⅰ母、Ⅱ母小差保护不必要的动作，如图6-14所示。基于以上两个原因，有必要设置在倒母线期间，让母差保护尽早进入"母线互联"状态，并按"母线互联"逻辑对母线进行保护。

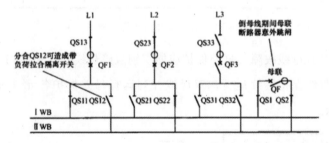

图6-13 倒母线期间母联断路器意外跳闸，可造成QS12隔离开关带负荷拉合示意图

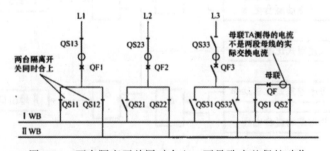

图6-14 两台隔离开关同时合上，可导致小差保护动作

母线互联状态，母差保护各模块配合关系如图6-15所示。从图6-15上可以看出，母差保护不进行小差计算，小差保护退出。任何一段母线故障，母差保护将无选择地切除两段母线。因此，除非必要，母差保护工作在互联状态的时间应该尽量缩短。

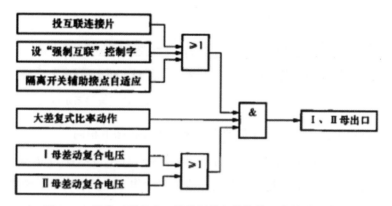

图6-15 母线互联状态，母差保护各模块其配合关系示意图

母差保护确认进入"互联状态"有三种方式：手动投入"互联"连接片、保护整定为"强制互联"、任何单元（不含母联、母分单元）母线侧两台隔离开关同时合上（即图中"隔离开关辅助触点自适应"）。任何一种方式生效，保护都将进入"互联状态"。一般是在倒母线操作前手动投入"互联"连接片，实现尽早进入"母线互联"状态。

3. 母线分列运行状态

母线分列运行，即母联断路器断开，两段母线没有电气联系独立运行，它们甚至可能连接着不同的系统，接线如图6-16所示。

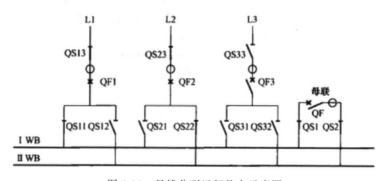

图6-16 母线分列运行状态示意图

母线分列运行状态,母差保护各模块配合关系如图 6-17 所示。相比母线并列运行,母线分列运行时,母线短路容量降低。而且,母线故障时,非故障母线还可能有流向线路的电流,这将影响大差元件动作灵敏度。因此,母差保护在母线分列运行时,将自动降低大差比率制动系数来满足母差保护的灵敏度。

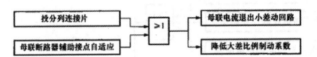

图 6-17　母线分列运行状态,母差保护各模块配合关系示意图

注:除以上两点,其他保护动作情况与正常状态下相同。

母线分列运行时,死区发生故障(即故障点位于母联断路器和母联 TA 之间),如图 6-18 所示。此时,Ⅰ段母线母差动作,然后启动母联断路器失灵保护跳Ⅱ段母线各断路器,如果两母线的复合电压闭锁均开放,则造成母线完全退出运行;如果故障时Ⅰ段母线复合电压闭锁不开放(因故障点在Ⅱ段母线),Ⅱ段母线复合电压闭锁开放,会造成保护拒动。因此,在母线分列运行时,母差保护自动将母联 TA 电流退出小差保护,若发生图 6-18 所示故障时,小差差动保护就会正确出口跳Ⅱ段母线所有断路器,切除故障。

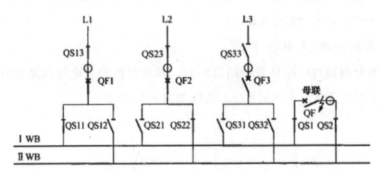

图 6-18　母线分列运行时,小差保护退出,死区发生故障保护能正确切除故障示意图

同样,母差保护确认进入"分列运行状态"有两种方式:手动投入"分列"连接片、母联断路器已断开。任何一种方式生效,保护都将进入"互联状态"。

(二)断路器失灵保护

断路器失灵属近后备保护,它在故障设备主保护动作而相应断路器拒动时，通过母线保护切除本段母线所有断路器，达到切除故障的目的。比如220kV线路故障，线路主保护动作发出跳闸命令而本线断路器拒动，则由断路器失灵保护发出命令切除与该断路器相连的其他所有断路器。

断路器失灵保护主要用在220kV及以上系统。BP—2B母线保护断路器失灵保护模块配合如图6-19所示。"外部保护动作"的保护可以是线路保护、主变压器保护（但不包含非电量保护，如气体保护）、母线保护中的差动保护、充电保护等。这些保护出口跳某台断路器的时候，同时启动该断路器失灵保护，以便在该断路器拒动时（这时故障依然存在，故障电流、异常电压没有解除），短延时使该段母线所有断路器跳闸切除故障；"过流动作"可以取自母线保护自带电流测量模块，也可以由外部保护配置。

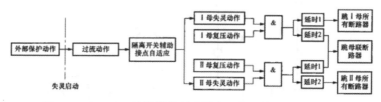

图6-19　BP—2B母线保护断路器失灵保护模块配合示意图

另外，对于变压器或发变组间隔，变压器故障时母线复合电压闭锁元件不一定动作。从图上可以看出，复合电压元件没有动作，失灵保护无法出口跳闸，这将导致断路器高压侧断路器失灵时，母线保护的断路器失灵保护拒动。因此，BP—2B母线保护的断路器保护模块增加"主变压器失灵解除电压闭锁"的开入触点。当该主变压器高压侧断路器失灵保护启动触点和"主变压器失灵解除电压闭锁"的开入触点同时动作，断路器失灵保护将不经复压闭锁直接出口，避免拒动。

必须指出，母联断路器是一个比较特殊的角色，并不是所有保护出口跳母联断路器都会启动母联断路器失灵保护。在BP—2B母线保护中，母联断路器的失灵保护配合关系如图6-20所示。只有当母联断路器作母联运行时，母差保护动作或充电保护动作，母联断路器方能通过"封母联TA导致另一段母差保护动作切除其他断路器"方式实现母联断路器失灵保护功能。

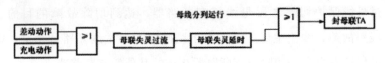

图 6-20 BP—2B 母联断路器失灵保护、死区故障保护实现逻辑图

注:"封母联 TA"为母联 TA 的电流不计入母差电流回路的简称,下同。

图 6-20 逻辑也实现母联断路器的死区保护。双母线并列运行时发生母联断路器死区故障,如图 6-21 所示。Ⅰ母差动保护动作跳开Ⅰ段母线所有断路器后,故障电流依然存在,这时"差动动作"将启动母联断路器失灵保护,将母联接入Ⅱ母的电流剔除,Ⅱ母差动保护动作跳开Ⅱ段母线所有断路器,切除故障。

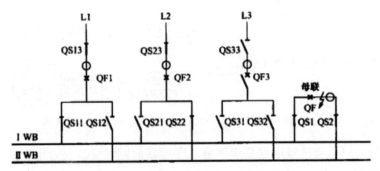

图 6-21 母线并列运行时,母联死区发生故障保护能正确切除故障示意图

(三) 母联充电、过流保护

充电保护、过流保护是母线保护的辅助保护,它们保护功能简单、可靠,只反映母联 TA 电流,不经电压闭锁,直接出口母联断路器。充电保护、过流保护模块配合如图 6-22 所示。

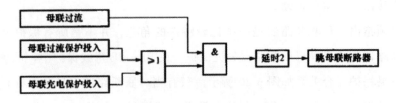

图 6-22 充电保护、过流保护模块配合示意图

从某种意义上讲,充电保护、过流保护可以简单认为就是一个定值较低、动作灵敏的简单电流保护,只是"充电保护"更为"谨慎",它只在母联断路器合闸瞬间(200ms 内)有保护作用,随后自动退出;而过流保护的保护功

能将一直存在，直到运行人员手动退出。

过流保护可以作为线路（变压器）的临时应急保护。在新设备启动送电期间，过流保护（或充电保护）由于其动作灵敏，投退（整定）简单，得到广泛运用。使用中应注意：

（1）使用母联充电、过流保护对主变压器充电，延时为 0.5s，对线路和母线充电不延时；充电正常后应注意及时退出保护。

（2）目前 220kV 系统可能安装有独立的母联断路器保护装置，母线保护中的这些母联充电、过流保护功能可能不使用。

二、典型母线保护运用

（一）常见母线保护

1. BP—2B 型母线保护装置

BP—2B 型母线保护装置适用于 500kV 及以下电压等级，包括单母线、单母分段、双母线、双母分段以及 3/2 接线在内的各种主接线方式，最大主接线规模为 36 个间隔。

2. RCS—915 型母线保护装置。

RCS—915 型母线保护（南瑞保护生产）适用于各种电压等级的单母线、单母分段、双母线等各种主接线方式，母线上允许所接的线路与元件数最多为 21 个（包括母联），并可满足有母联兼旁路运行方式主接线系统的要求。

（二）常见母线保护的差异

1. 基本模块原理、功能差异

RCS 915 母线保护与 BP—2B 母线保护对比，主要在差动保护模块、母联失灵保护模块及母联死区保护模块的工作逻辑上有所差别。

（1）差动保护。

RCS—915 母线保护差动保护模块配合关系示意图如图 6-23 所示。

差异点：与 BP—2B 保护相比，RSC—915 保护增加了独立的母联跳闸回路。当两段母线任意一段复压动作，且大差动动作时出口跳母联断路器。

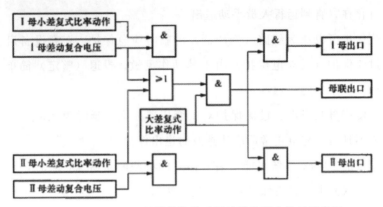

图 6-23 RCS—915 母线保护差动保护模块配合关系示意图

(2) 母联断路器失灵保护。

RCS—915 母联断路器失灵保护模块配合如图 6-24 所示。

差异点：BP—2B 保护与 RSC—915 保护均经过保护动作和母联过流的判别，但 BP—2B 保护采用"封母联 TA"再进入正常母差保护程序的方式跳另一段母线，RSC—915 保护则采用再次判断两段母线复压方式出口跳两段母线。

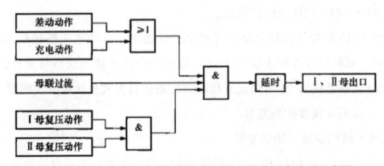

图 6-24 RCS—915 母联断路器失灵保护模块配合关系示意图

(3) 母联死区保护。

双母线并列运行时发生母联死区故障，见图 6-21。这时，Ⅰ母差动保护动作跳开Ⅰ段母线所有断路器后，故障电流依然存在，Ⅰ母小差、大差不返回，母联死区保护动作跳开Ⅱ段母线所有断路器。母联死区保护模块配合关系图如图 6-25 所示。

第六章 继电保护及自动化装置运行、检查与异常处理

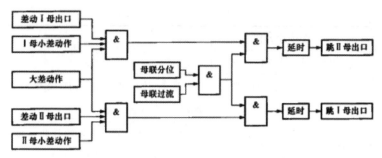

图 6-25 母联死区保护模块配合关系示意图

为防止母联断路器在跳位时（母线分列运行）发生死区故障将母线全切除，当两母线都有电压且母联断路器在跳位时母联电流将不计入小差，死区故障母差保护依然具有选择性。

由此可见，母联死区故障，BP—2B 和 RCS—915 保护的动作结果相同，但 BP—2B 保护较为简单，仅需判断母联断路器分位，即采用封母联 TA 再进入正常母差保护程序的方式跳另一段母线，而 RSC—915 保护工作原理较为复杂。

2. 保护连接片及连接片功能

BP—2B 和 RCS—915 保护连接片功能的对照参见表 6—3。

表 6—3 BP—2B 和 RCS—915 保护连接片功能对照图

连接片类型	连接片名称		备 注
	BP—2B	RSC—915	
跳闸连接片	断路器跳闸连接片	断路器跳闸连接片	正常运行时均应投入。当对应的断路器转检修或护装置试验时，该连接片解除
失灵连接片	断路器失灵启动连接片	断路器失灵启动连接片	正常运行时均应投入。当对应的断路器转冷备用或检修或保护装置试验时，该连接片应解除
	主变压器解除失灵复压闭锁连接片		正常运行时均应投入。当主变压器转冷备用或检修及保护做试验或退出时解除此连接片
		投失灵连接片	正常运行时应投入；该连接片解除时，则 220kV 失灵保护解除

续表

连接片类型	连接片名称		备 注
	BP—2B	RSC—915	
其他连接片		投母差连接片	正常运行时应投入；该连接片解除时，则220kV母差保护解除
	分列连接片	分列连接片	母联断路器合闸前，必须解除此连接片，母联断路器分闸后，则必须投入此连接片
	互联连接片	互联连接片	该连接片投入时，实现母差保护单母差方式。当进行母线热倒操作前应投入，完成热倒、检查正常后应解除
	过流连接片	过流连接片	一般取消不用
	充电连接片	充电连接片	一般取消不用

三、母线保护运行管理

1. 母线保护装置投运操作步骤

（1）检查屏后电缆，确认与安装图纸一致，确认所有临时接线和防护措施已经恢复。

（2）确认所有连接片退出、交流电压空气断路器合上。

（3）合上直流电源。

（4）检验交流回路良好，电压正常，无差流。

（5）确认母线模拟图的显示与实际的运行方式相对应。

（6）校对装置时钟。

（7）按调度定值整定通知单整定定值，打印一份清单核实无误后存档。

（8）装置经检查无误后，将出口触点的软件控制字设置为投入状态，投跳闸出口连接片，装置正式投入运行。

（9）按需要投入保护连接片。

2. 母线保护装置日常巡视要求

（1）正常情况下，母线差动保护应投入运行。

（2）液晶显示器的运行方式接线模拟图指示位置应与实际相符。

(3) 保护屏上各交直流空气断路器均投入正常。

(4) 二次连接片投、退位置正确，压接牢固，标识清晰准确，连接片上无明显积尘和蜘蛛网。

(5) 转换开关投、退位置正确，标识清晰准确。

(6) 液晶屏开入量显示正常，无异常告警信号。

(7) 装置的各个运行指示灯指示正常。

(8) 打印机应在开机状态，打印纸应安装良好。

(9) 屏内二次标识完整、正确。

(10) 二次接线无松脱、发热变色现象，电缆孔洞封堵严密。

(11) 屏内外整洁干净，屏内无杂物、蜘蛛网。

3. 相关运行要求及注意事项

(1) 母差保护全部退出而母线继续运行，要求按稳定校核结果相应修改对侧系统后备保护时间和本站变压器相同电压等级的后备保护时间，一般是缩短相连设备后备保护动作时间，以便母线故障时能加快切除。这期间，禁止倒母线操作。

(2) 进行倒闸操作时，应检查母差、失灵保护屏上主接线图上隔离开关辅助触点是否与实际位置一致，同时应注意按保护屏上"信号复归"按钮RT，进行"开入变位"信号复归。

(3) 当巡视或操作中发现装置液晶显示主接线图与现场不一致时，应检查隔离开关位置是否正确，确认无误后，可强制隔离开关位置触点与一次系统对应，然后汇报专业人员处理，等待该辅助节点回路异常处理完毕后，才允许对该元件进行一次设备的操作。

(4) 母差保护每月应进行一次差流检查；同时记录差流值和负载电流值；倒闸操作后也应进行差流记录。

(5) 对无人值班站的母差保护动作及线路永久故障，应到现场检查，在未弄清保护动作情况前，不得随意复归信号和一次强送电。

(6) 母线试送电时，若线路跳闸同时母线失灵保护动作，不得用本线路断路器对母线试送电。

四、母线保护常见异常处理

(一)"TA 断线"告警信号

当母线大差三相电流任意相超过 TA 断线定值,延时报该告警信号。此时母差保护被闭锁(母线保护的其他功能不闭锁),无论该信号是否自动复归,运行人员应立即将该套保护解除,并通知检修人员对 TA 二次回路进行检查处理,未经处理不得擅自复归。"TA 断线"信号消失后,运行人员需手动复归信号,解除闭锁恢复母差保护正常运行,并在复归后待保护运行 10s 无闭锁信号,才可将保护改为跳闸。

母联间隔出现电流回路断线,不发"TA 断线"信号,不闭锁母差保护,而是发"互联"信号,同时母差保护自动转入母线互联状态(单母运行),失去对故障母线的选择性。母联间隔电流回路正常后,运行人员需手动复归信号,恢复母差保护正常运行。

500kV 系统一个半开关接线的母线保护,"TA 断线"一般分为告警与闭锁两段,"TA 断线"告警信号出现时不闭锁母差保护。

(二)"TV 断线"告警信号

当某段母线电压低于 TV 断线定值延时报该告警信号。此时除该段母线的复压元件一直处于动作状态,母线保护的其他功能不受影响。运行人员应检查该保护装置情况,检查保护屏的电压空气断路器是否正常合上,母线电压回路是否正常,无法恢复时应通知检修人员处理。"TV 断线"信号消失后,保护装置自动延时恢复正常运行,无需人工复归。

(三)"开入异常"告警信号

BP—2B 型母线保护发出"开入异常"告警信号可能有以下几种情况:

(1)离开关辅助触点状态与实际不符,或隔离开关辅助触点开入电源消失。在状态确定的情况下,保护装置会根据当前系统的电流分布情况,校验隔离开关辅助触点的正确性,并自动修正错误的隔离开关触点。隔离开关辅助触点恢复正确后,运行人员需手动复归信号才能解除修正。"开入异常"信号发出后,运行人员应检查各间隔隔离开关实际位置,检查隔离开关辅助触点开入电源是否正常。确认隔离开关位置无误后,可强制指定隔离开关位置辅助触点与一次系统对应,保证母差保护在此期间的正常运行,并通知检修人员处理。缺陷消除后,运行人员需再次设定隔离开关自适应方式。

(2) 母联断路器动合、动断触点不对应。此时装置会默认母联断路器在合位状态。运行人员应检查母联断路器实际位置,确认后通知检修人员处理。缺陷消除后,运行人员应再次确认装置上指示母联状态与实际相符。

(3) 失灵触点误启动。此时装置将闭锁失灵出口。运行人员应检查母线保护装置及相关的失灵启动装置,发现异常启动回路应解除该回路的失灵启动连接片,并通知检修人员处理。信号恢复后,运行人员需手动复归信号才能解除闭锁。

(4) 误投母联分列连接片。运行人员应检查母联分列连接片投退状态是否与一次设备运行方式相符,若投退错误,应立即纠正。

(四)"位置报警"报警信号

RCS—915型母线保护的"位置报警"报警信号相当于BP—2B型母线保护中的"开入异常"与"开入变位"。当发生隔离开关位置变位、双跨或自检异常时报该告警信号。当装置发出"位置报警"信号时,运行人员应检查各间隔隔离开关实际位置,确认隔离开关位置无误后,再按屏上隔离开关位置确认按钮复归报警信号。若隔离开关辅助触点状态与实际不符,保护装置会根据当前系统的电流分布情况校验隔离开关辅助触点的正确性,并修订隔离开关辅助触点位置,保证了隔离开关辅助触点位置异常时保护动作行为的正确性。此时,隔离开关位置确认按钮不响应。运行人员可以通过模拟盘用强制开关指定正确的隔离开关位置状态,并按屏上隔离开关位置确认按钮确认,保证母差保护在此期间的正常运行,并通知检修人员处理。缺陷消除后,运行人员需再次将模拟盘上的三位置开关恢复到"自动"位置,并按屏上隔离开关位置确认按钮确认。

为防止无隔离开关位置的支路拒动,无论哪条母线发生故障时,RCS—915型母线保护将切除TA调整系数不为0且无隔离开关位置(且无调整或记忆隔离开关)的支路。

(五)"保护异常"报警信号

当保护装置硬件元件故障时报该报警信号。运行人员应退出该套保护,并通知检修人员处理。缺陷消除后，运行人员需复位整套保护装置或重新断开合上保护装置电源之后才可以重新投入该套保护。

第四节　失灵保护与保护拒动

一、断路器失灵保护

（一）断路器失灵保护工作原理

在输电线路、变压器或母线的电气设备发生故障时，继电保护动作发出跳闸命令，可能发生因断路器跳闸线圈故障、操作机构失灵、机构储能不足或六氟化硫密度下降等，导致断路器拒动。断路器失灵保护利用故障设备的保护动作信息与拒动断路器的电流信息构成对断路器失灵的判别，能够以较短的时限切除同一厂站内其他有关的断路器，使停电范围限制在最小，从而保证整个电网的稳定运行，避免造成发电机、变压器等故障元件的严重损坏或电网的崩溃瓦解事故。

下面以某断路器失灵保护为例，具体介绍断路器失灵保护的工作原理。

断路器失灵保护一般按照单跳启动失灵和三跳启动失灵两种方式启动。非故障相失灵是单跳启动失灵的一种。

1. 单跳启动失灵

收到线路保护跳闸信号并且判定失灵过流动作后，先经较短延时发三相跳闸命令跳开本断路器，再经较长延时跳开相邻断路器，以达到切除故障的目的。

2. 非故障相失灵

由三相跳闸输入节点保持失灵过流高定值动作元件，并且失灵过流低定值动作元件连续动作，此时，输出的动作逻辑先经较短延时发三相跳闸命令跳开本断路器，再经较长延时跳开相邻断路器，以切除故障。

3. 三跳启动失灵

可经由整定控制字投退的辅助判据开放失灵保护，输出的动作逻辑先经较短延时发三相跳闸命令跳本断路器，再经较长延时跳开相邻断路器。

(二)断路器失灵保护的实现

失灵保护由电压闭锁元件、保护动作与电流判别构成的启动回路、时间元件及跳闸出口回路组成。

时间元件是断路器失灵保护的中间环节,对于双母线接线的变电站可以每个断路器设一个,也可以几个断路器共设一个。

启动回路是保证整套保护正确工作的关键之一,包括启动元件和判别元件,两个元件构成"与"逻辑,实现双重判别,防止单一条件判断断路器失灵引起的误动作。启动元件通常利用断路器自动跳闸出口回路本身,可直接用瞬时返回的出口跳闸继电器触点,也可用出口跳闸继电器并联的、瞬时返回的辅助中间继电器触点,触点动作不复归表示断路器失灵。判别元件以不同的方式鉴别故障确未消除。现有运行设备采用相电流(线路)、零序电流(变压器)的"有流"判别方式。保护动作后,回路中仍有电流,说明故障确未消除。

失灵保护的电压闭锁元件一般由母线低电压、负序电压和零序电压继电器构成。当失灵保护与母差保护共用出口跳闸回路时,它们也共用电压闭锁元件。典型双母线接线失灵保护的逻辑图如图 6-26 所示。

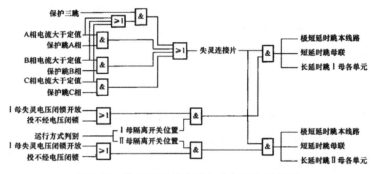

图 6-26 典型双母线接线失灵保护的逻辑图

从图 6-26 中可以了解到电压闭锁元件、保护动作、电流判别、时间元件等失灵保护要素之间的关系。

(三)各种主接线方式断路器失灵保护的跳闸范围

1. 双母线接线

常见双母线接线示意图如图 6-27 所示。任一段母线上的线路断路器,失灵保护的动作行为均可参照图 6-26 分析。当某一线路故障保护动作而断路器拒动时，失灵保护的动作都是再次跳该线路断路器，然后经过复压判别故障未消除，短延时跳母联（母线分段）断路器，长延时跳该线路所连接的母线上其他线路的断路器。例如出线三的断路器失灵保护动作，经过复压判别，先动作跳出线三断路器 QF3；若故障未消除，短延时跳母联断路器 QFO，长延时跳出线四断路器 QF4。值得注意的是：失灵保护动作切除某段母线上断路器的时候，与母差动作行为类似，会经由光纤差动保护的远跳或是纵联保护的停信等使得线路对侧的快速保护跳闸，以保证故障能够完全隔离。

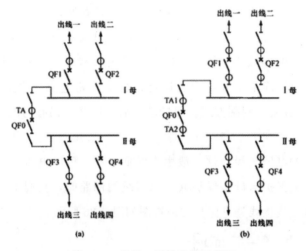

图 6-27 常见双母线接线示意图

对双母线接线形式，母联断路器失灵通常是由某一段母差保护动作来启动的。例如图 6-27 Ⅰ 段母线的母差动作，而母联断路器则没有跳开，则 QF0 失灵保护将经过复压判别，再次出口跳母联断路器 QF0，然后延时跳开接于 Ⅱ 段母线上的线路 QF3 和 QF4 断路器。

2. 双母线双分段接线

双母线双分段接线如图 6-28 所示，其中 Ⅰ、Ⅱ 段母线配备一组（双套保护配置）母差保护，Ⅲ、Ⅳ 段母线配备另一组母差保护。

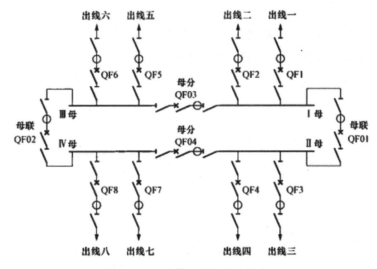

图 6-28 双母线双分段接线示意图

(1) 母联断路器失灵分析。

下面以Ⅰ段母线故障 QF01 断路器失灵为例分析母差保护（BP—2B）动作行为。

Ⅰ段母线故障后，第一组母差保护的大差元件、Ⅰ母小差元件都动作，由于母线上出现故障，母差保护中的复合电压闭锁元件也动作。第一组母差的Ⅰ母差动作，跳开 QF1、QF2、QF01、QF03 断路器，在这种情况下如果母联 QF01 断路器拒动，那么第一组母差保护的差动元件动作不返回。QF01 断路器的 TA 流过由Ⅱ段母线上电源线路送来的短路电流。根据母差保护的逻辑，经母联失灵延时后第一组母差封 QF01 断路器电流。QF01 断路器的电流不计入Ⅱ母小差后，对第一组母差的Ⅱ母小差回路，只有流入电流，没有流出电流，Ⅱ母小差元件动作。由于故障还存在，第一组母差保护的复合电压闭锁元件也动作，跳开Ⅱ段母线上的 QF3、QF4 和 QF04 断路器，故障点被切除。

从上面分析可以看出：母联断路器失灵第一组母差保护和第二组母差之间没有联系，动作行为均是在故障母线上出线、分段断路器跳开后封掉拒动的母联断路器的电流，使同一组母差保护中的另外一段小差元件动作，来切除故障点。造成的后果就是两段母线其中一段故障，两段母线也会同时失电，而另外一组母差保护不会动作，复合电压元件即使瞬时动作，故障切除后也会返回。

Ⅱ段母线故障QF01断路器失灵、Ⅲ段母线故障QF02断路器失灵、Ⅳ段母线故障QF02断路器失灵的分析方法同上。

(2) 分段断路器失灵分析。

下面以Ⅲ段母线故障分段断路器QF03失灵为例分析保护动作情况。

分段断路器失灵后,需要两组母差保护的配合,才能将母线故障从系统中切除,所以分段断路器有外部失灵启动回路。分段断路器的失灵启动及动作逻辑回路如图6-29所示。

图6-29 分段断路器的失灵启动及动作逻辑回路图

当Ⅲ段母线发生短路故障时,第二组母差保护动作,应跳开QF5、QF6、QF02、QF03断路器。若此时由于断路器本身原因,QF03断路器拒跳,那么在短路故障从系统中切除之前,第二套母差保护的大差回路、Ⅲ母的小差回路电流还是不平衡,第二组母差的出口继电器触点不会返回。而此时第一组母差大差回路、小差回路电流都平衡,所以第一组母差不会动作。第二组母差出口继电器动作不返回,经第二组母差保护屏上QF03断路器失灵启动连接片,再经第一组母差保护屏上QF03断路器失灵启动连接片,使第一组母差QF03断路器失灵启动一直有开入。由于故障存在,QF03断路器TA一直有电流,经分段断路器失灵延时,Ⅰ段母线复合电压闭锁元件也开放,满足这些条件后,第一组母差Ⅰ段母线失灵出口,跳开QF1、QF2、QF01断路器,故障点从系统中切除。

若Ⅰ段母线故障,则第一组母差保护动作,跳开Ⅰ段母线上的QF1、QF2、QF01、QF03断路器。这种情况下若QF03断路器拒动,则第一组母差保护出口继电器触点一直动作不返回。经第一组母差保护屏上的失灵启动连接片,再经第二组母差保护屏上的失灵连接片,使第二组母差保护QF03失灵一直有开入。由于QF03断路器拒跳,故障点一直存在,QF03断路器的母差TA二次电流大于分段失灵电流整定值,经过分段断路器失灵延时,此时第二组母差保护中Ⅲ段母线复合电压闭锁元件一定动作。满足这些条件后第二组母差Ⅲ段母线失灵保护动作，跳开 QF5、QF6、QF02 断路器，故障点被切除。

Ⅱ段或Ⅳ段母线故障，分段断路器 QF04 拒动的分析和Ⅰ段或Ⅲ段母线故障 QF03 断路器拒动母差保护动作分析类似。

3. 内桥接线

内桥接线 200、201、202 均按断路器独立配置一套失灵保护。下面以 201 断路器失灵为例，分析进线断路器失灵的动作情况。

1号主变压器运行时，从 201 和 200 的断路器 TA 到主变压器高压侧母线桥之间的范围（含Ⅰ段母线）都是主变压器差动的保护范围。一旦 201 断路器失灵，失灵保护将再跳 201 断路器，并通过光线差动保护的远跳或者纵联保护停信跳开对侧线路断路器，经一定延时跳开母联 200 断路器。如果 1 号主变压器中压侧存在电源倒送到主变压器高压侧的可能性，则失灵保护除跳开母联 200 断路器外，还会跳开中压侧断路器。

如果母联 200 断路器失灵，其动作行为则是再跳 200 断路器，延时跳开 201、202（包含线路对侧断路器）、101、102 断路器。

二、保护拒动

（一）保护拒动的主要原因

保护拒动是指在保护的范围内发生了故障，保护应动作而没有动作的情况。保护拒动的原因多种多样，造成的结果大都是使得切除故障时间延长、事故范围扩大。通常情况下，保护拒动主要是保护模块失灵、保护装置失灵、保护范围内故障但保护没有达到动作条件造成的。

1. 保护模块失灵

保护模块失灵的原因可能有保护模块硬件故障、软件出错等。由于保护启动元件启动后，进入故障处理程序，相应的模块就将根据预先设定的程序对故障情况进行判断，如果闭锁条件开放而动作条件满足，经过设定延时就会出口。相应的模块软硬件一旦出现错误，都有可能导致在故障发生时保护最终没有动作。

2. 保护装置失灵

保护装置失灵的原因有可能是保护的采样回路、电源回路出现问题，使得在一次系统发生故障时保护没有做出应有的反应。

3. 保护范围内故障但保护没有达到动作条件

保护范围内故障但保护没有达到动作条件可能是因为保护的定值整定考虑不周造成，有时是保护时间的配合不妥当，有时是某些定值整定不妥甚至没有整定，也有些是保护装置自身特性造成无法将恰当的定值置入装置。

前两种保护拒动一般会有保护告警信号，运行人员应注意此类信号的监视。保护拒动可能使得故障切除时间加长、故障范围扩大，不利于设备安全和系统稳定。因此，一旦发现此类保护信号，应尽快消除保护拒动的原因，必要时将相应设备停运。

（二）线路故障，线路主保护拒动

对于220kV线路，主保护通常是光纤电流差动保护或是高频保护。线路主保护如果拒动，将使得线路两侧快速保护失效。但由于目前220kV线路基本是双套保护配置，单套保护主保护失效后，另外一套的主保护通常能够动作。考虑到特殊情况，例如某套保护在检修或者线路在旁代时，线路故障而主保护拒动，那么将由线路的后备保护切除故障。需要注意的是后备保护的动作行为与故障情况和故障点位置有关，两侧可能不会同时跳闸，因此有时主保护拒动而由后备保护动作时，重合闸的动作延时与主保护动作会有所不同。

110kV线路的主保护一般是短时限的距离和零序保护，如果主保护没有动作，高段的距离和零序保护也会动作切除故障。

（三）线路故障，线路保护拒动

如果线路发生故障而该线路保护没有动作，由于没有保护动作启动失灵的必要条件，因

此失灵保护将不会起作用。此时只能靠其他后备保护完成隔离故障的工作，而这个后备保护一般是相邻线路的线路保护或者是变压器各侧的后备保护。

220kV系统的主变压器后备保护范围主要是变压器本体，并且时限比较

长，因此在220kV线路故障且保护拒动后，相邻线路的后备保护（距离、零序Ⅲ段）将会动作，将故障切除。

对110kV及以下电压等级系统，线路一般是供电给二次变压器或者用户的，线路保护拒动后将由主变压器的后备保护动作。主变压器后备保护动作时限一般会躲过线路高段保护的动作时限，在遇到线路故障而线路保护拒动后，该电压等级主变压器对应的后备保护将通过跳开母联断路器确定故障范围，而后跳开主变压器对应侧出线断路器，将故障切除。

对于小电流小电阻接地系统，线路的单相故障通常由线路零序保护动作跳闸，如果该保护拒动，通常会由接地变压器的零序电流保护来跳开母线的电源进线断路器，将故障切除。

（四）母线故障，母差保护拒动

母差保护是母线的快速保护，而母线保护的后备保护通常也就是主变压器对应电压等级的后备保护和接于该母线上的各线路对侧的线路后备保护。主变压器220kV侧后备保护范围往往都整定为保护变压器，而220kV线路保护范围延伸到对侧母线上，动作时限也比较短。因此母差保护拒动通常都由对侧线路保护动作切除故障。

220kV以下电压等级联络线比较少，因此母线故障后母差拒动主要是靠主变压器对应侧的后备保护切除故障，其动作行为与线路保护拒动后的行为相同。

（五）主变压器内部故障，差动保护不动作

主变压器常见的内部故障有许多种，主要分为热故障和电故障。主变压器的差动保护对热故障和匝间短路、铁心多点接地等故障不起保护作业，而这些故障对主变压器的损害可能会非常严重。当出现这些故障的时候，主变压器内部的绝缘油往往会产生膨胀、翻腾并产生大量的气体，使气体保护动作，将主变压器电源切断。这也是主变压器的电量保护不能完全取代非电量保护的原因。

因此，差动保护与气体保护无法相互取代，而是共同构成变压器的主保护。

（六）故障残压过高，保护没有启动

许多保护和自动装置为了保证灵敏性都采用复合电压或低电压的闭锁条件。例如母差、失灵、主变压器后备保护都有复合电压闭锁，发电机反时限电流保护、备自投装置有低电压闭锁等。通常在故障发生时，都会伴随系统电压降低或产生负序、零序电压。但如果故障电流不大（如放电），又发生在强系统下，那么电压闭锁条件可能就不会满足。由于闭锁条件没有开放，就有可能使得相应的保护产生拒动。

如网架结构比较完善的 220kV 系统，电压调控能力比较强，如果主变压器内部或者主变压器低压侧发生故障，可能不足以对 220kV 母线的电压造成比较大的影响。这时如果后备保护动作跳主变压器高压侧断路器，而主变压器高压侧断路器失灵，那么失灵保护的复压条件将不会开放，最终导致失灵保护拒动。因此许多 220kV 主变压器保护都会将后备保护启动失灵的复压判定为继电器短接，以解除这个闭锁条件，使失灵保护能正确动作。

（七）保护定值不妥当或保护失配导致保护没有正确动作

一般而言，变配电系统的保护上下级配合在动作值和时间上都存在级差，上级保护和下级保护的动作值要相互衔接，以防止下级故障且保护拒动后上级保护不会动作；上级保护动作延时要躲开下级保护的动作时间，以防止下级保护还未动作，上级保护就先动作而扩大停电范围。

此外，有些保护的灵敏性与系统参数密切相关，例如零序保护在整定时就要考虑系统运行方式，有时因为某些情况出现特殊运行方式，就有可能造成保护失配，故障后就有可能使得保护拒动或者误动。

电力系统从发电到用户用电，经升压、输电、降压、配电、降压等多个环节，各个环节的保护均需合理整定、密切配合方能实现保护的正确动作。

第五节 备用电源自动投入装置

一、备用电源自动投入装置各个模块的原理及配合

备用电源自动投入装置（简称备自投或 AAT）是当工作电源因故障断开

以后，能自动迅速将备用电源投入，及时恢复供电的自动装置。当前备自投装置基本实现微机化，下面以微机型备自投装置为主进行介绍。

实现备用电源的自动投入是备自投的主要模块，但它还包括部分辅助功能，主要有过载联切功能及母联（分段）断路器过流保护、充电保护。

下面以南京南瑞生产的 RCS—9000 系列备自投为例，介绍备自投主要模块的功能。

（一）电源备自投功能模块

备自投主要用在供电系统，如降压变电站等，可适用于多种接线方式，其中最典型的主接线方式如图 6-30 所示。降压变电站有两回进线、两台主变压器、两段低压母线、两台变电器分列运行或一台运行一台备用。

两台变压器是低压母线的电源，即低压母线可有两路电源，两路电源可以"明备用"或"暗备用"方式实现备用。

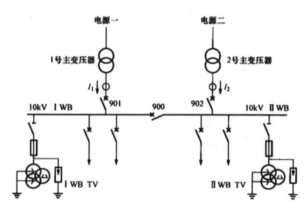

图 6-30 备自投典型供电系统简化接线图

明备用方式：正常运行时，一台主变压器带两段母线运行，另一台主变压器作为备用，这也就是"进线（变压器）备自投"；

暗备用方式：正常运行时，两段母线分列运行，每台主变压器各带一段母线，两段母线互为备用，这也就是"分段各自投"。

为保证各自投能根据外部环境（如运行方式、手动操作断路器等）实现自适应，一般需要以下条件：

（1）通过母线 TV，引入两段母线三相电压（U_1、U_2），用于母线有压、无压判别。

(2) 引入每个进线断路器各一相电流（I_1、I_2）进行有流判别，用于防止 TV 三相断线后造成分段断路器误投，更好地确认进线断路器已跳开。

(3) 引入 900、901、902 断路器跳闸位置触点，用于系统运行方式判别、自投准备及自投动作。

(4) 引入 900、901、902 断路器手动跳闸触点，用于手动断开运行断路器时闭锁备自投；引入其他外部闭锁备自投输入触点（如主变压器低压侧后备保护动作触点）用于闭锁备自投。

（二）暗备用方式的动作逻辑关系

暗备用方式的动作逻辑关系如图 6-31 所示。充放电模块用于保证装置只动作一次。

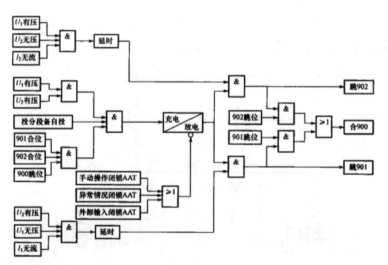

图 6-31 暗备用方式的动作逻辑关系示意图

1. 充电条件

(1) ⅠWB、ⅡWB 三相均有电压。

(2) 901、902 在合位，900 在分位。

(3) 备自投选择"分段备自投"。以上条件同时成立，装置方开始充电，约 15s 充电完成，备自投功能具备。

2. 放电条件

(1) 手动操作闭锁备自投逻辑示意如图 6-32 所示。

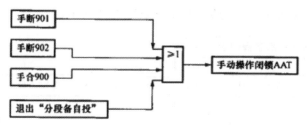

图 6-32　手动操作闭锁备自投逻辑示意图

手动操作断路器也可能造成母线失压、进线无电流，符合备自投启动条件。因此，装置应能识别这种情况，将备自投放电闭锁。某些老式备自投可能没有这种功能，操作断路器之前要手动退出备自投。

另外，900 合上后，备自投没有存在必要，备自投放电闭锁。

（2）异常情况闭锁备自投逻辑示意如图 6-33 所示。

异常情况闭锁备自投主要有：

①IWB、ⅡWB 均无电压，没有了备用电源，备自投不成立，放电退出。图中延时一般经 15s 后生效，以免由于各种原因的母线电压瞬时波动造成备自投放电，备自投频繁充放电。

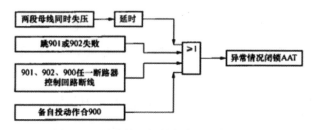

图 6-33　异常情况闭锁备自投逻辑示意图

②"跳 901 或 902 失败"指备自投动作再跳进线断路器失败时，中止备自投，以免 900 合上时发生反送电或非同期并列。如果本段失压母线不止一个进线电源，如接有小电厂，那备自投"再跳进线断路器"时应同时再跳小电源进线断路器。

③三个断路器任一断路器控制回路断线（如弹簧未储能、TWJ 异常等），备自投无法有效控制断路器，备自投自动退出。

④备自投一般只能动作一次，避免重复合到故障上，因此，备自投动作合上 900 断路器后，备自投退出。

(3) 外部输入闭锁备自投逻辑示意如图 6-34 所示。

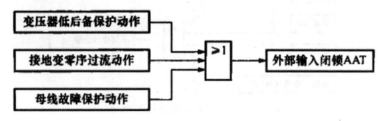

图 6-34 外部输入闭锁备自投逻辑示意图

外部输入闭锁主要围绕如何避免备自投动作将备用电源送电到故障设备上。这可能是母线故障、馈线故障未切除等，图 6-34 中只列举了母线故障应该动作的保护和馈线故障越级跳闸的保护，读者应在实际工作中认真予以总结。

以上条件只要有一个成立，装置即刻放电，闭锁备自投。

3. 动作过程（以充电完成为前提）

（1）ⅠWB 无电压、1 号进线无电流，ⅡWB 有电压，经延时（约 3s，躲过变压器对侧线路重合闸失败所需时间）后再跳 901，并确认 901 跳开后合 900。

（2）ⅡWB 无电压、2 号进线无电流，ⅠWB 有电压，经延时（约 3s，躲过变压器对侧线路重合闸失败所需时间）后再跳 902，并确认 902 跳开后合 900。

应当指出，部分变电站 10kV 系统每段母线装有消弧线圈自动补偿装置或小电阻接地装置，二者在运行管理上有个差异：一个 10kV 系统只能运行一套小电阻接地系统，而一段母线运行时应当有一套消弧线圈运行。这样才能保证零序保护系统不失配，保证系统容性电流得到有效补偿。分段备自投装置动作，10kV 母线段数发生改变，原来一段母线是一个 10kV 系统，备自投动作后，两段母线合并为一个系统，因此，对装有小电阻接地的系统，备自投再跳进线断路器的同时，应切除对应的小电阻接地系统。

（三）明备用方式的动作逻辑关系

明备用方式的动作逻辑关系如图 6-35 所示。

第六章 继电保护及自动化装置运行、检查与异常处理

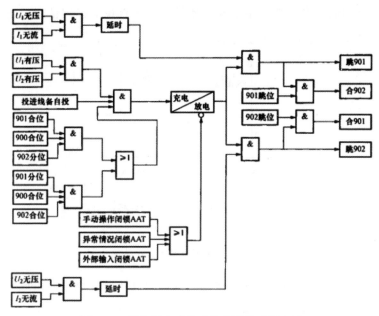

图 6-35 明备用方式的动作逻辑关系示意图

1. 充电条件

(1) Ⅰ母、Ⅱ母均三相有压。

(2) 901、900 在合位，902 在分位；或 902、900 在合位，901 在分位。

2. 放电条件与暗备用相似，简述如下

(1) 1 号主变压器为备用电源时，902 在合位；或 2 号主变压器为备用电源时 901 在合位。

(2) 有外部闭锁信号。

(3) 手动跳 901，902 或 900 断路器。

(4) 901、902 或 900 断路器控制回路断线，弹簧未储能，或 TWJ 异常。

(5) 装置发出跳 901 或 902 命令后，经延时，相应断路器未变位。

(6) 备自投退出。

3. 动作过程（以充电完成为前提）

(1) Ⅰ母无压、1 号进线无流，经延时后跳 901，并确认 901 跳开后合 902。

(2) Ⅱ母无压、2 号进线无流，经延时后跳 902，并确认 902 跳开后合 901。

以上介绍的是降压变电站主变压器低压侧备自投的运用情况，备自投还运用如图 6-36 所示典型的桥式主接线。

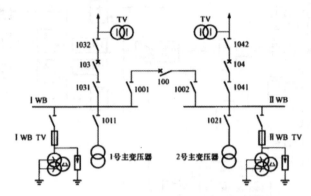

图 6-36　备自投应用典型桥式接线简化图

图 6-36 是主变压器高压侧桥接线，其两回进线电源也可以组成明备用和暗备用，备自投关系与上述分析相同。但是，图中电源进线线路侧一般装有 TV，该 TV 可以接入备自投作为备用电源是否正常的条件。这时，线路 TV 应分别作为装置充电的条件之一，同时作为合上备用电源断路器的条件之一和备自投放电的条件之一。

应当指出，"明备用"多用在主变压器高压侧桥接线的两回进线电源上，其在降压变电站主变压器低压侧备自投的运用不经济。

（四）保护功能

装置一般配有分段断路器过流保护、充电保护、零序过流保护及合闸后加速保护等，这些功能独立于备自投逻辑，可通过相应的整定值、软连接片投退。合闸后加速保护，包括手合于故障加速跳闸及备自投动作合闸于故障加速跳闸。这些功能较简单，请读者注意查看定值整定情况，合理利用。

负载联切也是备自投装置的一个重要的辅助功能，它能在备自投动作后按预定减负载策略切除部分线路，以免在单电源供电过载损害设备，最大限度保证有效供电。

随着微机型备自投产品的更新换代，备自投功能越来越完善，远非前面所描述，请读者查阅相关设备资料，及时更新知识。

二、典型备自投装置的运用

(一) 常见备自投装置

(1) RCS—9000 系列备自投装置。

(2) PSP—640 系列备自投装置。

(3) CSC—246 系列备自投装置。

(二) 常见备自投装置的差异

RCS—9000 系列备自投装置、PSP—640 系列备自投装置等均有对应多种分支产品，各分支产品功能上略有差异，从而实现各电压等级、各种不同接线方式的备自投需求。

三、备自投装置运行管理

1. 备自投装置日常巡视要求

(1) 运行正常，无告警信息与告警灯亮，所报信息均已确认复归。

(2) 各交直流断路器均投入正常。

(3) 二次连接片投、退位置与当前运行方式相符，压接牢固，标识清晰准确，连接片上无明显积尘和蜘蛛网。

(4) 转换开关投、退位置与当前运行方式相符，标识清晰准确。

(5) 液晶屏开入量显示正常，无异常告警信号。

(6) 装置的各个运行指示灯指示是否正常。

(7) 二次接线无松脱、发热变色现象，电缆孔洞封堵严密。

(8) 屏内外整洁干净，屏内无杂物、蜘蛛网。

2. 相关运行要求及注意事项

(1) 除了短时的转电操作，备自投装置的投退应跟随一次设备运行方式的变化而随时投退。当一次设备的运行方式与备自投方式不符时，应及时将备自投装置退出；在恢复与备自投方式相符的运行方式前，应及时将备自投装置投入。

(2) 小电阻接地系统，备自投装置与接地变压器保护之间存在配合关系。当接地变压器保护动作时会闭锁备自投，当备自投动作时将联跳相应母线的接地变压器（小电阻系统）。所以，当接地变压器单元检修或备自投单元检修时，应解除接地变压器保护"闭锁备自投"连接片和备自投"跳接地变压器"连接片。

（3）PSP—642备自投装置动作后，必须复归，备自投才能重新充电，为下次动作做好准备。

（4）对于无过载联切功能的备自投，应确保备自投动作后相应设备不过载，否则，应控制负荷或退出备自投。同样道理，备自投动作后应检查变压器等电源的负载情况，监视负载变化情况，如负载联切动作，应检查被联切的线路，不得重合。

3. 告警处理

备自投装置告警分为硬件故障和检测出错两种。电源故障、定值出错等属于硬件故障，将闭锁备自投并告警；TV断线、断路器电流与断路器位置不对应等属于检测出错，将延时告警。当备自投装置发出"告警"信号时，运行人员应及时检查备自投装置告警原因，确认后通知检修人员处理，必要时应向调度申请退出备自投。备自投装置是公共设备，它与主变压器保护、接地变保护、馈线断路器等有跳闸、闭锁等功能，备自投投退应特别注意这些接口的安全性。

第六节　低压低频减载

一、低频低压减载装置

（一）低频低压减载装置的作用

低频低压减载装置应起的作用是：当系统发生事故，出现功率缺额使电网频率、电压急剧下降时，自动切除部分较不重要的负载，防止系统频率、电压崩溃，使系统恢复正常，以保证电网的安全稳定运行和对重要用户的连续供电。

目前常见的低频低压减载装置主要有南京南瑞的UFV—2系列、RCS—990系列以及滁州正华的UFV—200系列。其中UFV—2系列和RCS—990系列配置的数量最多。另外，当前110kV及以下线路保护一般带有低频低压减载功能,而且,该功能在诸多网省公司均得到运用。

(二) 低频低压减载装置的工作原理

1. 低频低压减载装置要求

为了保证电网的安全稳定运行和对重要用户的连续供电,低频低压减载装置必须实现以下几点要求:

(1) 其动作后应确保全网或解列后的局部网频率、电压恢复到规定范围内(一般恢复到 49.5~51Hz)。

(2) 切除负载的速度应与故障的严重程度相适应。

(3) 在各种运行方式下自动减负载后,不应该导致系统其他设备过载或者联络线超过稳定限值。

(4) 应顺序切除负载,较重要的用户后切除,较次要的负载先切除。

(5) 自动切除的负载不应被其他自动装置(如重合闸、备自投装置)再次投入,因此要与其他自动装置合理配合。

(6) 避免由于采样回路的异常造成误动作切除负载的事故。

2. 低频低压减载装置的主要功能

实现对低频低压减载装置要求的相应功能是:

(1) 装置正常运行时,监视母线电压、频率及它们的变化率。一旦采样的变化达到启动门槛,装置就进入故障处理程序。

(2) 在电力系统由于有功缺额引起频率下降时,装置自动根据频率降低值,按经整定的切负载轮次切除部分电力用户负载,使系统的电源与负载重新平衡。

(3) 当电力系统功率缺额较大时,装置具有根据频率下降速度(df/dt)、电压下降速度(dU/dt)加速切负载的功能。在切某一轮时可加速切后面的轮次,尽早制止频率或电压的下降,防止出现系统崩溃事故。

(4) 装置有采样回路故障判断自适应功能,保证系统有功缺额低电压时快速动作,而在短路故障使电压降低、负载反馈或者 TV 采样异常时可靠不动作。这个功能一般也是通过监测频率、电压的下降速度(df/dt、dU/dt)实现的,如果频率电压下降得过快,可认为是短路事故、采样异常或交流电压空气断路器跳闸。

(5) 装置有独立的出口回路，保证切除的负载不会被备自投装置投入。

3. 电网低频低压减载配置举例

一个电网对应一个低频低压减载策略，电网容量不同、负载性质不同，因此，不同电网低频低压减载配置也不尽相同。如果频率持续下降，低频减载装置会逐级动作，切除相应的负载，直到系统频率回升到规定的范围内。如果情况更极端一些，系统频率在20s内无法恢复，将会启动两个特殊级切负载。

如果系统有功功率缺额非常严重，频率下降的速度将很快，仍按0.5s的延时来切除负载，将无法满足稳定系统频率的要求，因此装置在监视到频率下降速度过快时，会根据定值加速切除负载。例如当系统频率每秒下降超过1.2Hz，将在0.15s延时后第二级动作切除负载；当频率每秒下降超过2.4Hz，将延时0.15s后第二、第三级动作切除负载等。

低压减载的情况与低频的类似，分为四个基本级和一个特殊级，根据监视的系统额定电压是U（一般是220kV母线电压）下降情况进行启动。与低频减载类似，如果电压下降速度过快，装置也会加速切负载的速度。

上述是电网低频低压减载装置的一般形式，装置被分散地安装在电网的各个变电站，独立地按预先整定的方案执行减载任务，使系统在有功缺额频率失衡和无功不足电压降低的情况下切除部分负载，使系统有功、无功基本达到平衡，恢复稳定。但是，系统容量在不断发展，各线路的负载情况一直在变化，装置的各个级次切除的实际负载与预期的切除关系在不断变化，因此，电网低频低压减载装置切除负载的分级、各级动作值和级差每年应重新计算、确认。

二、常见低频低压减载装置

(一) 南瑞 UFV—2 系列低频低压减载装置

UFV—2系列低频低压减载装置在电网应用较广，其中又以UFV—2C居多，因此以UFV—2C装置为例进行介绍。图6-37是UFV—2C装置的面板图，该装置配有电源模块，电压监视模块，主CPU模块，输出中间模块，输出模块，信号模块和多个出口模块。

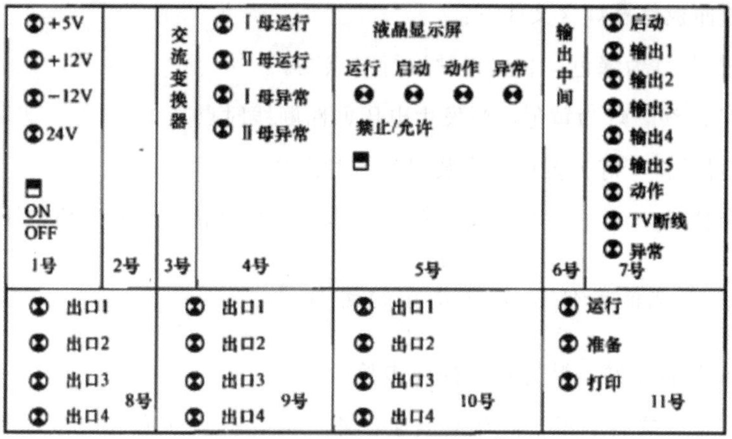

图 6-37 UFV—2C 装置面板图

装置的液晶屏正常运行时显示日期、时间、频率采样、电压采样、进线电流等信息。当装置出口动作后,动作信息采用特殊行的方式固定显示在屏幕的第一行。在数据记录菜单中同时按下"确认"和"上移"键则显示上一记录点的数据,同时按下"确认"和"下移"键则显示下一记录点的数据。在打印时按下"返回"键则停止当前打印任务。

(二) 南瑞 RCS—994 低频低压减载装置

作为另一个得到普遍应用的低频低压减载装置,RCS—994 低频低压减载装置的优势在于更适应综合自动化通信,并且有更友好的中文人机界面,其菜单操作与告警信号意义十分明确,调试运行更为方便。RCS—994 装置面板布置如图 6-38 所示。

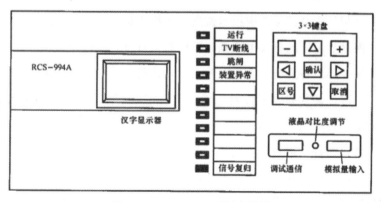

图 6-38 RCS—994 面板布置图

装置面板信号灯含义如下：

"运行"灯为绿色，装置正常运行时点亮。

"TV 断线"灯为黄色，当发生电压回路断线时点亮。

"装置异常"灯为黄色，当装置异常时点亮。

"跳闸"灯为红色，当装置动作出口点亮，在"信号复归"后熄灭。

三、常见低频低压减载装置的运行管理

1. 低压低频减载装置投运操作步骤

（1）检查屏后电缆，确认与安装图纸一致，确认所有临时接线和防护措施已经恢复。

（2）确认所有连接片退出。

（3）合上直流电源。

（4）合上交流电源（电压采样）检验交流回路良好，电压、频率采样正常。

（5）校对装置时钟。

（6）按调度定值整定通知单整定定值，打印一份清单核实无误后存档。

（7）装置经检查无误后，将出口触点的软件控制字设置为投入状态，投跳闸出口连接片，装置正式投入运行。

（8）按需要投入保护连接片。

2. 低压低频减灾装置日常巡视要求

（1）低频低压减载装置应根据调度指令投入运行。

（2）液晶显示器的母线电压频率采样与运行方式实际相符。

（3）保护屏上各直流开关均投入正常，运行母线对应的交流开关投入。

（4）二次连接片投、退位置正确，压接牢固，标识清晰准确，连接片上无明显积尘和蜘蛛网。

（5）装置的各个运行指示灯指示是否正常。

（6）打印机应在开机状态，打印纸应安装良好。

（7）屏内二次标识完整、正确。

（8）二次接线无松脱、发热变色现象，电缆孔洞封堵严密。

(9) 屏内外整洁干净，屏内无杂物、蜘蛛网。

3. 相关运行要求及注意事项

(1) 当电网发生跳闸、过载或频率、电压事故时，应及时检查装置动作情况是否正确，记录动作后的指示和事件记录内容，必要时还应记录数据结果，复归动作信号，搜集装置打印出的信息、装置动作情况上报调度部门。

(2) 一些减载投入的可以旁代的线路断路器被旁代时，应投"旁代"位置，否则投"本线"位置。该操作应安排在两个断路器合环期间进行。

(3) 某些线路有重合闸放电连接片，依调令投退这些线路的减载时，应将其跳闸出口连接片与重合闸放电出口连接片一起投退。

(4) 多母线运行时，装置的交流输入空气断路器必须都合上。当进行任何可能引起母线 TV 失压（如母线、TV 等转检修或冷备用）的操作时，则操作前应先断开相应的交流空气断路器，以免装置误动。反之，当母线 TV 由失压转运行（带电）时，则应待二次电压和装置都确认正常后，才可以合上相应的交流空气断路器。如果遇到某段母线停电，只要另一路母线电压采样正常，装置都能正常运行。

(5) 某些型号的低频低压减载装置动作后，无法直接显示具体断开哪些断路器，因此，平时应从定值单上熟练掌握装置各轮出口情况，以便事故时能正确判断。

四、常见低频低压减载装置的异常处理

(1) 低频低压减载装置报交流电压断线，应检查装置的母线电压交流输入是否有异常，查看装置背后相应交流空气断路器是否跳闸，检查相应母线 TV 工作是否正常，检查相应母线是否失压。如果发现 TV 失压，应及时断开对应的交流空气断路器。

(2) 低频低压减载装置如果报装置异常，应对装置液晶屏上的具体报文和装置打印结果进行检查，查明异常原因并尽快排除故障。若一时无法查清异常原因的，应及时汇报装置所属调度值班人员，根据调度命令断开装置出口连接片和通信通道，同时通知检修维护人员进行处理。

第七节 故障录波

一、故障录波概述

(一)故障录波的作用

电力系统故障录波器是提高电力系统安全运行的重要自动装置。它能自动地、准确地记录系统大扰动,如短路故障、系统振荡、频率崩溃、电压崩溃等发生后的有关电参量的变化过程及继电保护与安全自动装置的动作行为,是分析判断事故、安排故障点查找、再现故障发生发展过程的重要手段,为迅速排除故障和制定防范对策,分析继电保护装置和高压断路器的动作情况并及时发现设备缺陷,提供事实依据。

(二)故障录波的实现

故障录波主要通过专用故障录波器和保护装置内部附带的录波功能实现。录波图像的获取可以到装置上查看、打印或通过网络读取再现。

10kV/35kV电压等级一般不设专用录波装置,故障录波由保护装置内部附带的录波功能实现。微机保护装置一般带有录波功能,这些录波功能分散在各个保护装置,与保护装置有机集成,按保护要求进行管理,功能简单,录波可靠。

变电站专用录波装置一般在220kV及以上变电站使用,一个电压等级共用一套,主变压器单独配一套。专用录波能记录本电压等级甚至整个站的重要信息,相比保护装置自带故障录波只能录取本单元信息而言,专用录波能同时采集更多的故障量。因此,在电力系统出现复杂、大型故障时,专用录波更能体现整个事故发生、发展、变化的过程,对事故分析更为有利,但保护自带的录波功能简单明了,操作简单,事故发生时能直接自动打印,对运行人员的事故判断更有帮助。

早期使用广泛的光线型录波装置已基本被微机型录波装置取代,本节不再提及光线录波的有关知识。

二、微机保护自带故障录波

（一）故障录波的启动条件

微机保护自带录波一般与保护装置一起启动，以 CSC—101 保护为例，保护启动后，CPU 开始记录故障录波数据，记录故障前 3 周波（约 60ms）和故障后 5 周波（约 100ms）。

每一开关量动作开始再加 100ms 的采样数据，因此可以说装置能录下故障全过程。模拟量录波每周采样 24 点，采样间隔 0.833ms。储存容量达 4M，可保存不少于 24 次全过程记录故障数据。

（二）故障录波的记录范围

CSC—101 微机保护自带录波装置可以记录整个故障过程中（包括故障前、故障后）电压、电流的波形，并且可以记录 16 路开关量信息（包括分合闸信号、纵联收发信号、保护内部开关量信号等）。

（三）故障录波使用

模拟故障试验或故障保护出口后，保护装置应能自动打印保护动作报告和录波报告。故障录波报告可以打印输出，也可以 Comtrade 兼容格式输出至串口或以太网接口（上传），根据需要人工也可方便地调出任何一次的录波报告。具体方法是：

首先进入主菜单，选"打印"→按"SET"键→选"报告"→按"SET"键→选"动作报告"→按"SET"键→选择最近几次报告或按照时间索引，选中某时间的报告后，按"SET"键显示所选报告的内容。再按"SET"键继续，按"QUIT"键取消。

（四）故障录波示例

如图 6-39 所示为 CSC—101 微机保护自带录波装置记录的一个线路相间永久性故障的录波波形图（重合闸方式：综重）。从图上可以看出，录波装置可以记录整个故障过程。

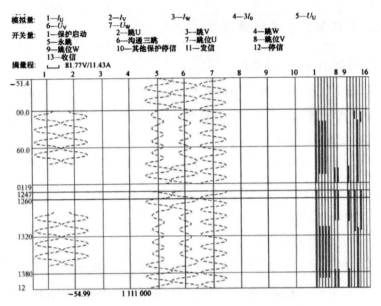

图 6-39 线路相间永久性故障的录波波形图

1. 读图说明

(1) 录波图中各模拟量、开关量的定义如下：

模拟量：1—Iu：第一路 U 相电流；2—Iv：第二路 V 相电流；

3—Iw：第三路 W 相电流；4—3Io：第四路零序电流；

5—Uu：第五路 U 相电压；6—Uv：第六路 V 相电压；

7—Uw：第七路 W 相电压。

开关量：1—保护启动；2—跳 U 相（保护跳 U 开出）；3—跳 V 相（保护跳 V 开出）；

4—跳 W 相（保护跳 W 开出）；5—永跳；6—沟通三跳（开入）；

7—跳位 U（开入）；8—跳位 V（开入）；9—跳位 W（开入）；

10—其他保护停信；11—发信；12—停信；13—收信。

(2) 录波图中模拟量大小比例尺如下：

满量程："⌐"＝81.77V/11.43A，表示录波图上电压模拟量通道一格代表 81.77V；电流模拟量通道一格代表 11.43A。

2. 故障分析

(1) 报告起始为本次录波的绝对时间，－51.4ms 表示录波装置从故障发生前 2~3 周波开始记录数据。

(2) 0s 时刻，VW 相发生故障，故障电流约 10A（二次值），故障相电压约 40V。

(3) 4ms 后保护启动，两侧收发信机发信（闭锁式）。

(4) 18ms 后两侧保护判断正方向故障，收发信机停信，区内故障，纵联保护发"三跳"命令。

(5) 约 78ms 后，故障切除，三相电压恢复，断路器跳开。

(6) 1.25s 后断路器重合闸，故障依然存在，保护再次动作切除故障。期间，可能有后加速保护动作或 I 段保护动作，但录波没有完全录取。

三、专用故障录波

不同厂商生产的专用故障录波产品各有所长，现以武汉中元 ZH－2 型电力故障录波为例介绍。

(一) 故障录波的启动条件

故障录波正常运行时只做设备自检和各通道输入信号的监视，只有系统有扰动时，录波启动才对各输入量进行记录，这就是专用录波装置的故障录波启动。对接入录波器的每一个电压量、电流量、开关量，均可作为故障录波的启动条件，具体有：

(1) 相电压突变、电压低，零序电压突变、越限，负序电压越限均可作为故障录波的启动条件。

(2) 相电流突变、越限，负序电流越限，零序电流越限均可作为故障录波的启动条件。

(3) 系统频率越限、突变可作为故障录波的启动条件。

(4) 开关量变位可作为故障录波的启动条件。

但是，并不是上述所有的启动量都要生效，这可以通过故障录波的整定界面进行整定。合理的定值可以在真正故障来时启动录波装置进行完整录波，相反，不合理的整定值可能导致故障录波频繁启动，严重干扰运行人员的运行监视，或故障发生时录波没有启动。

（二）故障录波的记录范围

故障录波一旦起动，故障录波将在故障期间加大采样力度和采样精度，详细记录各输入

量内容和变化，主要有：录波时间、故障线路、故障相别、故障距离、故障电流有效值、故障电压有效值、启动通道名称、启动类型、高频信号、跳闸相别、跳闸时间、重合闸时间、再次录波类型等。

（三）故障录波的使用

ZH-2 型电力故障录波分析装置面板如图 6-40 所示。

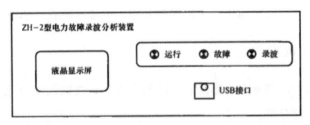

图 6-40 ZH-2 型电力故障录波分析装置面板图

1. 主界面状态说明

运行状态："运行"灯绿色表示正常，红色表示故障；"录波"灯绿色表示正在录波，灰色表示未录波；DSP 板指示灯绿色表示正常，红色表示有故障，黄色表示正在录波；±9V 和 +24V 指示灯绿色表示正常，红色表示故障。

实时波形监视：以 1kHz 的采样速率显示全部或所选通道的实时波形，可以监视任意通道的有效值，任意线路的有功和无功功率。

事件记录：列表中详细记录系统运行过程中发生的各种事件，如系统启动、录波、修改定值、修改配线、DSP 复位、系统出错等，不同类型的事件用不同的图标显示，同时有详细的文字说明和事件发生的时间。表中列出最近 1000 条事件记录（默认），更早的事件记录存放在数据库中，可随时查阅。

故障文件：列出最近 100 个录波文件（默认），更早的录波文件存于硬盘中；用鼠标右键单击要选的录波文件可以执行多种操作。

频率显示窗口：插件采用硬件测频，精度不低于 0.005Hz。

2. 控制菜单操作

控制菜单内容如图 6-41 所示。

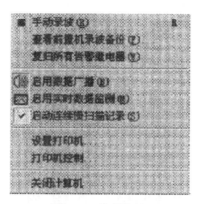

图 6-41 控制菜单

手动录波：手动启动录波，将当前接入量录下来以便观察，这也是故障录波定期手动启动试验的方法。

查看前置机录波备份：显示前置机 FLASH 芯片中备份的录波数据。用鼠标单击"查看前置机录波备份"，在"FLASH 数据浏览"窗口中，选中录波文件，用鼠标单击"保存到后台机"按钮，所选录波文件则保存到 F：\ZYD\X年X月X日\FLASH 目录下，文件以 ZYD 为后缀命名。

复归所有告警继电器：将所有告警继电器（插件故障、录波告警）还原为初始状态（需"验证用户"）。

启用数据广播：运行/禁止数据广播，数据广播将实时波形和运行状态的信息发送到网络的其他终端上。插件在投运期间，设置为允许（需"验证用户"）。

启用实时数据监测：显示/停止实时波形（需"验证用户"）。

启动连续慢扫描记录：开始记录连续慢扫描的数据，连续慢扫描以每秒 1 个点的速率连续记录全部输入模拟量的有效值、电压频率的包络线和开关量的状态，以反映系统运行的稳定性。每个采样板每天的数据保存为一个文件，以 CSD 为后缀命名，存于 F：\CSS 目录下，可用 Tview.exe 工具打开慢扫描文件。

设置打印机：设置当前打印机。

打印机控制：控制打印状态。如取消打印、暂停打印等。

关闭计算机：关闭滤波器的后台机（需"验证用户"）。

3. 工具菜单操作

工具菜单如图 6-42 所示。

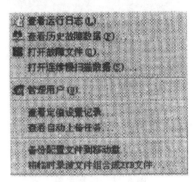

图 6-42 工具菜单

查看运行日志：单击此选项，弹出"运行日志浏览程序"窗口；指定日期、时间、类别后，鼠标单击查询，查得结果就出现在运行状态记录列表中，单击"文件"菜单的"保存"可将查得结果保存到指定的文本文件中。

查看历史故障数据：点击此选项，弹出"故障数据浏览程序"窗口；指定日期、时间、类别后，鼠标单击查询，查得结果就出现在文件列表中，单击"保存列表"可将查得结果保存到指定的文本文件中。

打开故障文件：单击此选项，弹出文件打开对话框，选择故障文件后显示其波形。

4. 打印方式

(1) 自动打印。

指故障发生后，系统自动启动打印机而进行的打印。单击"设置"菜单下的"设置运行环境"栏，在弹出的对话框中选中"录波参数"选项卡，选中"录波后自动打印故障单元波形"（当开启"录波后自动分析故障"的功能后该选项有效），此时，系统会自动打印故障单元，并将故障报告表和波形自动打印出来（需"验证用户"）。

(2) 手动打印。

①在主控程序（主界面）下打印：在"故障数据浏览程序"窗口中，右键单击所要打印的故障文件，单击"打印波形曲线"在弹出的"选择打印单

元"窗口中,可选择"指定 DSP 板"或"指定单元"。

"指定 DSP 板"打印:指打印出所选的 DSP 板接入的模拟量和开关量,也可只选模拟量或开关量。

"指定单元"打印:指打印所选单元(母线/线路)的模拟量和开关量,也可只选模拟量或开关量。

②在离线分析程序 CAAP2000 下打印:在"故障数据浏览程序"窗口中,右击所要打印的故障文件,单击"显示波形曲线...",则自动切换到 CAAP2000 程序。选择"文件"菜单下的"打印...",弹出"选择打印曲线编号"对话框,左边框内为可供选择的量,右边框内为要打印的量。选中右边框内的某个量即可打印。

5. 时钟设置

设置菜单内容如图 6-43 所示。

图 6-43 设置菜单

(1) 单击时钟工具条或单击"设置"菜单下的"设置系统时间",显示"设置日期时间"窗口。

(2) 单击该窗口中的增加、减少按钮,输入正确时间,单击"确定",即完成时钟的修改(需"验证用户")。

6. 关闭显示器

(1) 单击"设置"菜单下的"设置运行环境",显示"验证用户"窗口。

(2) 进入后在弹出的窗口选项卡上,即可进行显示器关闭时间的调整。

(四) 常见故障录波的差异

1. YS—88A 电力故障录波装置

YS—88A 微机故障录波装置是南京银山电子有限公司的产品,YS—88A

型微机故障录波装置面板如图 6-44 所示。

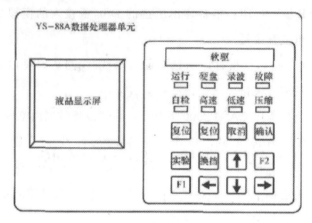

图 6-44　YS—88A 型微机故障录波装置面板示意图

　　YS—88A 微机故障录波装置采用高性能的工控机为硬件核心，直接记录采样数据，可记录电流、电压、零序、负序、开关量等。采用多任务控制系统为软件核心，功能包括录波、故障自动分析、打印、参数修改、通信等。屏上配有液晶显示器、面板按键、键盘、打印机，便于在线操作。

　　2. WGL9000 微机电力故障录波装置

　　WGL9000 微机电力故障录波装置是武汉国电武仪电力自动化设备有限公司的产品。WGL9000 微机电力故障录波器面板如图 6-45 所示。

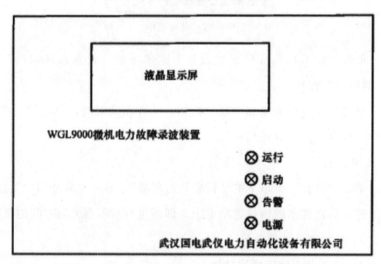

图 6-45　WGL9000 微机电力故障录波器面板示意图

第六章 继电保护及自动化装置运行、检查与异常处理

3. DFR1200 微机故障录波装置

DFR1200 微机故障录波装置是武汉哈德威电力监控系统有限公司产品，DFR1200 微机故障录波装置面板如图 6-46 所示。

图 6-46　DFR1200 微机故障录波装置面板示意图

4. IDM 微机故障录波器装置

IDM 微机故障录波装置是武汉哈德威电力监控系统有限公司的另一款产品，其面板如图 6-47 所示。

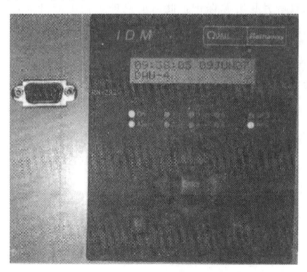

图 6-47　IDM 微机故障录波装置面板

（五）故障录波的常见异常处理

1. 前置机故障

前置机发生故障时，显示器显示 CPU 类型故障，可更换备用插件进行维修。

2. 频繁启动故障

显示器提示频繁启动故障，或故障持续时间超过其缓冲能力。出现该故障后，将停止录波，并检测前置机的工作状态。若一段时间内无录波启动信号，则自动恢复正常状态，该故障一般是参数整定不当造成的，可通过故障分析，判断出是哪一通道引起的，然后将该通道参数适当调整后，重新传给装置。此操作需由检修维护人员进行，运行人员应仅将此问题报给检修部门即可。

3. 磁盘读写故障和无参数文件

属外部设备故障，或存储设备故障，需通知检修人员处理。

4. 电源故障

若整机掉电，应检查装置供电电源及交、直流空气断路器是否完好。若只是某几路电压丢失导致装置电源告警，则可能是输出该组电源的开关损坏，或该组电压被短路引起电源保护，此时应立即关掉电源开关，查明原因排除故障后，尽快恢复运行。

5. 线路故障不能录波

可能是参数定值不恰当：需通知检修人员前来处理。

也可能是接入故障录波的采集问题：如果采集通道正常，可手动录波后，进行波形分析，若波形图上该通道无正常波形，则是该通道不正常，原因可能是接线不好，内部接触不良，对应变送器损坏等，通知检修人员前来处理。

6. 主机故障

若装置出现故障告警，运行灯不亮，按下试验键后，无录波现象，则可能是主机故障，通知检修人员处理。

四、专用故障录波的管理

（1）运行人员应定期对故障录波装置进行巡视，主要包括：面板指示灯是否正常，液晶显示屏是否有异常信息；打印机打印纸的储量是否足够、打印纸是否装好，色带是否缺墨等。

（2）定期手动启动故障录波并打印录波报告正确。

（3）故障后应及时更换存储软盘，如使用光盘应检查是否盘满。

（4）加强故障录波装置故障管理，发现异常及时通知有关人员处理，避免故障录波成为摆设。

（5）加强管理员等人员分级权限管理，避免录波定值、录波设定被修改，避免故障录波无故退出运行。

（6）严禁在故障录波主机或后台机安装其他软件、游戏或挪为他用，必须安装防病毒软件，禁用来历不明的存储介质（如软盘、U盘）。

第七章 变电站综合自动化装置运行及事故处理

第一节 变电站综合自动化系统构成

一、变电站综合自动化系统的结构形式

变电站综合自动化系统是对变电站内的设备进行统一的监控、管理,与调度自动化系统进行实时信息交换、信息共享,是电网自动化系统的一个重要组成部分。变电站综合自动化系统的运行管理可以分为日常管理、交接班、倒闸操作、验收和事故处理等。

根据综合自动化系统的设计思想和安装物理位置的不同,其硬件结构可以分成很多种类。从国内外变电站综合自动化系统的发展过程来看,其结构形式大致可分为集中式结构、分层分布式系统集中组屏的结构形式、分散与集中相结合和分布分散式的结构形式等几种。

(一) 集中式结构形式

集中式结构的综合自动化系统采用计算机、扩展其外围接口电路,集中采集变电站的模拟量、开关量和数字量等信息,集中进行计算和处理,分别完成微机监控、微机保护和一些自动控制的功能。该结构是根据变电站的规模、配置相应容量、功能的微机保护装置和监控主机及数据采集系统,将它

们安装在变电站中央控制室内；主变压器和各进出线及站内所有电气设备的运行状态，通过 TV、TA 经电缆传送至中央控制室的保护装置或监控主机，并与调度控制端的计算机进行数据通信；监控主机完成当地显示、控制和报表打印等功能。这种结构形式主要出现在变电站综合自动化系统问世的初期。

集中式结构综合自动化系统的主要功能及特点是：

（1）及时采集变电站中各种模拟量、开关量，完成对变电站的数据采集、实时监控、制表、打印、时间顺序记录等功能。

（2）完成对变电站主要设备和线路的保护任务。

（3）系统具有自诊断和自恢复功能。

（4）结构紧凑，体积小，可节省占地面积。

（二）分层分布式系统集中组屏的结构形式

分层分布式结构是指在结构上采用主、从 CPU 协同工作方式，各功能模块之间采用网络技术或串行方式实现数据通信。多 CPU 系统提高了处理并发事件的能力，解决了集中结构中计算处理的瓶颈问题，方便系统扩展和维护，局部故障不影响其他模块的正常运行。整个变电站的一、二次设备可分为三层，即变电站层（站控层）、间隔层和设备层。

分层分布式集中组屏的结构特点是：

（1）由于分层分布式结构的配置在功能上采用"可以下放尽量下放"的原则，凡是可以就地完成的功能不依赖通信网，任一部分设备出现故障只影响局部，因此大大提高了系统的整体可靠性；同时，系统软件简洁，可扩展性和灵活性强，减少维护工作量。

（2）继电保护相对独立。分层分布式结构满足了综合自动化系统中继电保护要求相对独立，其功能不依赖于通信网络或其他设备的要求，各保护单元均设置独立的电源，保护的输入仍由 TV 和 TA 通过电缆连接，输出跳闸命令也要通过常规电缆送至断路器的跳闸线圈，保护的启动、测量和逻辑功能独立实现，不依赖通信网络交换信息，保护装置通过通信网络与保护管理机传输的只是保护动作信息或记录数据，也可通过通信接口实现远方读取和修改定值。

（3）具有与系统控制中心通信的功能。综合自动化系统本身已具有对模拟量、开关量、电能脉冲量进行数据采集和数据处理的功能，也具有收集继电保护动作信息、时间顺序记录等功能，因此不必另外设置独立的RTU装置，不必为调度中心单独采集信息，而将综合自动化系统采集的信息直接传送给调度中心；同时接受调度中心下达的控制、操作命令等。

分层分布式集中组屏结构的主要缺点是安装时需要的控制电缆相对较多。

（三）分布分散式的结构形式

分散与集中相结合的结构是指配电线路的保护和测控单元分散安装在开关柜内，而高压线路保护和主变压器保护装置等仍采用集中组屏的系统结构。目前，逐渐采用分布分散式的结构形式。分布分散式结构的主要特点如下：

（1）变电站间隔层在站内按间隔分布式配置。间隔层的设备均可直接下放到开关场就地、减少大量的二次接线，各间隔设备相对独立，仅通过通信网互联，并同变电层的设备通信，方便实现无人值班。

（2）由于保护和测控单元分散安装在开关柜内，而开关柜出厂前已由厂家安装和调试，加之敷设电缆的数量大大减少，因此简化了现场施工、安装和调试工作。

（3）由于分布分散式结构，各单元分散安装，减小了TA的负担，各模块与监控主机之间通过局域网或现场总线连接，组态灵活，可靠性高，抗干扰能力强。

综上所述，采用分布分散式结构可以提高综合自动化系统的可靠性和降低总投资，因此分布分散式结构已成为实际应用中的主要结构形式。

二、变电站综合自动化系统构成及主要设备的作用

（一）变电站综合自动化系统的构成

下面以南瑞继保的RCS-9700变电站综合自动化系统的构成为例，对变电站综合自动化系统主要构成情况进行介绍。系统从整体上分为三层：站控层、网络层和间隔层。

间隔层主要由保护单元和测控装置组成。RCS系列保护、测控装置解决了装置在恶劣环境下长期可靠运行的问题，并在整体设计上，通过保护、测控装置有机结合，信息交换，减少重复设备，简化了设计，减少了电缆。

网络层支持单网或双网结构,支持 100M 高速工业级以太网,也提供其他网络;双网采用双发单收并辅以高效的算法,有效地保证了网络传输的实时性和可靠性;通信协议采用电力行业标准规约,可方便地实现不同厂家的设备互联;可选用光纤组网,增强通信抗电磁干扰能力;利用 GPS,采用 RS—485 差分总线构成秒脉冲硬件对时网络,减少了 GPS 与设备之间的连线,方便可靠,对时准确。

站控层采用分布式系统结构,提供多种组织形式,可以是单机系统,亦可多机系统。灵活性好,可靠性高,且方便系统扩展。变电站层为变电值班人员提供变电站监视、控制和管理功能,界面友好,易于使用。通过组件技术的使用,实现软件功能"即插即用",能很好地满足综合自动化系统的需要。提供远动通信功能,可以不同的规约向不同的调度所或集控站转发不同的信息报文。

图 7-1 所示为 RCS－9700 变电站综合自动化系统的四种典型结构。

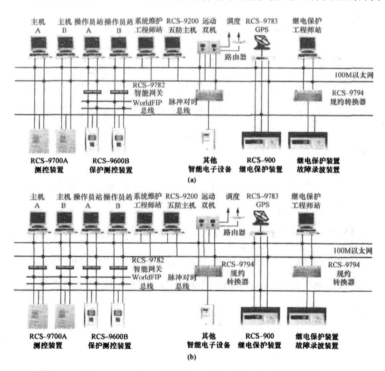

图 7-1　RCS～9700 变电站综合自动化系统典型结构框图(一)

(a) 典型结构(一);(b) 典型结构(二)

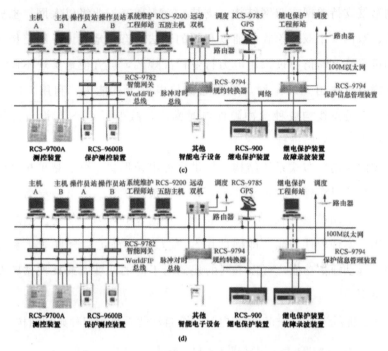

图 7-1 RCS—9700 变电站综合自动化系统典型结构框图（二）

(c) 典型结构（三）；(d) 典型结构（四）

典型结构（一）中，RCS—9700 测控装置和 RCS—900 继电保护装置直接上站控层以太网；RCS—9600B 型低压保护测控一体化装置以 WorldFIP 高速工业级现场总线组网后，经 RCS—9782 智能网关（可双机冗余配置），接入站控层以太网；其他智能电子设备，如其他厂家的继电保护装置、智能电能表、直流屏等，经 RCS—9794 规约转换器（或称通信管理机）接入站控层以太网。

典型结构（二）与典型结构（一）不同的是，RCS—9700 测控装置以 WorldFIP 高速工业级现场总线组网后，经 RCS—9782 智能网关（可双机冗余配置），接入站控层以太网。智能网关可与 RCS—9600B 型低压保护测控一体化装置公用，也可以独立设置。

典型结构（三）、（四）分别是在典型结构（一）、（二）的基础上，配置独立的 RCS—9793 继电保护信息管理装置及其配套设备，构成继电保护和故障信息管理系统子站。

主机、操作员站、工程师站、五防主机，可以配置多机，冗余配置，也可以将功能适当集中,甚至配置单机系统。后台操作系统可选择Windows或者Unix。

远动主机可以选用RCS—9698C/D远动通信装置,也可选用工控机+串口扩展+通道切换+通道接口。

GPS接收机可选用RCS—9785,也可采用RCS—9698C/D远动通信装置内嵌的GPS模块,或者两者都用。

RCS—9793可以另外提供一个100M以太网接口,直接与继电保护工程师站相连。

RCS—900系列保护装置可以提供100M双以太网接口直接接入站控层以太网,也可以提供RS—485接口经RCS—9794规约转换器(保护管理机)转接。

(二) 主要设备的作用

1. 测控装置

在变电站综合自动化系统中,测控装置承担着数据采集、处理,对断路器、隔离开关进行控制及防误闭锁等重要任务,变电站层监控装置或调度端通过测控装置获取现场数据信息,进行各种分析。同时变电站层或调度端可通过测控装置对断路器、隔离开关等设备进行开关操作,利用测控装置还可对有载调压变压器调压、同期合闸数据运算及判别并实现其控制,当开关量变位时能够按照设定值发告警信号向后台传送电笛标志或电铃标志。测控装置是面向间隔设计的,当通过测控装置对断路器、隔离开关等进行操作时,可实现面向间隔的防误闭锁操作判断。

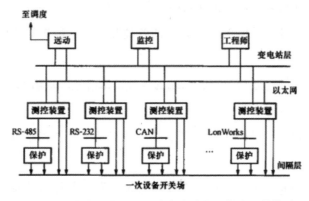

图7-2 测控装置在变电站综合自动化系统中的结构图

图 7-2 所示为测控装置在变电站综合自动化系统中的结构图。测控装置对本间隔的一次系统进行测量、控制，对保护等其他设备进行通信转发。不同间隔的测控装置可通过以太网进行通信。

测控装置的系统结构框图如图 7-3 所示。测控装置组成模块主要包括：①AC 板：交流量输入；②CPU 板：通信接口及对时信号接；③DC 板：电源及遥信输入；④Yx 板：遥信输入；⑤Yk 板：遥控。

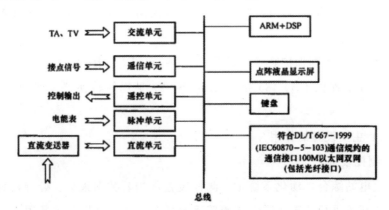

图 7-3　测控装置的系统结构框图

2. 远动通信装置

远动通信装置在电力自动化系统中的作用如图 7-4 所示，可以看出远动通信装置是变电站自动化系统的重要组成部分，负责收集变电站站端的实时数据，并通过各种通信通道传送至调度中心（各调度端），为自动化系统提供原始数据，同时负责将调度端的各种调度命令下发到站端，进行各种参数修改或控制。远动通信装置主要包括四种类型的基本操作：

（1）遥远信号（遥信 YX）：站端的各种开关信号传送给调度端，如开关状态等。

（2）遥远测量（遥测 YC）：站端的各种模拟信号传送给调度端，如电流、电压等。

（3）遥远控制（遥控 YK）：调度端对站端发出各种控制命令，改变设备状态。

（4）遥远调节（遥调 YT）：调度端对站端发出各种调节命令，修改设备量值。

第七章　变电站综合自动化装置运行及事故处理

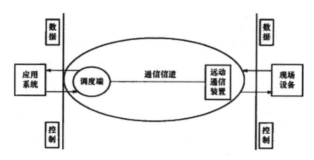

图 7-4　远动通信装置在电力自动化系统中的作用示意图

远动通信装置 RCS—9698C（RCS—9698D）的硬件结构如图 7-5 所示。

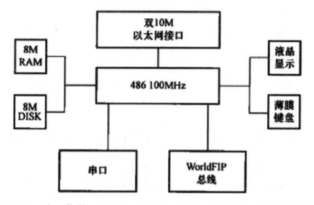

图 7-5　远动通信装置 RCS—9698C（RCS—9698D）的硬件结构图

对于变电站综合自动化系统而言，在保护、测控装置多、信息量大的情况下，通信控制器 CPU 的处理能力、系统资源及与后台的通信速率，都直接成为影响系统性能的瓶颈。装置的主要硬件模块有：

（1）CPU 板：该板集成了系统中的主要部件，CPU 系统、以太网络部件、WorldFIP 总线部件、串口控制器和 2 个 RS—232 接口、5 个 RS—485 接口。

（2）EXT 板：扩展板。该板扩展了 4 个可配置口，根据需要它们可以配置成 RS—232、RS—485、RS—422 接口。接口类型的选择由软件控制，无需跳线。

（3）DC 板：即电源板，该板可直接由 220V 直流供电，经转换，提供装置内部需要的直流电源，该板还提供了与外部 GPS 装置或内置 GPS 模块接口的部件。

(4) 总线背板：连接系统各部件。

(5) 液晶板：带有液晶、小键盘和状态灯。供本机交互、显示和报警用。

(6) Modem 板：选配件。该硬件模块完成数字信号的调制解调，并与通道设备连接，实现信息的远方传输。其所支持的传输速率为 300/600/1200b。

3. 网络通信设备

网络通信设备包括 RCS—9794 通信装置、RCS—9882 以太网交换机、RCS—9881 光纤以太网交换机、RCS—9782 智能网关。RCS—9794 通信装置的通信连接图如图 7-6 所示，RCS—9794 通信装置作为规约转换器，该装置用于多种保护及其他智能电子设备与当地监控、保护信息管理机等的通信；RCS—9882 以太网交换机用于变电站内的 10/100M 以太网装置的双绞线互连；RCS—9881 光纤以太网交换机用于变电站内的 100M 以太网装置的光纤互连；RCS—9782 智能网关以 WorldFIP 高速现场总线方式与保护、测控装置进行通信，以 100M 光纤或者双绞线双以太网接口与各类监控主机以及其他网关交换信息，完成 WorldFIP 与以太网之间信息的透明传输。

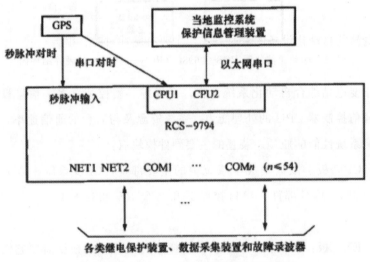

图 7-6 RCS—9794 通信装置的通信连接图

4. 保护测控一体装置

目前，35kV 及以下保护测控均为一体化装置，同时具有保护及测控的功能，且具备较为完备的保护信息方面的功能。主要功能有：

(1) 装置描述的远方查看。

(2) 装置参数的远方查看。

(3) 保护定值、区号的远方查看、修改功能。

(4) 保护功能软压板状态的远方查看、投退。

(5) 装置保护开入状态的远方查看。

(6) 装置运行状态（包括保护动作元件的状态和装置的自检信息）的远方查看。

(7) 远方对装置实现信号复归。

(8) 故障录波（包括波形数据上送）功能。

三、变电站综合自动化系统公用设备

（一）GPS 对时系统

随着全球定位系统（Global Positioning System，GPS）应用的日益广泛以及接收模块技术的普及，GPS 校时方法正以其高精度、高可靠性的优势逐渐大规模应用于变电站自动化时间同步系统。

1. GPS 时钟对时方式

变电站的自动化设备的对时方式，主要有脉冲对时、串行对时、IRIG－B 时钟码对时。

(1) 脉冲对时方式。脉冲对时方式多采用空接点接入方式，它可以分为：

秒脉冲（PPS－1PulsePerSecond）——GPS 时钟 1s 对设备对时 1 次。

分脉冲（PPM－1PulsePerMinute）——GPS 时钟 1min 对设备对时 1 次。

时脉冲（PPH－1PulsePerHour）——GPS 时钟 1h 对设备对时 1 次。

(2) 串行口对时方式，也称时间报文（time telegraph）方式。该报文包含时间信息和报头、报尾等标志信息的字符串。

被对时设备（故障录波装置、微机保护装置等）通过 GPS 时钟的串行口，以时间报文的方式接收时钟信息，来矫正自身的时钟。对时协议有 RS—232 协议、RS—422/485 协议等。

(3) IRIG～B 时钟码对时方式。IRIG－B 是专为时钟传输而制订的时钟码标准。每秒钟输出一帧含有时间、日期和年份的时钟信息。这种对时比较精确。

比较而言，时间报文的对时精度较低（误差在 10ms 以上），目前一般应用在变电站自动化系统的后台计算机系统上。而脉冲对时编码信息较少，一般需与时间报文配合使用。IRIG－B 时间编码是一种较优秀的时间编码格式，能提供较高的对时精度且包含了全部的时间信息。新建或改造的变电站自动化系统测控装置、保护装置均要求使用此种编码格式。

2. 对时系统结构

下面以两种综合自动化系统的对时系统结构分别给予说明。

图 7-7 所示是使用两台时钟同步装置构成的"双机双网"的对时及扩展系统，系统配备两台带 GPS 对时功能的时钟同步装置，一"主"一"从"，分别安装在两个小室，其他小室和主控室配备对时扩展装置，对时扩展装置接收来自两台时钟同步装置（一主一备）的 IRIG－B 时间码并选择输出。

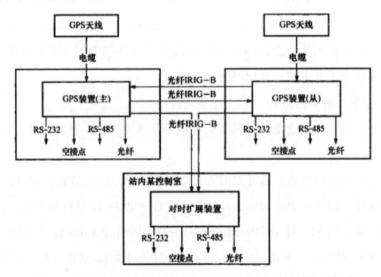

图 7-7 两台时钟同步装置构成的"双机双网"对时系统示意图

如图 7-8 所示的是一台时钟同步装置，具有两个 GPS 插件，在内部也是一"主"一"从"的关系，由 CPU 插件对其进行选择切换，如果两个插件的 GPS 模块都能跟踪到卫星，则 CPU 选择"主"GPS 插件输出对时信息；如果其中一个插件的 GPS 模块失步，则 CPU 选择另一个 GPS 插件输出对时信息；如果两个 GPS 模块都失步，则 CPU 先判断有无有效的外部时钟源，如果有则取外部 IRIG－B 时间码为时间基准，否则优先选择"主"GPS 插件根据内部时钟输出对时信息。

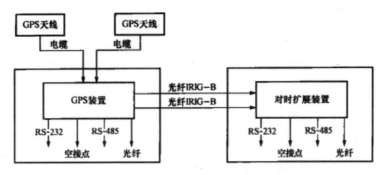

图 7-8　一台时钟同步装置构成的对时系统示意图

对于对时扩展装置来说，它的两路 IRIG－B 输入信号始终是等同的、互为备用的关系，由其随机选择输出。

（二）UPS（逆变电源）

变电站综合自动化系统采用在线式 UPS，主要是用于计算机监控机、远动主机、交换机等不允许停电的设备。

1. UPS 工作原理

在线式 UPS 工作原理框图如图 7-9 所示，其工作原理是：将输入的 220V 交流电源，经输入隔离变压器隔离后，整流滤波成直流电，提供给逆变器。由逆变器将直流电逆变成交流电，再经变压器隔离后供给负载。同时逆变电源也将 220V 直流系统备用在隔离二极管的一端，当市电输入正常时，整流滤波输出电压比直流系统电压高，所以二极管不导通，负载由市电经整流后逆变为交流电供电。一旦市电中断（如停电等），市电整流电压低于直流系统电压，二极管导通，逆变电源将 220V 直流电逆变为交流电为负载供电。当设备过载或逆变电源发生故障时，逆变电源将自动转由旁路市电继续为负载供电。

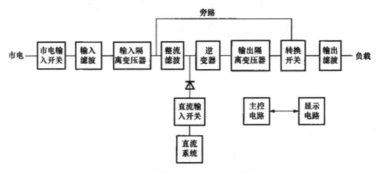

图 7-9　在线式 UPS 工作原理图

2. UPS供电模式

在线式UPS有三种供电模式，分别是：

（1）在市电及直流输入都正常的情况下，逆变电源将市电进行整流，再逆变为220V交流电实现对负载的供电，即市电逆变供电模式。

（2）当市电异常断电时，逆变电源自动转由电池组进行逆变供电，为负载提供220V交流电，即电池供电逆变模式。

（3）当逆变电源过载、输出端短路、机内温度过高（指机内IGBT逆变器上的散热片的温度达到90℃）或逆变电源故障等情况发生时，逆变电源自动转由市电旁路供电，即旁路供电模式。

第二节　巡视、操作、运行注意事项

变电站综合自动化装置运行中的巡视主要是指以微机监控系统为主、人工为辅的方式，对变电站内的日常信息进行监视、控制，以掌握变电站一次主设备、站用电及直流系统、继电保护和自动装置等的运行状态，保证变电站正常运行的目的。

一、变电站综合自动化装置日常监控

日常监控是变电站最基本的一项工作，每个运行人员都必须了解微机监控系统日常监控的内容并掌握其操作方法。监控系统日常监视的内容有：

（1）各子站一次主接线及一次设备。

（2）各子站继电保护及自动装置的投入情况和运行情况。

（3）电气运行参数（如有功功率、无功功率、电流、电压和频率等），各子站潮流流向；光字牌信号动作情况，并及时处理；主变压器分接开关运行位置；每小时查看日报表中各整点时段的参数（如母线电压、线路电流、有功及无功功率，主变压器温度，各侧电流、有功功率及无功功率等）。

（4）电压棒型图、各类运行日志；事故信号、预告信号试验检查。

（5）五防系统网络的运行状态；UPS电源的运行情况。

（6）直流系统的运行情况。

二、站控层设备巡视、操作、运行注意事项

下面以某一220kV变电站监控系统为例,介绍站控层设备巡视、操作及运行注意事项。站控层设备巡视、操作、运行主要注意事项如下:

(1) 检查变电站一次主接线图及一次设备运行情况是否与实际相符。

(2) 全站信号是否正确,有无异常信号。

(3) 全站电压、电流、有功、无功、挡位、温度等是否显示正确。

(4) 检查遥控、遥调执行情况。

(5) 检查电压棒图等各类曲线图是否正确。

(6) 检查操作员工作站各画面之间切换是否正常。

(7) 检查五防系统一次设备显示界面是否正确,是否与实际位置相符,与综合自动化系统通信是否正常,能否正常操作。对于微机监控五防一体(嵌入式五防)的系统可以直接查看,独立的微机防误系统可另行查看。

(8) 检查综合自动化系统同各个保护之间的通信状态是否正常。

(9) 检查音响工作情况。

(10) 检查系统时钟是否准确一致等。

(11) 后台监控对断路器进行遥控过程:

单击监控主接线图上将要操作的"断路器",相应断路器旁出现"遥控/就地"选择按钮,单击"遥控"按钮,弹出密码对话框如图7-10(a)所示,用户填写调度员名称和输入密码,然后单击"确定"按钮。如配置文件中需要监护人则会跳出监护人对话框如图7-10(b)所示,并且调度员和监护人不能是一个人;如配置中需要强制检验遥控调度编号,则会出现一需输入遥控调度编号的对话框如图7-10(c)所示,在其中输入遥控点的"调度编号"。

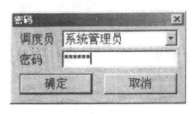

(a)　　　　　　　　　　(b)

图 7-10 遥控过程弹出框图

(a) 调度员对话框；(b) 监护人对话框；(c) 调度编号对话框

在图 7-10 所示遥控过程弹出对话框中输入相应信息和密码并按"确定"键后，将出现图 7-11 所示遥控操作画面。图 7-11 左上的方框为站名、点名和当前状态，左下的方框为遥控进展指示。操作说明如下：

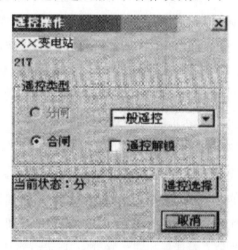

图 7-11 遥控操作弹出框图

（1）按"取消"键，取消遥控操作，操作中止。

（2）当需要选择遥控方式时，选择"一般遥控""检同期""检无压"或"不检"。

（3）当需要遥控解锁时，选择"遥控解锁"。

（4）按"遥控选择"键，开始遥控操作。

（5）系统进行遥控反校，遥控选择成功与否会在对话框中显示出来。

（6）遥控选择成功后，按"遥控执行"发送遥控命令。

（7）遥控操作命令由后台发送给执行机构，当断路器的分、合操作成功后，该断路器的分、合状态的变化会在后台监控主接线图上反映出来。

三、远动通信装置巡视

运行中的双远动通信装置如图 7-12 所示。

"运行"灯常亮表示装置运行正常，"运行"灯灭或不停地闪烁，标志装置异常。如果为双机运行，一台"运行"灯常亮，另一台"备用"灯常亮。同时该装置背后有通信状态指示灯 RXD、TXD（每完成一次收发、对应的灯闪烁一次）。

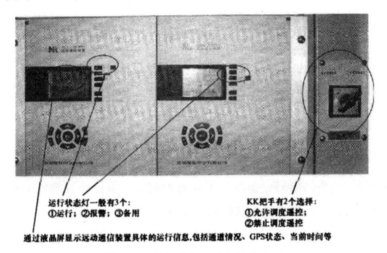

图 7-12　运行中的双远动通信装置

远动通信装置正常运行时液晶屏显示如图 7-13 所示。

网络端口连接状态：位置 1～12 显示远动通信装置网络端口连接的状态；位置 13：显示与组态软件网络连接状态。

串口状态：显示总控 13 个串口的通信状态，从左至右依次为串口 1～13，在通信口通信不通的情况下，对应位置的"X"会闪烁以提示运行人员进行处理。

GPS 状态：GPS 有效时显示"S"，否则显示"N"。

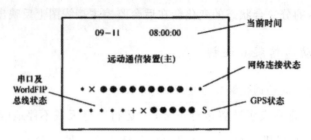

图 7-13 远动通信装置正常运行时液晶屏显示

●—未使用；×—通信不通（该串口上所有装置均通信中断）；
＊—通信正常；＋—通信出错

四、变电站综合自动化间隔层设备巡视、操作

（一）测控装置的巡视

测控装置现场运行面板如图 7-14（a）所示。信号指示灯包括运行灯和告警灯。

运行灯：绿色。正常运行时，运行灯亮。当装置检测到定值出错，RAM/ROM 自检出错、开入、开出电源故障、出口回路异常或装置死机时，运行灯熄灭。故障消除后，运行灯不能自动恢复。需给装置重新上电或在面板上选择装置复位，使装置重新初始化才行。

告警灯：黄色。正常运行时，报警灯熄灭。当装置检测到 TV 断线、频率异常、开关位置开入异常、RAM/ROM 自检出错、装置定值异常等故障时，报警灯亮。故障消失后，报警灯可自动熄灭。

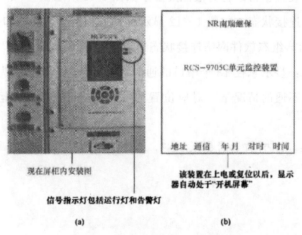

图 7-14 测控装置现场运行情况

(a) 测控装置现场运行面板；(b) 测控装置开机屏幕

通电后查看装置的运行灯是否正常亮起，报警灯应该不亮。接入系统通信网络的装置液晶面板应该有相关的标志表明装置通信正常，通信装置收发信息相关的面板灯应闪烁，表明通信正常。按动装置面板的键盘，能够调出人机界面的菜单等查阅功能，并且装置没有闭锁现象。

测控装置开机屏幕显示如图 7-14（b）所示。在"开机屏幕"上可以看到屏幕下方有一行信息，包括装置地址、通信状态、年月日、对时情况和具体时间。

在"开机屏幕"状态下，按屏"取消"键进入主菜单，在"主菜单"下，按"取消"键回到"开机屏幕"状态。对一般的屏幕，"▲""▼""◀"" "键为光标调整键，将光标调整到适当的位置后，对可修改的参数，按"＋""－"键进入编辑界面，可以修改参数的数值，按"确定"键确认修改，并把相应的数据写入 E^2PROM。对于选择菜单，当光标移到位后，按"确定"键，将选择光标所指项目。

（二）测控装置连接片配置

测控装置对测控的对象设有相应的连接片，常用连接片如图 7-15 所示。

通常使用的硬连接片有置检修、同期手合、跳闸出口、合闸出口、断路器及隔离开关遥控。

（1）置检修连接片：当该连接片投入时，装置处于置检修状态，除此连接片变位状态上送外，其他通信被禁止。

（2）同期手合连接片：当同期手合连接片投入时，装置允许断路器同期手合。

（3）跳闸出口、合闸出口连接片：投入时，装置允许断路器跳闸或者合闸。

（4）断路器及刀闸遥控连接片：投入该连接片时，相应遥控对象接受遥控；退出该连接片，则相应遥控对象拒绝遥控。

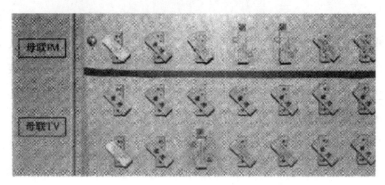

图 7-15　测控装置典型连接片配置

（三）测控装置上的手控操作

测控装置上的手控操作是在测控装置主菜单下，选择相应命令，执行相应操作。操作步骤如下：

（1）在测控装置主菜单下，选择"手控操作"进入手控操作菜单第一步，显示菜单如图 7-16（a）所示。

（2）按确认键进入第二步，显示菜单如图 7-16（b）所示。

（3）光标移到相应位置，按确认后，进入第三步，显示菜单如图 7-16（c）所示。

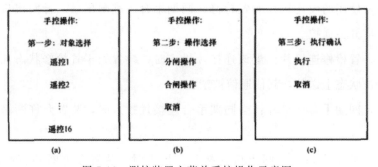

图 7-16　测控装置主菜单手控操作示意图

五、变电站综合自动化间隔层设备中通信设备的巡视

变电站综合自动化间隔层设备中通信设备的巡视检查内容如下：

（1）运行中的通信规约转换装置和交换机面板如图 7-17 和图 7-18 所示，应检查装置面板的状态显示、指示灯、网络通信指示灯、各类空气断路器、选择开关把手是否在正常工作状态。

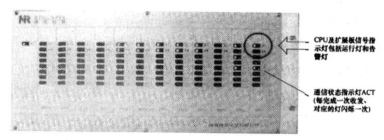

图 7-17　运行中的通信规约转换装置面板

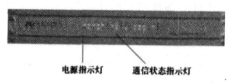

图 7-18　运行中的交换机面板

（2）检查综合自动化系统各元件有无异常、过热、异味、冒烟等现象。

六、保护测控一体装置的巡视

（一）巡视检查内容

运行中的保护测控一体装置如图 7-19 所示，巡视检查内容主要有：各装置面板显示、指示灯、网络通信指示灯、各类空气断路器、控制开关把手是否在正常工作状态等。注意当装置检测到本身硬件故障或定值、软连接片校验出错时，发出装置故障闭锁信号（BSJ 继电器返回），同时闭锁装置保护逻辑，闭锁装置出口，装置面板上的运行灯熄灭。硬件故障包括定值出错、软连接片出错、电源故障。

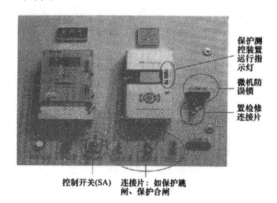

图 7-19　运行中的保护测控一体装置

(二) 保护测控装置运行异常报警

当装置检测到下列异常状况时，发出运行异常信号（BJJ 继电器动作），面板报警灯亮：

(1) 线路电压报警：当重合闸方式为检无压或检同期时，并且线路有电流而无电压，则延时 10s 报警"线路电压异常"。

(2) TV 断线：①正序电压小于 30V，而任一相电流大于 0.1A；②负序电压大于 8V；满足上述任一条件后延时 10s 报母线 TV 断线，发出运行异常告警信号，待电压恢复正常后装置延时 1.25s 自动将 TV 断线报警返回。

(3) 频率异常：系统频率在 49.5Hz 以下，延时 10s 报警。

(4) TWJI 异常：断路器在跳位而线路有电流，延时 10s 报警。

(5) 控制回路断线：装置检测既无跳位又无合位，延时 3s 报警。

(6) 弹簧未储能：断路器操作机构弹簧未储能，经整定延时后报警。

(7) 零序电流报警：零序电流报警功能投入时，零序电流大于整定值，经整定延时后报警。

(8) 过负荷报警：过负荷报警功能投入时，任意相电流大于整定值，经整定延时后报警。

(9) 接地报警：装置自产零序电压大于 30V 时，延时 15s 报警。

七、变电站综合自动化公用设备的运行注意事项

(一) GPS 运行的注意事项

变电运行人员巡视时，应注意检查系统时钟是否准确一致，包括测控装置、保护装置以及其他各种智能装置（有接入 GPS 系统）。一般情况下装置对时正常时，液晶有个特殊符号标示，如南瑞继保的测控装置对时正常时，所示测控装置屏幕下方对时标示为"●"。

通常情况下要求对时装置的时间精度应不低于 7×10^{-7} S/min。如果电力二次系统时钟不统一，由调度自动化系统、广域相量系统、继电保护及故障信息管理系统、变电站自动化系统、继电保护装置、安全自动装置、故障录波装置等提供的事件记录数据，时间顺序差异较大，将造成难以完整描述事件顺序，给电网故障分析带来一定的困难。

对于未安装对时设备的并网运行小电厂和变电站，运行值班人员应每天（或每周）与中央人民广播电台的报时进行对时，保证其主系统及关键设备的时钟误差在 10s 以内。

对 GPS 装置、系统时钟和设备时钟的运行维护：要将 GPS 和相关二次系统时钟同步情况纳入设备的日常巡视范围，发现问题及时处理，保证系统时钟不出现偏差。

（二）UPS 运行的注意事项

1. UPS 运行检查内容

日常运行应对 UPS 工作状态进行检查，主要内容及注意事项如下：

（1）UPS 要定期清洁保养，确保机器寿命。在除尘时，检查各连接件和插接件有无松动和接触不牢的情况。

（2）关机时的注意事项。UPS 电源的使用应避免两次开机之间间隔太短，一般等待时间应在 1min 以上，否则，会很容易烧坏机内元件。不能频繁地开关 UPS，在短时间内连续开关 UPS，会造成内部控制系统的误动作，使之处于既无市电输出又无逆变输出的不正常状态。不要带负载启动 UPS，在启动前应关闭负载设备电源开关。开启时，应先启动 UPS，待稳定后再逐一打开负载设备的电源开关。这样可以避免负载启动时的大电流冲击，从而避免 UPS 瞬间过载而烧坏逆变器。

（3）应定期检查各连接线，并防止碰撞或松动、潮湿。UPS 每年安排全面检查一次并记录。

（4）UPS 安装柜的通风，逆变电源的进出风口，应保持通畅，每月应定期检查进出风口是否有异物堵塞。

2. UPS 前面板部件的功能

UPS 前面板如图 7-20 所示，面板指示灯及其他部件说明如下：

①市电输入指示（绿）灯 LINE：此灯亮表示市电输入正常，此灯熄灭表示市电输入中断。

②旁路输出指示（黄）灯 BY－PASS：此灯亮表示逆变电源由市电旁路给负载供电。

③逆变输出指示（绿）灯 INV：此灯亮表示逆变电源由市电整流逆变或电池逆变输出给负载供电。

注：旁路输出指示（黄）灯和逆变输出指示（绿）灯只能有一个灯亮，

不会存在同时亮的情况。

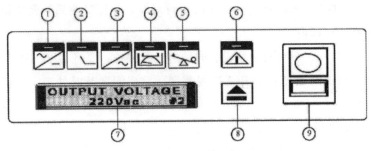

图 7-20　UPS 前面板

④电池能量指示（黄）灯 BATTLOW：此灯亮表示直流输入中断或电池能量即将耗尽（电池低压）。

⑤负载超载指示（黄）灯 OVERLOAD：此灯亮表示负载容量超过逆变电源的额定容量。

⑥故障指示（红）灯 FAULT：此灯亮表示逆变电源异常。

⑦LCD 液晶显示器：显示逆变电源的各运行参数。

⑧LCD 液晶显示循环切换按键 Select：用来阅读液晶显示面板中的各参数画面。

⑨逆变启动/关闭控制循环按键：逆变电源逆变启动与关闭的循环按键。

第三节　异常处理

一、故障处理和事故抢修管理

（1）综合自动化设备的故障处理和事故抢修，应由现场运行人员直接通知系统维护检修人员，检修人员接到通知必须立即赴现场抢修，必要时继电保护、通信等相关专业人员也应赶赴现场，予以密切配合。

（2）综合自动化系统未经调度或上级许可，运行值班人员不得将其擅自退出（除故障外）。如因系统故障退出时，必须向值班调度员汇报。在系统退出时间内，运行值班人员应加强一、二次设备巡视，及时发现问题。

（3）如果综合自动化设备的故障严重影响监控功能，应向分管局长、总工程师汇报，确定抢修方案，统一安排处理。

二、缺陷管理及异常处理

(一) 缺陷管理

监控系统缺陷分为功能缺陷和硬件类缺陷两类。发现缺陷应及时记录,并通知相关专业人员进行处理。功能缺陷和硬件类缺陷按其严重程度,可分成Ⅰ类缺陷、Ⅱ类缺陷和Ⅲ类缺陷三种。Ⅰ类缺陷须立即处理;Ⅱ类缺陷、Ⅲ类缺陷要限期处理。

(二) 监控系统异常处理

当发现装置指示灯、遥信光字牌动作不正常、遥测数据显示异常等现象时,应及时记录、判断,查明原因并向主管部门汇报,力争给予排除;若处理不了应向相关人员和主管部门报告故障现象等。监控系统异常处理应注意以下几点:

(1) 监控系统的故障处理或事故抢修应等同于电网一次设备的故障处理或事故抢修。变电站现场事故处理预案中要加入监控系统部分。

(2) 监控系统设备出现严重故障或异常,影响到电气设备操作的安全运行时,按事故预案处理,并加强对电网一次、二次设备的监视,以避免出现电网事故或因监视不力危及设备和电网安全。同时立即汇报调度和本部门分管领导确定抢修方案,统一安排处理。

(3) 监控机发出异常报警时,监控人员应及时检查,必要时检查相应的一、二次设备。

(4) 监控系统主机故障,备用机若不能自动切换时,应及时向调度和有关部门汇报,尽快处理。

(5) 在监控系统退出期间,运行人员应加强对一、二次设备的巡视,及时发现问题。

(6) 在处理事故、进行重要测试或操作时,有关二次回路上的工作必须停止,运行人员不得进行运行交接班。

(7) 监控系统设备永久退出运行,设备维护单位需向上级调度自动化管理部门提出书面申请,经自动化主管领导批准后方可进行。

三、常见故障及其处理方法

(一) 综合自动化常见缺陷分类

运行人员是综合自动化设备及集控系统设备巡视的责任人,而目前综合自动化及集控系统设备维护单位却分属不同的部门,因此运行人员应仔细分析缺陷的分类,及时通知相应的维护部门进行处理。

(二) 常见故障及其处理方法

下面主要以流程图的形式,介绍变电站综合自动化系统常见故障及其处理方法。

1. 遥测数据不刷新处理流程如图 7-21 所示。

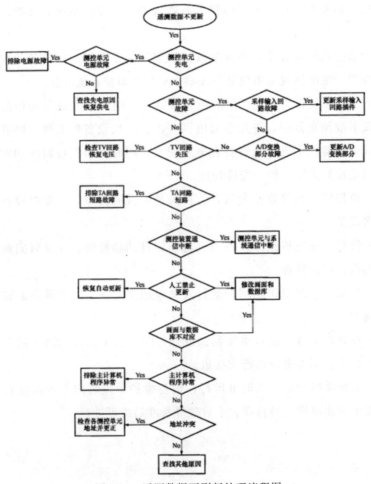

图 7-21 遥测数据不刷新处理流程图

第七章 变电站综合自动化装置运行及事故处理

2. 遥测数据错误处理流程如图 7-22 所示。

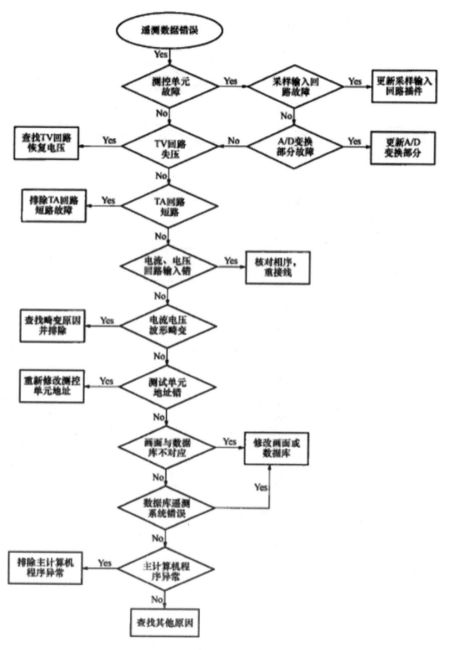

图 7-22 遥测数据错误处理流程图

3. 遥信数据不更新处理流程如图 7-23 所示

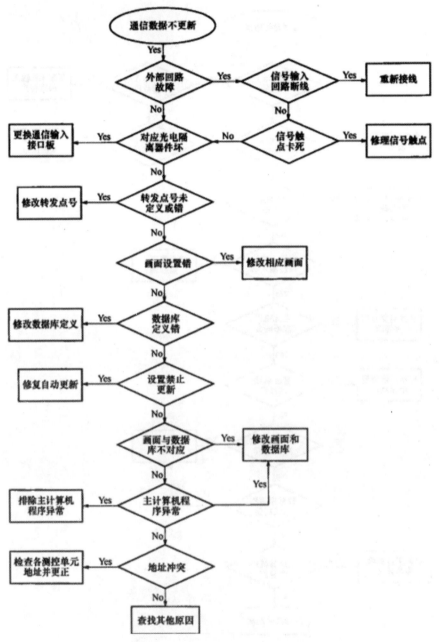

图 7-23　遥信数据不更新处理流程图

4. 个别遥信频繁变位处理流程如图 7-24 所示

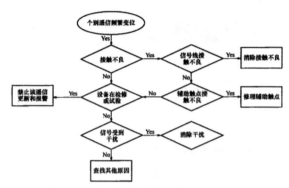

图 7-24　个别遥信频繁变位处理流程图

5. 遥控命令发出、遥控拒动处理流程如图 7-25 所示

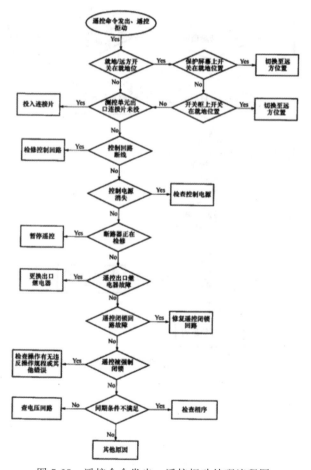

图 7-25　遥控命令发出、遥控拒动处理流程图

6. 遥控返校错或遥控超时处理流程如图 7-26 所示

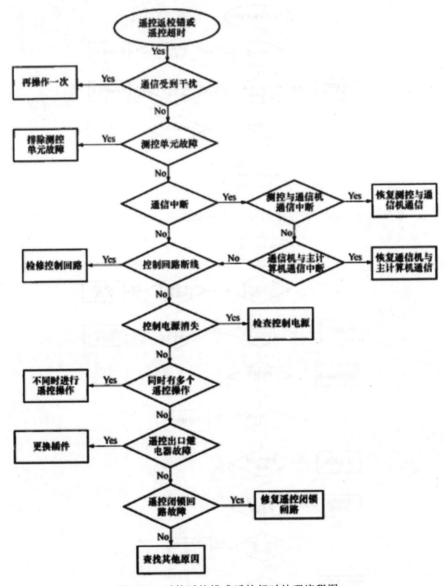

图 7-26 遥控返校错或遥控超时处理流程图

7. 遥控命令被拒绝处理流程如图 7-27 所示

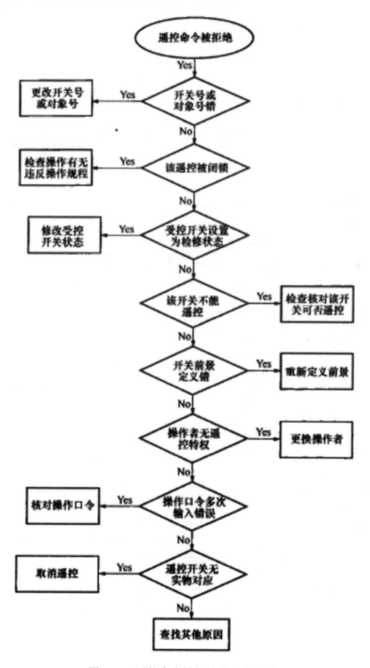

图 7-27　遥控命令被拒绝处理流程图

8. 遥调命令发出、分接头开关拒动处理流程如图7-28所示

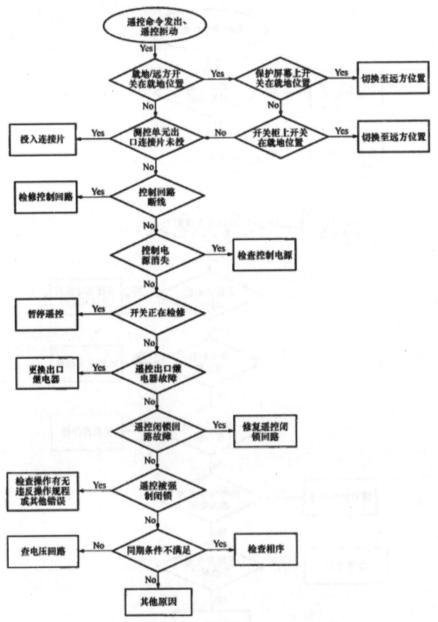

图7-28 遥调命令发出、分接头开关拒动处理流程图

9. 测控单元与系统通信中断处理流程如图 7-29 所示

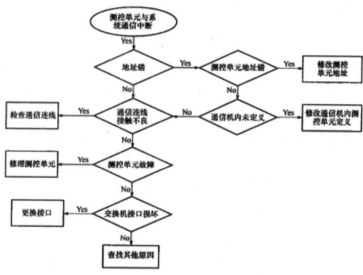

图 7-29　测控单元与系统通信中断处理流程图

10. 保护或其他智能设备与系统通信中断处理流程如图 7-30 所示

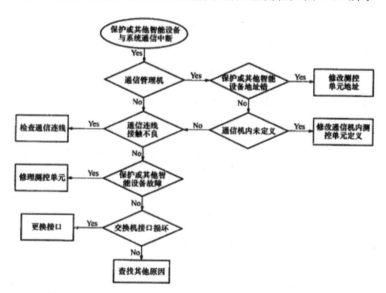

图 7-30　保护或其他智能设备与系统通信中断处理流程图

11. 逆变电源异常

（1）LINE、BY－PASS 指示灯亮：表示市电输入正常，由旁路输出给负载供电。

处理方法：应开启逆变启动按键，以免市电停电时造成负载供电中断。

(2) LINE、INV 指示灯亮：表示市电输入正常，由市电整流逆变输出给负载供电。

处理方法：不需要处理，这是逆变电源一切正常的状态。

(3) 只有 INV 指示灯亮：表示市电输入中断，由直流逆变输出给负载供电，并伴有 4s 一次告警声音，90s 后告警声音消失。

处理方法：查找市电中断原因，及时掌握直流的供电状况，以免直流耗尽时造成负载供电中断，同时要避免此时出现负载过载、输出短路等现象发生，以免逆变电源转由旁路工作状态而导致输出中断的危险性，并尽早恢复逆变电源市电输入，市电恢复后第 1 指示灯（LINE）会自动亮起，逆变电源恢复到正常的市电整流逆变供电状态。

(4) LINE、INV、BATTLOW 三个指示灯亮：表示市电输入正常，由市电整流逆变输出给负载供电，但直流输入电压异常（包括中断输入或电池低压）。此时会伴有一秒一次的告警声音，直到直流恢复正常输入为止。

处理方法：查找直流电压异常的原因，尽早恢复逆变电源直流的正常输入，以免市电停电时造成负载供电中断。

(5) LINE、BY-PASS、OVERLOAD 三个指示灯亮：表示市电输入正常，由旁路输出给负载供电，负载容量超过逆变电源的额定容量。此时会伴有长鸣的告警声音，直到负载容量恢复到逆变电源额定容量以内。

处理方法：及时卸除不重要的负载，并将负载容量降到逆变电源额定容量以内，以免市电停电时造成负载供电中断。卸载后逆变电源将自动恢复正常的市电整流逆变状态。

四、变电站综合自动化系统安全管理

为保证综合自动化系统安全运行，必须对变电运行人员的行为进行规范，以确保人身、设备的安全以及系统的可靠运行。

(1) 严禁在系统上使用非该系统运行所需的软件；禁止在系统硬盘上存储与系统无关的资料；禁止在系统上使用与系统无关的软盘、光盘或其他可能使系统感染病毒的存储介质；禁止无关人员随意在综合自动化系统进行操

作,以免造成系统运行异常,危及电网安全。

(2) 严禁将综合自动化系统与公用的管理信息网络或其他非电力系统实时数据传输专用的网络连接,严禁将系统与因特网相连。

(3) 在综合自动化系统上进行开关设备遥控操作,必须实行操作人和监护人的双重唱票确认的两名工作人员以上的操作,严禁一人独自操作。

(4) 运行人员不能在综合自动化系统的计算机上进行与运行无关的工作。

(5) 运行人员必须按照权限分级,对综合自动化系统和五防系统进行操作和管理,不能越级进行操作。

(6) 严禁删除综合自动化系统计算机内任何程序、数据及文件。

(7) 必须及时消除系统的状态误动、告警误报、信号错位等异常现象,确保电网事故时的准确记录。

(8) 对新增加的计算机系统(含软件软盘、光盘,凡外来介质如软盘、光盘、U盘、MP3、移动硬盘等)要安装防病毒软件并进行病毒检测,证实没有病毒传染和破坏迹象再实际使用。对于厂家技术人员携带的计算机必须经过检测确认无病毒后方可带入工作现场使用,运行人员应作好检测结果把关工作。

(9) 在已运行的系统上安装防病毒软件及防火墙,保护系统不受病毒及其他非法攻击,定期更新防病毒定义文件和引擎,定时进行病毒检测,及时升级防病毒软件和病毒定义文件。

(10) 一旦发现遭受大规模病毒攻击,及时采取隔离措施启动应急预案,并立即报告系统管理人员和上级网络管理部门,避免病毒的扩散。

(11) 定期对变电站综合自动化系统计算机监控数据进行备份。

第八章 站用电运行及异常处理

第一节 站用电系统

一、站用电系统的运行

站用电系统在变电站中的地位十分重要,它向很多重要负荷供电:主变压器冷却系统工作电源、断路器储能电源、隔离开关操作电源、端子箱机构箱加热和照明电源、主变压器消防水喷雾系统工作电源、直流系统充电机工作电源、UPS装置工作电源、通风机及空调电源等。

(一)站用电系统失压造成的危害

(1)可能造成主变压器冷却系统工作电源消失,主变压器温度快速上升,影响主变压器的出力或被迫停运。

(2)可能造成交流储能的断路器操作机构在发生事故时无法储能,断路器无法操作,影响系统的恢复。

(3)造成隔离开关遥控失效,对于无人值班变电站将影响中性点方式调整的隔离开关的操作时间,对系统安全造成影响。

(4)造成主变压器消防水喷雾系统水压无法建立,无法进行灭火。

(5)造成直流充电机工作电源消失,直流负荷全部由蓄电池担负,可能导致蓄电池因过度放电造成直流系统瘫痪。

(二）站用变压器的运行巡视

1. 油浸站用变压器日常巡视检查项目

（1）检查站用变压器的三相负荷分配及电压是否正常。

（2）站用变压器的油温和温度计应正常，储油柜的油位应与温度相对应，硅胶变色不超过 3/4。

（3）套管外部无破损裂纹、无放电痕迹及其他异常现象。

（4）站用变压器音响正常。

（5）各部位无渗油、漏油。

（6）各引线接头应无过热征象。

（7）站用变压器室的门、窗、照明应完好，房屋不漏水，温度正常。

2. 干式站用变压器和接地站用变压器日常巡视检查项目

（1）检查站用变压器的三相负荷分配及电压是否正常。

（2）检查温度监视仪工作是否正常，绕组是否超温报警，风扇运转是否正常。

（3）站用变压器的外部表面应无积污。

（4）站用变压器音响正常，无放电现象。

（5）各引线接头应无过热征象。

（6）箱式房内进出电缆孔洞是否封堵严密，箱门是否关闭严密。

（三）站用电系统的接线方式

1. 两台站用变压器互为备用接线方式 1（母联断路器备用）。

两台站用变压器分别接在两个不同的电源点，分别带一段 400V 母线运行，两段 400V 母线通过母联断路器连接，如图 8-1 所示。正常运行时，400V Ⅰ 段母线接 1 号站用变压器运行，400V Ⅱ 段母线接 2 号站用变压器或站外备用站用变压器运行，400 断路器在分闸位置，投入 400V 备自投。该接线方式在 1 号站用变压器（或 2 号站用变压器）失压时，400V 备自投跳开 401 断路器，合上 400 断路器，保证 400V 两段母线正常运行。

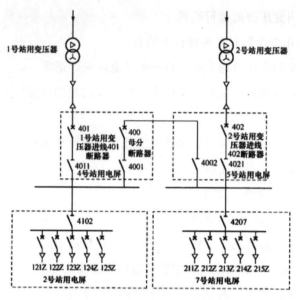

图 8-1 互为备用站用电接线方式 1

2. 两台站用变压器互为备用接线方式 2（进线断路器互为备用）。

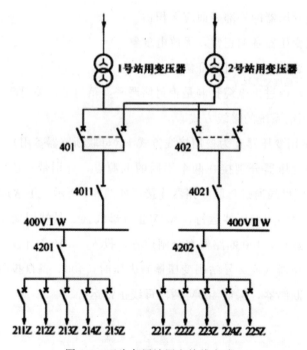

图 8-2 互为备用站用电接线方式 2

两台站用变压器分别接在两个不同的电源点，两台站用变压器各带一个低压断路器与400V母线相连,两个低压断路器装有备自投装置,如图8-2所示。正常运行时,401断路器接1号站用变压器侧或2号站用变压器侧,402断路器接1号站用变压器侧或2号站用变压器侧,401及402断路器备自投装置均投入。该接线方式在1号(2号)站用变压器失压时,401(402)断路器的备投装置自动将电源切换2号(1号)站用变压器,保证400V两段母线正常运行。

3. 明备用接线方式

两台站用变压器分别接在本站两个不同的电源点,另一台,站用变压器接在外来线路上作为备用电源,如图8-3所示。正常运行时,400VⅠ段母线接1号站用变压器运行,400VⅡ段母线接2号站用变压器或站外备用站用变压器运行,400断路器在分闸位置,投入400V备自投。该接线方式与互为备用的接线方式相比,可靠性更高,当在本站1号、2号站用变压器全部失压的情况下,可由站外备用站用变压器恢复400V母线,保证站内事故处理的正常进行。

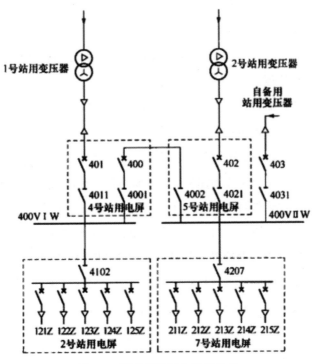

图8-3 明备用站用电接线方式

二、站用电系统的异常处理

（一）交流母线失压异常处理

交流母线失压时，应检查站用变压器高压侧系统是否失压，站用变压器高压侧熔断器有无熔断，站用变压器有无异常，站用变压器低压侧断路器是否正常。

若站用变压器高压侧系统失压，应查明原因汇报调度，并依调度令设法恢复站用电。以图8-3所示接线为例，可将两台接在本站母线上的站用变压器低压侧401、402断路器及4011、4021隔离开关断开，合上外来线路所接站用变低压侧隔离开关4031及断路器403，恢复400V母线的正常供电。当本站高压侧系统恢复正常，本站两台站用变压器高压侧已带上电压后，应先断开备用站用变低压侧403断路器及4031隔离开关后再合上站内两台站用变压器低压侧4011、4021隔离开关及401、402断路器，恢复400V母线正常方式运行。

若站用变压器高压熔断器熔断，或站用变压器故障，如图8-3所示接线中1号站用变压器故障，应断开1号站用变压器低压侧401断路器及4011隔离开关，合上母联400断路器，将该失压母线改由2号站用变压器供电，并通知检修人员检查处理。

若低压侧断路器跳开，如图8-3所示401断路器跳开，应先对400V Ⅰ段母线进行检查，检查该母线是否有短路放电点，是否存在空气断路器失配等情况。若400V Ⅰ段母线无故障，将该母线上所接121Z~125Z支路断路器全部断开后，试送低压侧401断路器。401断路器试送成功后，采用试送法逐一查找故障支路，发现故障支路后进行隔离，汇报相关部门，通知检修人员检查处理。未查找到故障点并将之隔离前，不得合上母联400断路器。

母线失压造成变压器冷却电源丢失且无法马上恢复时，应汇报调度，并密切监视变压器温度，按照规程中冷却器全停相关规定执行。

母线失压造成直流充电装置交流电源消失时，应参照直流系统异常的相应内容处理。

（二）交流支路失压异常处理

某条交流支路电源消失后，应查找该支路中哪级空气断路器跳开，若未发现空气断路器跳开，应对回路进行检查，确认是否接线松脱或接触不良，查找到后断开上级空气断路器，紧固后再合上上级空气断路器；若发现空气断路器跳开，可试送一次，如试送不成功，检查该空气断路器下端回路有无短路现象，并进行简单处理，若未发现问题，通知检修人员处理。

（三）交流母线电压异常处理

运行中发现交流母线电压降低，应先检查站用变压器高压侧系统电压是否下降，并进行核实。若确因系统电压降低引起，汇报调度设法恢复系统电压即可。再检查交流回路负荷有无增大，若无明显增大，应对站内交流回路进行检查，可使用测温仪器进行测温，判断有无因绝缘不良引起的发热现象，并进行处理。若无法发现异常情况，通知检修人员处理。

（四）站用变压器高压侧异常处理

当站用变压器高压侧熔断器熔断时，应立即断开高、低压侧隔离开关，恢复站用电。对故障站用变压器应立即进行外表检查。外表检查无异常后，可更换熔断器后试送一次，如试送熔断器又熔断，则不得再送，应立即汇报调度、站长和上级领导，要求派人检查处理。

站用变压器发现有下列情况之一时，应立即停用，并汇报调度及相关部门，等候处理：①站用变压器声响明显增大，很不正常，内部有爆裂声；②严重漏油；③站用变压器套管有严重的破损和放电现象；④站用变压器冒烟着火。

（五）其他注意事项

（1）更换站用变压器高压侧熔断器时，应注意高压熔断器的装设方向，以免出现故障时高压熔断器无法正常熔断，造成故障越级。

（2）备用站用变压器正常情况下接站外配网线路运行，可能由于受配网线路连续故障冲击，造成站用变压器损坏或烧毁，因此在巡视中应加强备用站用变压器的巡视，以免事故时无法通过备用站用变压器恢复站用电。

第二节 直流系统

一、直流系统的运行

变电站直流系统主要为控制、信号、继电保护、安全自动装置及事故照明等提供可靠的电源。直流系统一般由蓄电池组、整流充电装置、放电装置、绝缘监察装置、直流母线和直流负荷组成。

（一）变电站直流系统的接线方式

下面介绍三种常见变电站直流系统接线的运行方式。

1. 变电站直流系统的接线方式1（单母线分列接线方式）

如图8-4所示，正常运行方式为：①1号直流充电屏QF5选择开关以及1号直流主屏QF7选择开关切换至Ⅰ母侧，1号充电装置供1号直流主屏以及1号、2号直流分屏的Ⅰ段直流母线负荷，同时对Ⅰ组蓄电池组浮充电；②2号直流充电屏QF6选择开关以及2号直流主屏QF8选择开关切换至Ⅱ母侧，2号充电装置供2号直流主屏以及1号、2号直流分屏的Ⅱ段直流母线负荷，同时对Ⅱ组蓄电池组浮充电；③每组充电装置均有两路交流输入电源，互为切换；④正常情况下Ⅰ、Ⅱ段直流母线及Ⅰ、Ⅱ组蓄电池组均分列运行。

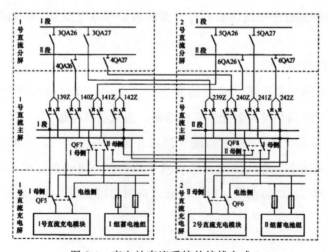

图8-4 变电站直流系统的接线方式1

2. 变电站直流系统的接线方式 2（单母线分段接线方式）

如图 8-5 所示，正常运行时：①QF11、②QF12、③QF21、④QF22 在合闸位置，QF3 在分闸位置；②每组充电装置均有两路交流输入电源，互为切换；③正常情况下Ⅰ、Ⅱ段直流母线及Ⅰ、Ⅱ组蓄电池组均分列运行。

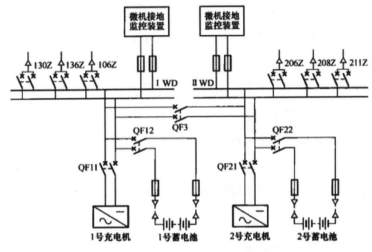

图 8-5 变电站直流系统的接线方式 2

3. 变电站直流系统的接线方式 3（单母线接线方式）

如图 8-6 所示，正常运行方式为：①QF11、QF12 在合闸位置；②每组充电装置均有两路交流输入电源，互为切换。

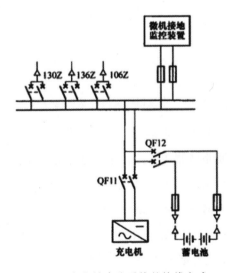

图 8-6 变电站直流系统的接线方式 3

(二) 直流分屏的运行方式

下面以图 8-4 所示直流系统的接线为例，介绍直流分屏的运行方式。一般从直流主屏的两段直流母线上各取一路电源，通过双极切换开关等方式，任选一路作为工作电源，当该路工作电源消失或异常时，而另一路工作电源正常时，可手动切换至另一路工作电源，保证直流分屏正常运行。

断路器操作机构储能电源、隔离开关直流操作电源、保护电源、控制电源等常采用环状供电方式，正常运行时开环运行。如图 8-7 所示，始端经 QF1 引自 1 号直流分屏、末端经 QF2 引自 2 号直流分屏，在中间设置一分段空气断路器 QF3。正常情况下，分段空气断路器 QF3 在断开位置，两段分列运行。当 1 号直流分屏异常或故障时，可将引自 1 号直流分屏的空气断路器 QF1 断开，合上分段空气断路器 QF3，两段直流母线均由 2 号直流分屏供电。同样，当 2 号直流分屏异常或故障时，可由 1 号直流分屏向两段直流母线供电。

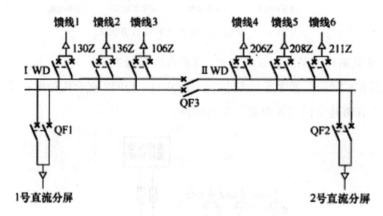

图 8-7 直流馈线负荷环状供电方式

注意事项：①直流分屏正常运行中，不得将分别引自两段直流母线的空气断路器都合上；②断路器储能电源、保护电源等采用环状供电方式的电源，当始端与末端分别引自两段直流母线电源时，正常情况下不得将分段空气断路器合上，以免两台充电装置通过该分段空气断路器长期并列运行。

其余如测控电源、110kV 变电站的保护电源等常采用直流馈线辐射型供电方式，如图 8-8 所示。各馈线支路电源均经 QF1 引自直流分屏。当直流分屏或空气断路器 QF1 异常或故障时，将造成各馈线支路电源全部失电。

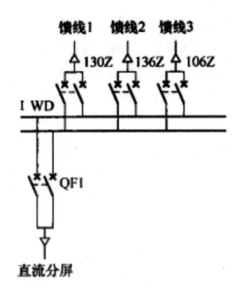

图 8-8 直流馈线辐射型供电方式

（三）蓄电池组的运行和维护

1. 蓄电池组的运行

阀控蓄电池组在正常运行中以浮充电方式运行，在运行中主要监视蓄电池组的端电压值、浮充电流值、单体蓄电池的电压值、直流母线的对地电阻和绝缘状态。不同厂家和型号的蓄电池，浮充电压和均充电压的整定值各不相同，以哈尔滨光宇GFM-350蓄电池为例，浮充电压一般控制在（2.23～2.27）V×N（N为蓄电池个数），均充电压一般控制在（2.35～2.40）V×N。

2. 蓄电池组的维护

当个别蓄电池内阻较大或开路时，其在浮充状态下的单体电压测量可能无法发现异常，因此应定期进行充电机退出情况下的蓄电池组出口电压及单体电压测量。每季度进行一次蓄电池内阻测试，以发现存在缺陷的蓄电池并及时予以更换。

（四）蓄电池组的充放电

1. 蓄电池组充放电的基本概念

（1）初充电是指新的蓄电池组在交付使用前，为完全达到荷电状态所进行的第一次充电。初充电的工作程序应参照制造厂家说明书进行。以珠海泰坦PLC型微机监控单元为例，在充电前应将合闸母线及控制母线的负载全部断开，将监控单元的均充电压值设置到所需电压后，按"均/浮充"切换按钮，对电池进行初充电，充电完毕后，再将均充电压值设回原来所需电压。

（2）浮充电是指在充电装置的直流输出端始终并接着蓄电池和负载，以恒压充电方式工作。正常运行时充电装置在承担经常性负荷的同时向蓄电池补充充电，以补偿蓄电池的自放电，使蓄电池组以满容量的状态处于备用。

（3）均充电是指当蓄电池大量放电时以及蓄电池在使用过程中产生电压不均匀现象时，使其快速恢复到规定的范围内而进行的充电。通常微机监控单元设置浮充状态 30 天或交流输入电源失压 10min 后，装置自动转入均充状态，均充时间 3h。

（4）核对性充放电是指长期处于限压限流的浮充电运行方式或只限压不限流的运行方式，无法判断蓄电池的现有容量、内部是否失水或干枯，通过核对性放电，可以发现蓄电池容量缺陷。新安装或大修后的阀控蓄电池组，应进行全容量核对性充放电试验，以后每 2 年进行一次核对性试验，运行 6 年以上的阀控蓄电池，应每年进行一次核对性充放电试验。

2. 蓄电池组的核对性充放电

下面以图 8-4～图 8-6 三种接线方式介绍核对性充放及其步骤。

（1）如图 8-4 接线方式，当需要对 1 号蓄电池组进行核对性放电时，应按以下步骤进行：

①调整两段直流母线电压相差不大于 1V。

②将 1 号直流主屏 QF7 选择开关切换至Ⅱ母侧，退出 1 号直流充电模块，此时直流两段母线均由 2 号直流充电模块及 2 号蓄电池供电。

当 1 号蓄电池组放电结束后应按以下步骤处理：

①将 1 号直流充电屏 QF5 选择开关切换至电池侧，开启 1 号直流充电模块对 1 号蓄电池组进行均衡充电。

②充电完成后，将 1 号直流充电屏 QF5 选择开关切换至Ⅰ母侧，将 1 号直流主屏 QF7 选择开关切换至Ⅰ母侧，恢复正常运行方式。

（2）如图 8-5 接线方式，当需要对 1 号蓄电池组进行核对性放电时：

①调整两段直流母线电压相差不大于 1V。

②合上 QF3 断路器，断开 QF11、QF12 断路器，退出 1 号直流充电模块

和及 1 号蓄电池，此时直流两段母线均由 2 号直流充电模块及 2 号蓄电池供电。

当 1 号蓄电池组放电结束时应按以下步骤处理：

①合上 QF12 断路器对 1 号蓄电池组进行均衡充电。

②充电完成后，合上 QF11 断路器，断开 QF3 断路器，投入 1 号充电机，恢复正常运行方式。

(3) 如图 8-6 接线方式，当需要对蓄电池组进行核对性放电时，应按以下步骤进行：

①将放电仪接至蓄电池放电空气断路器，或一容量大于蓄电池 10h 放电率电流的备用空气断路器下端。

②将放电电流设定为：10h 放电率—直流母线日常负载电流。

③退出直流充电模块。

④开启放电仪进行 50% 容量核对性充放电。

蓄电池组放电结束时应按以下步骤处理：

①将放电仪退出。

②开启直流充电模块进行充电。

(4) 核对性充放电注意事项：

①蓄电池组以 10h 放电率进行全容量核对性放电时，放电达 10h 或放电过程中蓄电池单体电压达到 1.8V，应立即停止放电。

②蓄电池组以 10h 放电率进行 50% 容量核对性放电时，放电达 5h 或放电过程中蓄电池单体电压达到 1.95V 或直流母线电压达到 200V，应立即停止放电。

3. 充电装置的运行维护

运行人员每天应对充电装置进行检查：三相交流输入电压是否平衡或缺相，是否有异常声响，保护信号是否正常，交流输入电压值、直流输出电压值、直流输出电流值是否显示正确，是否在允许范围之内，正对地和负对地的绝缘状态是否良好，并定期进行两路交流电源的切换试验。

当交流电源中断后，运行人员应监视母线电压是否在允许范围内；交流电源恢复正常后，应立即手动或自动启动充电装置对蓄电池组进行均衡充电。

二、直流系统的异常处理

（一）直流系统电压异常处理

当电压发生异常时，运行值班员应检查：①充电装置输出是否正常；②蓄电池是否正常。

采取以下措施调整和恢复电压至允许范围：①保证重要负荷；②隔离异常设备；③倒负荷。同时应汇报调度及检修部门处理。

（二）支路直流电源消失异常处理

（1）支路直流空气断路器跳闸时，应先确认停电面积，涉及保护及自动装置的支路电源消失，应立即汇报调度，严禁盲目倒负荷，扩大故障范围。

（2）当二次回路中有工作班组工作时，应立即通知工作人员停止工作，查明原因，恢复直流电源。

（3）检查直流屏上的空气断路器，若发现空气断路器跳闸或熔断器熔断，检查无明显短路故障后，可以试合一次空气断路器开关，如果不成功，应立即上报缺陷并汇报有关领导。

（三）交流输入电源异常或消失异常处理

（1）充电机交流输入电源为相互切换备用的双路电源，因此造成交流输入电源异常或消失的原因主要有：①站用电系统失压；②充电机输入端短路故障；③投切回路中的交流熔断器熔断、缺相或相序错误等。

（2）当发现交流输入电源异常或消失时，应先检查判明异常或失压原因，并将充电机退出运行。在短时间内不能尽快恢复输入交流电源时，对双充双蓄接线的直流系统，可将充电设备与蓄电池组一同退出，通过母联断路器恢复直流供电（调整差压小于1V）；对单充单蓄接线的直流系统，仅剩蓄电池组供电时，应尽量减少直流负荷，并记录蓄电池组放电电流及时间。

（四）充电装置异常处理

当充电装置异常，如单个高频整流充电模块损坏告警，可将该高频充电模块退出，并将充电装置后的通信串口短接。如交流输入电源缺相或消失、2个及以上的高频整流充电模块损坏告警或微机监控单元异常告警等，需将充电装置退出运行。在短时间内不能尽快恢复电源时，对双充双蓄接线的直流系统可将充电设备与蓄电池组一同退出,通过母联断路器恢复供电(调整差压小于1V)。对单充单蓄接线的直流系统,仅剩蓄电池组供电时,应尽量减少直流负荷,并记录蓄电池组放电电流及时间。

(五)直流失地异常处理

1. 直流系统失地的处理原则

当直流系统接地信号出现,应根据直流系统接地故障绝缘监测装置的指示判别接地短路情况,并用万用表实际测量确认后,汇报调度以及相关领导。运行人员应综合当日工作情况、天气和直流系统绝缘状况,先对可能发现接地短路的部位进行巡视检查。未发现异常后,再采用拉路法,查找的次序为:先对有缺陷的支路,后对一般支路;先户外,后户内;先对不重要的回路,后对重要回路;先对新投运设备,后对投运已久的设备。具体可依次拉合事故照明、防误闭锁装置回路、热备用或冷备用的设备、户外合闸回路、户内合闸回路、信号回路、测控回路、保护控制回路、整流装置和蓄电池回路。查找到接地短路支路后,应将检查结果通知检修人员,由检修人员处理。

2. 寻找直流失地的注意事项

(1) 处理时不得造成直流短路和另一点接地。

(2) 禁止用灯泡或内阻小于 50 000Ω 的仪表来寻找接地点。

(3) 直流系统发生接地时,禁止在二次回路上工作。

(4) 寻找直流接地时必须二人进行。

(5) 使用拉路法查找直流接地时,断开直流时间不得超过 3s。

(6) 拉路前应采取必要措施,防止直流失压可能引起的保护及自动装置误动,待直流回路正常后再恢复保护及自动装置的运行。涉及保护控制回路、自动装置回路的拉路时应征得当值调度员的同意并采取相应防范措施后方可进行。

(7) 拉路中涉及远动装置的,有可能引起远动信息中断的,应先电话汇报调度值班人员,得到批准后方可进行。

(六)直流母线电压消失异常处理

1. 直流母线电压消失的一般征象

(1) 连接在失压母线上的各保护及自动装置因电源消失而不会上传信号,但监控系统在与失电的综自(通信)装置返校后,会发出"通信故障"信号。

(2) 监控系统显示的相应直流母线电压遥测值为 0,并有相应的"直流母线电压异常"信号。

(3) 直流系统为双重配置时,某一段直流母线电压消失,仅造成连接在该段母线上的保护及自动装置电源消失,其他装置仍运行正常,现场检查时,应正确判断哪一段母线失压,不能凭借部分装置运行正常,就判断是信号误报。

2. 直流母线电压消失的处理

(1) 若直流系统及其他二次回路设备上有工作,应先通知相关人员停止工作,进行排查。

(2) 检查相应的蓄电池组出口熔断器、高频充电模块(或充电机)出口熔断器及交流输入空气断路器、失压母线的电源空气断路器等运行情况,判断直流母线失压的范围。

(3) 确定已失去保护电源和操作电源的间隔,并向相应的调度部门汇报。

(4) 解除相应微机保护的跳闸出口连接片,防止在检查处理过程中出现保护误动。

(5) 对失压母线的外观进行检查,查看有无严重的短路征象,检查连接在该母线上的充电设备、蓄电池组的输出电压是否正常。

(6) 向调度详细汇报保护及直流系统存在的问题,通知检修人员前来处理。

(七) 蓄电池故障处理

(1) 阀控密封铅酸蓄电池壳体变形。常见原因有:①充电电流过大;②充电电压超过了 $2.4V \times N$;③内部有短路或局部放电;④温升超标;⑤安全阀动作失灵等原因造成内部压力升高。处理方法:减小充电电流、降低充电电压、检查安全阀是否堵死等。

(2) 运行中浮充电压正常,但一放电,电压很快下降到终止电压值,常见原因是蓄电池内部失水干涸、电解物质变质,处理方法是更换蓄电池。

(3) 检查和更换蓄电池时,必须注意核对极性,防止发生直流失压、短路和接地。

(4) 将蓄电池拆除后,应相应调低充电机的浮充电压,避免运行的蓄电池因浮充电压过高而损坏。

第十章　电气设备验收

电气设备的验收是变电站运行值班人员一项很重要的日常工作，是保证电气设备在新建、扩建、大小修、预试和校验后能正常投入电网运行的重要环节。因此，要求变电站运行值班人员依照《电力安全工作规程》中"工作间断、转移和终结制度"的要求，结合工作票所列的工作任务，按照现场预先制定的作业指导书，对电气设备进行验收。

第一节　验收的规定

凡新建、扩建、大小修、预试和校验的一、二次变电设备，必须经过验收。验收合格、手续完备，方可投入系统运行。

一、验收电气设备时的具体要求

（1）应有填写完整的检修报告，包括检修工作项目及应消除缺陷的处理情况。检查应全面，并有运行人员签名。

（2）设备预试、继电保护校验后，应在现场记录簿上填写工作内容、试验项目是否合格、可否投运的结论等，检查无误后，运行人员签名。

（3）二次设备验收应使用继电保护验收卡，按照继电保护整定书验收核对继电保护及自动装置的整定值，检查各连接片的使用和信号是否正确，继电器封印是否齐全，运行注意事项是否交清等情况。

（4）核对一次接线相位应正确无误，配电装置的各项安全净距符合标准。

(5) 注油设备验收应注意油位是否适当，油色应透明不发黑，外壳应无渗油现象。充气设备、液压机构应注意压力是否正常。

(6) 户外设备应注意引线不过紧、过松，导线无松股等异常现象。

(7) 设备触头处示温蜡片应全部按规定补贴齐全。

(8) 绝缘子、瓷套、绝缘子瓷质部分应清洁、无破损、无裂纹。

(9) 断路器、隔离开关等设备除应进行外观检查外，进行分、合操作三次应无异常情况，且联锁闭锁正常。检查断路器、隔离开关最后状态在拉开位置。

(10) 变压器验收时应检查分触头位置是否符合调度规定的使用挡。

(11) 一、二次设备铭牌应齐全、正确、清楚。

(12) 检查设备上应无遗留物件，特别要注意工作班施工时装设的接地线、短路线、扎丝等应拆除。

二、电气设备验收应注意事项

对电气设备验收时应注意：

(1) 设备验收工作由工作票完工许可人进行，有关技术人员对运行人员的验收工作进行技术指导。

(2) 设备验收均应按有关规程规定、技术标准、现场规程以及作业指导书进行。验收设备时应进行以下工作：

① 认真阅读检修记录、预防性试验记录或二次回路工作记录，弄清所记的内容，如有不清之处要求负责人填写清楚；如暂时没有大小修报告，应要求负责人将报告的主要内容及结论写在记录内，并注明补交报告的期限。

② 现场检查核对修试项目确已完成，所修缺陷确已消除。

③ 督促工作负责人消除缺陷。

(3) 设备的安装或检修。在施工过程中，需要中间验收时，由当值运行班长指定合适值班人员进行。中间验收也应填写有关修、试、校记录，工作负责人、运行班长在有关记录上签字。设备大小修，预试，继电保护、自动装置、仪表检验后，由有关修试人员将修、试、校情况记入有关记录簿中，并注明是否可投入运行，无疑后方可办理完工手续。

(4) 验收的设备个别项目未达到验收标准，而系统急需投入运行时，需经上级主管总工程师批准。

第二节　新设备验收

一、变压器（线路并联电抗器）验收项目

1. 变压器运抵现场就位后的验收项目

(1) 油箱及所有附件应齐全，无锈蚀及机械损伤，密封应良好。

(2) 油箱箱盖或钟罩法兰及封板的连接螺栓应齐全，紧固良好，无渗漏；浸入油中运输的附件，其油箱应无渗漏。

(3) 套管外表面无损伤、裂痕，充油套管无渗漏。

(4) 充气运输的设备，油箱内应为正压，其压力为 0.01～0.03MPa。

(5) 检查三维冲击记录仪，设备在运输及就位过程中受到的冲击值，应符合制造厂规定，一般小于 3g。

(6) 设备基础的轨道应水平，轨距与轮距应配合。装有滚轮的变压器，应将滚轮用能拆卸的制动装置加以固定。

(7) 变压器（电抗器）顶盖沿气体继电器油流方向有 1%～1.5% 的升高坡度（制造厂不要求的除外）。

(8) 与封闭母线连接时，其套管中心应与封闭母线中心线相符。

(9) 组部件、备件应齐全，规格应符合设计要求，包装及密封应良好。

(10) 产品的技术文件应齐全。

(11) 变压器绝缘油应符合国家标准规定。

2. 变压器安装、试验完毕后的验收项目

(1) 变压器本体和组部件等各部位均无渗漏。

(2) 储油柜油位合适，油位表指示正确。

(3) 套管：

①瓷套表面清洁无裂缝、损伤。

②套管固定可靠、各螺栓受力均匀。

③油位指示正常。油位表朝向应便于运行巡视。

④电容套管末屏接地可靠。

⑤引线连接可靠、对地和相间距离符合要求，各导电接触面应涂有电力复合脂。引线松紧适当，无明显过紧或过松现象。

(4) 升高座和套管型电流互感器：

①放气塞位置应在升高座最高处。

②套管型电流互感器二次接线板及端子密封完好，无渗漏，清洁无氧化。

③套管型电流互感器二次引线连接螺栓紧固、接线可靠、二次引线裸露部分不大于5mm。

④套管型电流互感器二次备用绕组经短接后接地，检查二次极性的正确性，电压比与实际相符。

(5) 气体继电器：

①检查气体继电器是否已解除运输用的固定，继电器应水平安装，其顶盖上标志的箭头应指向储油柜，其与连通管的连接应密封良好，连通管应有1%～1.5%的升高坡度。

②集气盒内应充满变压器油，且密封良好。

③气体继电器应具备防潮和防进水的功能，如不具备应加装防雨罩。

④轻、重瓦斯触点动作正确，气体继电器按标准校验合格，动作值符合整定要求。

⑤气体继电器的电缆应采用耐油屏蔽电缆，电缆引线在继电器侧应有滴水弯，电缆孔应封堵完好。

⑥观察窗的挡板应处于打开位置。

(6) 压力释放阀：

①压力释放阀及导向装置的安装方向应正确；阀盖和升高座内应清洁，密封良好。

②压力释放阀的触点动作可靠，信号正确，触点和回路绝缘良好。

③压力释放阀的电缆引线在继电器侧应有滴水弯，电缆孔应封堵完好。

④压力释放阀应具备防潮和防进水的功能，如不具备应加装防雨罩。

(7) 无励磁分接开关：

①挡位指示器清晰，操作灵活、切换正确，内部实际挡位与外部挡位指示正确一致。

②机械操作闭锁装置的止钉螺栓固定到位。

③机械操作装置应无锈蚀并涂有润滑脂。

（8）有载分接开关：

①传动机构应固定牢靠，连接位置正确，且操作灵活、无卡涩现象；传动机构的摩擦部分涂有适合当地气候条件的润滑脂。

②电气控制回路接线正确、螺栓紧固、绝缘良好；接触器动作正确、接触可靠。

③远方操作、就地操作、紧急停止按钮、电气闭锁和机械闭锁正确可靠。

④电机保护、步进保护、联动保护、相序保护、手动操作保护正确可靠。

⑤切换装置的工作顺序应符合制造厂规定：正、反两个方向操作至分接开关动作时的圈数误差应符合制造厂规定。

⑥在极限位置时，其机械闭锁与极限开关的电气联锁动作应正确。

⑦操动机构挡位指示、分接开关本体分接位置指示、监控系统上分接开关分接位置指示应一致。

⑧压力释放阀（防爆膜）完好无损。如采用防爆膜，防爆膜上面应用明显的防护警示标示；如采用压力释放阀，应按变压器本体压力释放阀的相关要求。

⑨油道畅通，油位指示正常，外部密封无渗油，进出油管标志明显。

⑩单相有载调压变压器组进行分接变换操作时，应采用三相同步远方或就地电气操作并有失步保护。

⑪带电滤油装置控制回路接线正确可靠。

⑫带电滤油装置运行时应无异常的振动和噪声，压力符合制造厂规定。

⑬带电滤油装置各管道连接处密封良好。

⑭带电滤油装置各部位应均无残余气体（制造厂有特殊规定除外）。

（9）吸湿器：

①吸湿器与储油柜间的连接管的密封应良好，呼吸应畅通。

②吸湿剂应干燥；油封油位应在油面线上或满足产品的技术要求。

(10) 测温装置：

①温度计动作触点整定正确、动作可靠。

②就地和远方温度计指示值应一致。

③顶盖上的温度计座内应注满变压器油，密封良好；闲置的温度计座也应注满变压器油密封，不得进水。

④膨胀式信号温度计的细金属软管（毛细管）不得有压扁或急剧扭曲，其弯曲半径不得小于50mm。

⑤记忆最高温度的指针应与指示实际温度的指针重叠。

(11) 净油器：

①上下阀门均应在开启位置。

②滤网材质安装正确。

③硅胶规格和装载量符合要求。

(12) 本体、中性点和铁心接地：

①变压器本体油箱应在不同位置分别有两根引向不同地点的水平接地体。每根接地线的截面应满足设计的要求。

②变压器本体油箱接地引线螺栓紧固，接触良好。

③110kV（66kV）及以上绕组的每根中性点接地引下线的截面应满足设计的要求，并有两根分别引向不同地点的水平接地体。

④铁心接地引出线（包括铁轭有单独引出的接地引线）的规格和与油箱间的绝缘应满足设计的要求，接地引出线可靠接地。引出线的设置有利于监测接地电流。

(13) 控制箱（包括有载分接开关、冷却系统控制箱）：

①控制箱及内部电器的铭牌、型号、规格应符合设计要求，外壳、漆层、手柄、瓷件、电器元件应无损伤、裂纹或变形。

②控制回路接线应排列整齐、清晰、美观，绝缘良好无损伤。接线应采用铜质或有电镀金属防锈层的螺栓紧固，且应有防松装置，引线裸露部分不大于5mm；连接导线截面符合设计要求、标志清晰。

③控制箱及内部元件外壳、框架的接零或接地应符合设计要求，连接可靠。

④内部断路器、接触器动作灵活无卡涩，触头接触紧密、可靠，无异常声音。

⑤保护电动机用的热继电器或断路器的整定值应是电动机额定电流的0.95~1.05倍。

⑥内部元件及转换开关各位置的命名应正确无误并符合设计要求。

⑦控制箱密封良好，内外清洁无锈蚀，端子排清洁无异物，驱潮装置工作正常。

⑧交直流系统应使用独立的电缆，回路分开。

（14）冷却装置：

①风扇电动机及叶片应安装牢固，并应转动灵活，无卡阻，试转时应无振动、过热；叶片应无扭曲变形或与风筒碰擦等情况，转向正确；电动机保护不误动，电源线应采用具有耐油性能的绝缘导线。

②散热片表面油漆完好，无渗油现象。

③管路中阀门操作灵活、开闭位置正确；阀门及法兰连接处密封良好，无渗油现象。

④油泵转向正确．转动时应无异常噪声、振动或过热现象，油泵保护不误动；密封良好，无渗油或进气现象（负压区严禁渗漏）。油流继电器指示正确，无抖动现象。

⑤备用、辅助冷却器应按规定投入。

⑥电源应按规定投入和自动切换，信号正确。

（15）其他：

①所有导气管外表无异常，各连接处密封良好。

②变压器各部位均无残余气体。

③二次电缆排列应整齐，绝缘良好。

④储油柜、冷却装置、净油器等油系统上的油阀门应开闭正确，且开、关位置标色清晰，指示正确。

⑤感温电缆应避开检修通道，安装牢固（安装固定电缆夹具应具有长期户外使用的性能）、位置正确。

⑥变压器整体油漆均匀完好，相色正确。

⑦进出油管标识清晰、正确。

3. 新安装变压器应验收的竣工资料

变压器竣工所提供的资料应完整无缺，符合验收规范、技术合同等要求。具体资料如下：

(1) 变压器订货技术合同（或技术合同）。

(2) 变压器安装使用说明书。

(3) 变压器出厂合格证。

(4) 有载分接开关安装使用说明书。

(5) 无励磁分接开关安装使用说明书。

(6) 有载分接开关在线滤油装置安装使用说明书。

(7) 本体油色谱在线监测装置安装使用说明书。

(8) 本体气体继电器安装使用说明书及试验合格证，压力释放阀出厂合格证及动作试验报告。

(9) 有载分接开关体气体继电器安装使用说明书。

(10) 冷却器安装使用说明书。

(11) 温度计安装使用说明书。

(12) 吸湿器安装使用说明书。

(13) 油位计安装使用说明书。

(14) 变压器油产地和牌号等相关资料。

(15) 出厂试验报告。

(16) 安装报告。

(17) 内检报告。

(18) 整体密封试验报告。

(19) 调试报告。

(20) 变更设计的技术文件。

(21) 竣工图。

(22) 备品备件移交清单。

(23) 专用工器具移交清单。

(24) 设备开箱记录。

(25) 设备监造报告。

二、互感器验收项目

1. 新互感器的验收项目

(1) 产品的技术文件应齐全。

(2) 互感器器身外观应整洁，无修饰或损伤。

(3) 包装及密封应良好。

(4) 油浸式互感器油位正常，密封良好，无渗油现象。

(5) 电容式电压互感器的电磁装置和谐振阻尼器的封铅应完好。

(6) 气体绝缘互感器的压力表指示正常。

(7) 本体附件齐全无损伤。

(8) 备品备件和专用工具齐全。

2. 互感器安装、试验完毕后的验收项目

(1) 一、二次接线端子应连接牢固，接触良好，标志清晰。

(2) 互感器器身外观应整洁，无锈蚀或损伤。

(3) 互感器基础安装面应水平。

(4) 建筑工程质量符合国家现行的建筑工程施工及验收规范中的有关规定。

(5) 设备应排列整齐，同一组互感器的极性方向应一致。

(6) 油绝缘互感器油位指示器、瓷套法兰连接处、放油阀均应无渗油现象。

(7) 金属膨胀器应完整无损，顶盖螺栓紧固。

(8) 具有吸潮器的互感器，其吸湿剂应干燥，油封油位正常。

(9) 互感器的呼吸孔的塞子带有垫片时，应将垫片取下。

(10) 电容式电压互感器必须根据产品成套供应的组建编号进行安装，不得互换。各组件连接处的接触面，应除去氧化层，并涂以电力复合脂。

(11) 具有均压环的互感器，均压环应安装牢固、水平，且方向正确。具有保护间隙的，应按制造厂规定调好距离。

(12) 设备安装用的紧固件，除地脚螺栓外应采用镀锌制品并符合相关要求。

(13) 互感器的变比、分触头的位置和极性应符合规定。

(14) 气体绝缘互感器的压力表值正常。

(15) 互感器的下列部位应接地良好：

①电压互感器的一次绕组的接地引出端子应接地良好。电容式电压互感器的低压端接地，或接载波设备良好。

②电容型绝缘的电流互感器，其一次绕组末屏的引出端子、铁心接地端子、互感器的外壳接地良好。

③备用的电流互感器的二次绕组端子应先短路后接地。

3. 新安装互感器应验收的竣工资料

(1) 互感器订货技术合同。

(2) 产品合格证明书。

(3) 安装使用说明书。

(4) 出厂试验报告。

(5) 安装、试验调试记录。

(6) 交接试验报告。

(7) 变更设计的技术文件。

(8) 备品配件和专用工具移交清单。

(9) 监理报告。

(10) 安装竣工图纸。

三、消弧线圈验收项目

1. 新消弧线圈的验收项目

(1) 产品的技术文件齐全。

(2) 消弧线圈器身外观应整洁，无修饰或损伤。

(3) 包装及密封应良好。

(4) 油浸式消弧线圈油位正常，密封良好，无渗、漏油现象。

(5) 干式消弧线圈表面应光滑、无裂纹和受潮现象。

(6) 本体及附件齐全、无损伤。

(7) 备品、备件和专用工具齐全。

(8) 运行单位要参加安装、检修中间和投运前验收,特别是隐蔽工程的验收。

2. 消弧线圈安装、试验完毕后的验收项目

(1) 本体及所有附件应无缺陷且不渗油。

(2) 油漆应完整,相色标志应正确。

(3) 器顶盖上应无遗留杂物。

(4) 建筑工程质量符合国家现行的建筑工程施工及验收规范的有关规定。

(5) 事故排油设施应完好,消防设施齐全。

(6) 接地引下线及其与主接地网的连接应满足设计要求,接地应可靠。

(7) 储油柜和有载分接开关的油位正常,指示清晰,呼吸器硅胶应无变色。

(8) 有载调压切换装置的远方操作应动作并可靠,指示位置正确,分触头的位置应符合运行要求。

(9) 接地变压器绕组的接线组别应符合要求。

(10) 测温装置指示应正确,整定值符合要求。

(11) 接地变压器、阻尼电阻和消弧线圈的全部电气试验应合格,保护装置整定值符合规定,操作及联动试验正确。

(12) 设备安装用的紧固件应采取镀锌制品并符合相关要求。

(13) 干式消弧线圈表面应光滑、无裂纹和受潮现象。

新安装消弧线圈应验收的竣工资料参考互感器。

四、断路器验收项目

1. 高压开关在安装前的验收项目

在安装前,先应准备好相应的工器具及需要的安装材料,在安装前还应进行相关检查。

(1) 检查高压开关设备的装箱清单、产品合格证书、安全使用说明书、接线图及试验报告等相关技术文件是否齐全。

(2) 检查产品的铭牌数据、分合闸线圈额定电压、电动机规格数量是否

与设计相符。

（3）根据装箱清单，清点高压开关设备的附件及备件、要求数量齐全、无锈蚀、无机械损坏、瓷铁件应黏合牢固。

（4）检查绝缘部件有无受潮、变形等，操作机构有无损伤，断路器有无漏气。

（5）检查相关施工人员是否熟悉相应设备的技术性能和安装工艺，是否通过安全规程的考试，熟悉施工方案。

（6）检查施工相关的机械、工器具及相关材料是否到位，现场施工场地是否具备施工条件。

对于不同的高压开关设备，还应检查设备的情况，如对 SF_6 断路器，应检查：

（1）断路器零部件应齐全、清洁、完好。

（2）灭弧室或罐体和绝缘支柱内预充的 SF_6 气体的压力值及微水含量应符合产品的技术要求。

（3）并联电容器的电容值、绝缘电阻、介质损耗和并联电阻的值应符合厂家的技术要求。

（4）绝缘件表面应无裂纹、无脱落或损坏，绝缘拉杆端部连接应牢靠。瓷套表面应光滑无裂纹或缺损，与法兰粘接应牢靠，表面有厂家的永久标记，应对瓷套进行必要的安装前超声波探伤检查。

（5）传动机构等的零部件应齐全，组件用的螺栓、密封垫等规格符合产品要求，各零部件如轴承、铸件应质量完好。

（6）密度表、密度继电器、压力表、压力继电器应通过相关检验合格。

（7）防爆膜应完好。

对于 GIS 还应增加以下检查项目：

（1）GIS 的所有部件应完整无损。

（2）各分隔气室 SF_6 气体的压力值和微水含量应符合产品的技术要求。

（3）接线端子、插接件及载流部分应光洁无锈蚀。

（4）支架和接地引线应无锈蚀和损伤。

（5）母线和母线筒内应平整、无毛刺。

2. 断路器安装后的验收项目

(1) 断路器应固定牢靠，外表清洁完整，动作性能符合规定。

(2) 电气连接可靠且接触良好。

(3) SF_6断路器气体漏气率和含水分量应符合规定。

(4) 断路器与其操动机构（或组合电器及其传动机构）的联动应正常，无卡阻现象，分合闸指示正确，调试操作时，辅助开关及电气闭锁装置应正确可靠动作。

(5) SF_6断路器配备的密度继电器的报警、闭锁定值应符合规定，电气回路传动应正确。

(6) 瓷套应完整无损、表面清洁，配备的并联电阻、均压电容的绝缘特性应符合产品技术规定。

(7) 油漆应完整，相色标志正确，接地良好。

(8) 竣工验收时按相关标准移交资料和文件。

(9) 操动机构应配合断路器进行安装和检修调试，工作完毕后，进行下列检查：

①操动机构固定牢靠，外表清洁完整。

②电气连接应可靠且接触良好。

③液压系统应无渗、漏油，油位正常；空气系统应无漏气；安全阀、减压阀等应动作可靠；压力表应指示正确。

④操动机构箱的密封垫应完整，电缆管口、洞口应予封闭。

⑤操动机构与断路器的联动应正常，无卡阻现象；分合闸指示正确；辅助开关动作应准确可靠；触点无电弧烧损。

⑥油漆应完整，接地良好。

(10) 油漆应完整，相色标志正确，接地应良好。

(11) 机构箱内端子及二次回路连接正确，元件完好。

(12) 空气断路器在操作时不应有剧烈振动。

新安装断路器应验收的竣工资料参考互感器。

五、新安装保护装置竣工后的验收项目

(1) 电气设备及线路有关实测参数完整正确。

(2) 全部保护装置竣工图纸符合实际。

(3) 装置定值符合整定通知单要求。

(4) 检验项目及结果符合检验条例和有关规程的规定。

(5) 核对电流互感器变比、伏安特性及二次负载是否满足误差要求，并检查电流互感器一次升流实验报告。

(6) 检查屏前、后的设备应完好，回路绝缘良好，标志齐全正确。

(7) 检查二次电缆绝缘良好，标号齐全、正确。

(8) 整组试验合格，信号正确，连接片功能清晰，编号正确合理，屏面各小开关、把手功能作用明确，中央信号正确。

(9) 用一次负荷电流和工作电压进行验收实验，判断互感器极性、变比及其回路的正确性，判断方向、差动、距离、高频等保护装置有关元件及结构的正确性。

(10) 其他可参照有关规定执行。

(11) 在验收时，应提交下列资料和文件：

①工程竣工图。

②变更设计的证明文件。

③制造厂提供的产品说明书、调试大纲、实验方法、实验记录、合格证件及安装图纸等技术文件。

④根据合同提供的备品备件清单。

⑤安装技术记录。

⑥调整实验记录。

(12) 对于新竣工的微机保护装置还应验收：

①继电保护校验人员在移交前要打印出各CPU所有定值区的定值，并签字。

②如果调度已明确该设备即将投运时的定值区，则由当值运行人员向继电保护人员提供此定值区号，由继电保护人员可靠设置；如果当值运行人员未提出要求，则继电保护人员将各CPU的定值区均可靠设置于"1"区。

③由运行人员打印出该微机保护装置在移交前最终状态下的各CPU当前区定值，并负责核对，保证这些定值区均设置可靠。最后，继电保护与运行

双方人员在打印报告上签字。

④制造厂提供的软件框图和有效软件版本说明。

六、新安装计算机监控系统现场验收项目

1. UPS、站控层和间隔层硬件检查

(1) 机柜、计算机设备的外观检查。

(2) 监控系统所有设备的铭牌检查。

(3) 现场与机柜的接口检查：①检查电缆屏蔽线接地良好；②检查接线正确；③检查端子编号正确；④检查电压互感器端子熔丝接通良好；⑤检查各小开关、电源小刀闸电气接触良好。

(4) 遥信正确性检查：①检查断路器、隔离开关变位正确；②检查设备内部状态变位正确。

(5) 遥测正确性检查：①测量电压互感器二次回路压降和角差的测量；②电压100%、50%、0%的量程和精度检查；③电流100%、50%、0%的量程和精度检查；④有功功率100%、50%、0%的量程和精度的检查；⑤无功功率100%、50%、0%的量程和精度的检查；⑥频率100%、50%、0%的量程和精度的检查；⑦功角100%、50%、0%的量程和精度的检查；⑧非电量变送器100%、50%、0%的量程和精度的检查。

(6) UPS装置功能检查：①交流电源失压，UPS电源自动切换至直流功能检查；②切换时间测量；③故障告警信号检查。

(7) I/O监控单元电源冗余功能检查：①I/O监控单元任一路进线电源故障，监控单元仍能正常运行；②I/O监控单元电源恢复正常，对I/O监控单元无干扰功能检查。

2. 间隔层功能验收

(1) 数据采集和处理：①开关量和模拟量的扫描周期检查；②开关量防抖动功能检查；③模拟量的滤波功能检查；④模拟量和越死区上报功能检查；⑤脉冲量的计数功能检查；⑥BCD解码功能检查。

(2) 与站控层通信应正常。

(3) 断路器同期功能检查：①电压差、相角差、频率差均在设定范围内，断路器同期功能检查；②相角差、频率差均在设定范围内，但电压差超出设定范围同期功能检查；③电压差、频率差均在设定范围内，但相角差超出设定范围同期功能检查；④相角差、电压差均在设定范围内，但频率差超出设定范围同期功能检查；⑤断路器同期解锁功能检查。

（4）I/O 监控单元面板功能检查：①断路器或隔离开关就地控制功能检查；②监控面板开关及隔离开关状态监视功能检查；③监控面板遥测正确性检查。

（5）I/O 监控单元自诊断功能检查：①输入/输出单元故障诊断功能检查；②处理单元故障诊断功能检查；③电源故障诊断功能检查；④通信单元故障诊断功能检查。

3. 站控层功能验收

（1）操作控制权切换功能：①控制权切换到远方，站控层的操作员工作站控制无效，并告警提示；②控制权切换到站控层，远方控制无效；③控制权切换到就地，站控层的操作员工作站控制无效，并告警提示。

（2）远方调度通信：①遥信正确性和传输时间检查；②遥测正确性和传输时间检查；③断路器遥控功能检查；④主变压器分头升降检查（针对有载调压变压器）；⑤通信故障，站控层设备工作状态检查。

（3）电压无功控制功能：①500/220kV 电压在目标范围内，电抗器和电容器投切、主变压器分触头调节功能检查；②500/220kV 电压高于/低于目标值，电抗器和电容器投切、主变压器分触头调节功能检查；③500/220kV 电压高于/低于合格值，电抗器和电容器投切、主变压器分触头调节功能检查；④电压无功控制投入和切除功能检查；⑤优先满足 500kV 或 220kV 功能检查；⑥断路器处于断开状态，闭锁电压控制功能检查；⑦设备处于故障或检修闭锁电压控制功能检查；⑧主变压器分触头退出调节，电抗器和电容器协调控制功能检查；⑨电压无功控制对象操作时间、次数、间隔等统计检查。

（4）遥控及断路器、隔离开关、接地开关控制和联闭锁：①遥控断路器，测量从开始操作到状态变位在 CRT 正确显示所需要的时间；②合上断路器，相关的隔离和接地开关闭锁功能检查；③合上隔离开关，相关接地开关闭锁功能检查；④合上接地开关，相关的隔离开关闭锁功能检查；⑤合上母线接地开关，相关的母线隔离开关闭锁功能检查；⑥模拟线路电压，相关的线路接地开关闭锁功能检查；⑦设置虚拟检修挂牌，相关的隔离开关闭锁功能检查；⑧主变压器二侧/三侧联闭锁功能检查；⑨联闭锁解锁功能检查。

（5）画面生成和管理：①在线检修和生成静态画面功能检查；②在线增加和删除动态数据功能检查；③站控层工作站画面一致性管理功能检查；④画面调用方式和调用时间检查。

（6）报警管理：①断路器保护动作，报警声、光报警和事故画面功能检查；②报警确认前和确认后，报警闪烁和闪烁停止功能检查；③设备事故告警和预告及自动化系统告警分类功能检查；④告警解除功能检查。

（7）事故追忆：①事故追忆不同触发信号功能检查；②故障前 1min 和故障后 5min 时间段，模拟量追忆功能检查。

（8）在线计算和记录：①检查电压合格率、变压器负荷率、全站负荷率、站用电率、电量平衡率；②检查变电站主要设备动作次数统计记录；③电量分时统计记录功能检查；④电压、有功功率、无功功率年月日最大、最小值记录功能检查。

（9）历史数据记录管理：①历史数据库内容和时间记录顺序功能检查；②历史事件库内容和时间记录顺序功能检查。

（10）打印管理：①事故打印和 SOE 打印功能检查；②操作打印功能检查；③定时打印功能检查；④召唤打印功能检查。

（11）时钟同步：①站控层操作员工作站 CRT 时间同步功能检查；②监控系统 GPS 和标准 GPS 间误差测量；③I/O 间隔层单元间事件分辨率顺序和时间误差测量。

（12）与第三方面的通信：①与数据通信交换网数据通信功能检查；②与保护管理机数据交换功能检查；③与 UPS、直流电源监控系统数据传送功能检查。

（13）系统自诊断和自恢复：①主用操作员工作站故障，备用的工作站自动诊断告警和切换功能检查，切换时间测量；②前置机主备切换功能检查，切换时间测量；③冗余的通信网络或 HUB 故障，监控系统自动诊断告警和切换功能检查；④站控层和间隔层通信中断，监控系统自动诊断和告警功能检查。

4. 性能指标验收

(1) 精度为 0.1 级的三相交流电压电流源。

(2) 精度合格的秒表。

(3) 标准 GPS 时钟和精度为 1ms 的时间分辨装置。

(4) 网络和 CPU 负载率测量装置。

5. 验收报告

(1) 验收报告主要包括上述所列出的功能。

(2) 性能指标验收报告应包括要求的性能参数和测量设备精度。

(3) 验收报告至少有测量单位和用户签字认可。

6. 检查打印机各种是否正常,当有事故或预告信号时,能否即时打印等。

7. 检查"五防"装置与后台机监控系统接口是否正常,能否正常操作。

8. 设备投运后,应检查模拟量显示是否正常。

第三节 设备检修后验收

一、变压器验收项目

(一) 变压器大修后验收项目

1. 变压器绕组

(1) 清洁、无破损,绑扎紧固完整,分接引线出口处封闭良好,围屏无变形、发热和树枝状放电痕迹。

(2) 围屏的起头应放在绕组的垫块上,触头处搭接应错开、不堵塞油道。

(3) 支撑围屏的长垫块无爬电痕迹。

(4) 相间隔板完整、固定牢固。

(5) 绕组应清洁,表面无油垢、变形。

(6) 整个绕组无倾斜、位移,导线轴向无弹出现象。

(7) 各垫块排列整齐,轴向间距相等,轴向成一垂直线,支撑牢固有适当压紧力,垫块外露出绕组的长度至少应超过绕组导线的厚度。

(8) 绕组油道畅通,无油垢及其他杂物积存。

(9) 外观整齐清洁，绝缘及导线无破损。

(10) 绕组无局部过热和放电痕迹。

2. 引线及绝缘支架

(1) 引线绝缘包扎完好，无变形、变脆，引线无断股卡伤。

(2) 穿缆引线已用白布带半叠包绕一层。

(3) 触头表面应平整、清洁、光滑无毛刺及其他杂质：

①引线长短适宜，无扭曲。

②引线绝缘的厚度应足够。

③绝缘支架应无破损、裂纹、弯曲、变形及烧伤。

④绝缘支架与铁夹件的固定可用钢螺栓，绝缘件与绝缘支架的固定应用绝缘螺栓；两种固定螺栓均应有防松措施。

⑤绝缘夹件固定引线处已垫附加绝缘。

⑥引线固定用绝缘夹件的间距，应考虑在电动力的作用下，不致发生引线短路；线与各部位之间的绝缘距离应足够。

⑦大电流引线（铜排或铝排）与箱壁间距，一般应大于100mm，铜（铝）排表面已包扎一层绝缘。

(4) 充油套管的油位正常。

(5) 各侧的引线接线正确。

3. 铁心

(1) 铁心平整，绝缘漆膜无损伤，叠片紧密，边侧的硅钢片无翘起或成波浪状。铁心各部表面无油垢和杂质，片间无短路、搭接现象，接缝间隙符合要求。

(2) 铁心与上下夹件、方铁、压板、底脚板间绝缘良好。

(3) 钢压板与铁心间有明显的均匀间隙；绝缘压板应保持完整，无破损和裂纹，并有适当紧固度。

(4) 钢压板不得构成闭合回路，并一点接地（夹件也要接地）。

(5) 压钉螺栓紧固，夹件上的正、反压钉和锁紧螺帽无松动，与绝缘垫圈接触良好，无放电烧伤痕迹，反压钉与上夹件有足够距离。

(6) 穿芯螺栓紧固，绝缘良好。

（7）铁心间、铁心与夹件间的油道畅通，油道垫块无脱落和堵塞，且排列整齐。

（8）铁心只允许一点接地，接地片应用厚度 0.5mm、宽度不小于 30mm 的紫铜片，插入 3～4 级铁心间，对大型变压器插入深度不小于 80mm，其外露部分已包扎白布带或绝缘。

（9）铁心段间、组间、铁心对地绝缘电阻良好。

（10）铁心的拉板和钢带应紧固并有足够的机械强度，绝缘良好，不构成环路，不与铁心相接触。

（11）铁心与电场屏蔽金属板（销）间绝缘良好，接地可靠。

4. 无励磁分接开关

（1）开关各部件完整无缺损，紧固件无松动。

（2）机械转动灵活，转轴密封良好，无卡滞，并已调到吊罩前记录挡位。

（3）动、静触头接触电阻不大于 $500\mu\Omega$，触头表面应保持光洁，无氧化变质、过热烧/痕、碰伤及镀层脱落。

（4）绝缘筒应完好、无破损、烧痕、剥裂、变形，表面清洁无油垢；操作杆绝缘良好，无弯曲变形。

（5）无励磁分接开关的操作应准确可靠，指示位置正确。

5. 有载分接开关

（1）切换开关所有紧固件无松动。

（2）储能机构的主弹簧、复位弹簧、爪卡无变形或断裂。动作部分无严重磨损、擦毛、损伤、卡滞，动作正常无卡滞。

（3）各触头编织线完整无损。

（4）切换开关连接主通触头无过热及电弧烧伤痕迹。

（5）切换开关弧触头及过渡触头烧损情况符合制造厂要求。

（6）过渡电阻无断裂，其阻值与铭牌值比较，偏差不大于±10%。

（7）转换器和选择开关触头及导线连接正确，绝缘件无损伤，紧固件紧固，并有防松螺母，分接开关无受力变形。

（8）对带正、反调的分接开关，检查连接"K"端分接引线在"+"或"一"位置上与转换选择器的动触头支架（绝缘杆）的间隙不应小于 10mm。

(9) 选择开关和转换器动静触头无烧伤痕迹与变形。

(10) 切换开关油室底部放油螺栓紧固，且无渗油。

(11) 有载调压装置的操作应准确可靠，指示位置正确。

6. 油箱

(1) 油箱内部洁净，无锈蚀，漆膜完整，渗漏点已补焊。

(2) 强油循环管路内部清洁，导向管连接牢固，绝缘管表面光滑，漆膜完整、无破损、无放电痕迹。

(3) 钟罩和油箱法兰结合面清洁平整。

(4) 磁（电）屏蔽装置固定牢固，无异常，并可靠接地。

(二) 变压器投运前（包括检修后）验收项目

(1) 变压器本体、冷却装置及所有组部件均完整无缺，不渗油，油漆完整。

(2) 变压器油箱、铁心和夹件已可靠接地。

(3) 变压器各部位应清洁干净，变压器顶盖上无遗留杂物。

(4) 储油柜、冷却装置、净油器等油系统上的阀门应正确"开、闭"。

(5) 电容套管的末屏已可靠接地，套管密封良好，套管外部引线受力均匀，对地和相间距离符合要求，各接触面应涂有电力复合脂。引线松紧适当，无明显过紧过松现象。

(6) 变压器的储油柜、充油套管和有载分接开关的油位正常，指示清晰。

(7) 升高座已放气完毕，充满变压器油。

(8) 气体继电器内应无残余气体，重瓦斯必须投跳闸位置，相关保护按规定整定投入运行。

(9) 吸湿器内的吸附剂数量充足、无变色受潮现象，油封良好，呼吸畅通。

(10) 无励磁分接开关三相挡位一致，挡位处在整定挡位，定位装置已定位可靠。

(11) 有载分接开关三相挡位一致，操动机构、本体上的挡位、监控系统中的挡位一致。机械连接校验正确，电气、机械限位正常，经两个循环操作正常。

（12）温度计指示正确，整定值符合要求。

（13）冷却装置运转正常，内部断路器、转换开关投切位置已符合运行要求。

（14）所有电缆应标志清晰。

（15）变压器本体、全部辅助设备及其附件均无缺陷。

（16）变压器油漆完整，相色标志正确。

（17）变压器事故排油设施完好，消防设施齐全。

（18）变压器的相位及绕组的接线组别应符合设计要求。

（19）测试装置应准确，整定值符合要求。

（20）冷却装置的风扇、潜油泵的运转正常，油流指示正确。

（21）变压器的全部电气试验应合格；保护装置整定值符合规定；操作及联动试验正确，本体信号试验正确。

（22）变压器的设计、施工、出厂试验、安装记录、备品备件移交清单等技术资料应完整、准确。

（23）调压箱和冷却器控制箱内各把手、小开关、指示灯的位置应正常。

（24）冷却器的动力电源自动切换用正常。

（三）变压器检修后应验收竣工资料

变压器检修后竣工资料应包括检修报告（包括器身检查报告、整体密封试验报告）、检修前及修后试验报告等，具体内容如下：

（1）本体绝缘和直流电阻试验报告，套管绝缘试验报告。

（2）本体局部放电试验报告。

（3）本体、套管油色谱分析报告。

（4）本体、有载分接开关、套管油质试验报告。

（5）本体油介质损耗因数试验报告。

（6）套管型电流互感器试验报告。

（7）本体油中含气量试验报告。

（8）本体气体继电器调试报告。

（9）有载调压开关气体继电器调试报告。

（10）有载调压开关调试报告。

(11) 本体油色谱在线监测装置调试报告。

二、互感器检修后验收项目

(1) 所有缺陷消除并验收合格。

(2) 一、二次接线端子应连接牢固,接触良好。

(3) 油浸式互感器无渗漏油,油标指示正常。

(4) 气体绝缘互感器无漏气,压力指示与规定相符。

(5) 极性关系正确,电流比换接位置符合运行要求。

(6) 三相相序标志正确,接线端子标志清晰,运行编号完备。

(7) 互感器的需要接地的各部位应接地良好。

(8) 金属部件油漆完整,整体擦洗干净。

(9) 预防事故措施符合相关要求。

(10) 竣工资料:

①缺陷检修记录。

②缺陷消除后质检报告。

③检修报告。

④各种试验报告。

三、消弧线圈检修后验收项目

(1) 所有缺陷消除并验收合格。

(2) 一、二次接线端子应连接牢固,接触良好。

(3) 消弧线圈装置本体及附件无渗、漏油,油位指示正常。

(4) 三相相序标志正确,接线端子标志清晰,运行编号完备。

(5) 消弧线圈的需要接地的各部位应接地良好。

(6) 金属部件油漆完整,整体擦洗干净。

(7) 预防事故措施符合相关要求。

(8) 竣工资料:

①缺陷检修记录。

②缺陷消除后的质检报告。

③检修报告。

④各种试验报告。

四、断路器检修后验收项目

1. 支柱式断路器验收项目

(1) 大修项目和调试数据符合规程标准。

(2) 修后试验合格。

(3) 计划检修项目确已合格,所修缺陷确已消除。

(4) 断路器外观完好,本体和机构油位正常,无渗油或漏油,无遗留杂物。

(5) 瓷套和所有部件清洁完好,一、二次接线正确、牢固完好。

(6) SF_6 气体和机构压力正常,微动开关位置与压力表指示相符。

(7) 远方和就地操作分合正常,位置指示正确,计数器动作正确。

(8) 压力降低时闭锁功能和信号正常。

(9) 油泵启动、运转和停止正常,热继电器整定正确。

(10) 电控箱、操作箱、液压机构箱清洁,所有部件和连接线良好,箱体密封完好,各种切换小开关位置正确,标志齐全,加热器完好。

(11) 操动机构的验收。

2. GIS、HGIS 验收项目

(1) 支架固定应牢固,接地良好可靠。

(2) 套管清洁、无损伤,桩头接线正确,连接紧固。

(3) 均压环位置正确,无倾斜、松动、变形、锈蚀情况。

(4) 操动机构(箱):

①外观检查完整、无损伤。

②机构箱固定应牢固。

③接地接触良好。

④机构箱零部件齐全、完好。

⑤机构箱及控制箱密封良好。

⑥机构箱内接线整齐、标示清楚。

⑦操动机构手动、电动储能正常,操作无卡涩、指示正确。

⑧合闸位置检查正确。

⑨辅助开关无烧损,接触良好。

⑩手动慢分慢合试验无卡阻、跳动现象。

⑪加热装置无损伤、绝缘良好。

⑫储能装置满足储能和闭锁要求。

(5) SF_6 气体的充气设备及管路应洁净、无水分油污,SF_6 气体压力符合厂家要求的各气室压力值。

(6) 接地引线与主接地网连接牢固,接地可靠;接地螺栓无锈蚀,标识正确。

(7) 汇控柜的柜门可靠关闭,设备分合指示灯正确;柜内加热器工作正常,柜内接线正确,触头无过热,端子接线正确,防火泥封堵完整。

(8) 其他:

①柜门及各类箱门关闭严密。

②分合闸指示与开关实际位置对应。

③操作计数器指示正确。

④联锁正常。

⑤控制箱零部件齐全、完好。

⑥控制箱内接线整齐、标示清楚。

⑦壳体接地牢固、良好。

⑧防爆膜完好、无缺损。

⑨电流互感器外观良好、无损伤。

⑩油漆完好,阀门开闭位置正确,构架底座无倾斜变位,连接牢固。

⑪回路接触电阻满足厂家要求值。

(9) 试验记录:试验报告合格完备。

五、隔离开关、接地开关验收项目

1. 隔离开关验收项目

(1) 操动机构、传动装置、辅助开关及闭锁装置应安装牢固、动作灵活可靠，位置指示正确。

（2）合闸时三相不同期值应符合产品的技术规定：500kV 隔离开关为 30mm；220～330kV 隔离开关为 20mm；63～110kV 隔离开关为 10mm；10～35kV 隔离开关为 5mm。

（3）相间距离及分闸时，触头打开角度和距离应符合产品的技术规定。

（4）触头应接触紧密良好。

（5）每相回路的主电阻应符合产品要求。

（6）隔离开关的电动（远方、就地）和手动操作应正常。

（7）隔离开关与接地开关之间，机械闭锁装置功能应正常。

（8）电磁锁、微机闭锁、电气闭锁回路正确，功能完善。

（9）端子箱二次接线整齐。

（10）油漆应完整、相色标志正确，接地良好。

（11）交接资料和文件应齐全：

①变更设计的证明文件。

②制造厂提供的产品说明书、试验记录、合格证件及安装图纸等技术文件。

③安装或检修技术记录。

④调试试验记录。

⑤备品、配件及专用工具清单。

2．接地开关验收的项目

（1）外观：

①外表清洁完整，瓷套表面无裂缝、伤痕。

②绝缘子金属法兰与瓷件的胶装部位涂以性能良好的防水密封胶。

③油漆应完整，相色标志正确。

（2）操动机构箱检查：

①机构箱内二次接线连接紧固。

②传动装置、二次小开关及闭锁装置应安装牢固。

③加热器型号符合标准，可以正常工作。

（3）支架及接地情况检查：

①支架及接地引线应无锈蚀和损伤,接地应良好。

②接地引下线有明显标识。

③接地引下线的固定螺栓应装有弹垫。

(4) 接线情况检查:电气连接可靠,螺栓紧固应符合力矩要求,各接触面应涂有电力复合脂;引线松紧适当,无明显过紧或过松现象。

(5) 功能验收(操作试验):

①远方、就地操作时,接地开关与其传动机构的联动应正常,无卡阻现象;分、合闸指示正确。

②接地开关与隔离开关等的机械、电气闭锁满足相关要求,闭锁装置应动作灵活、准确可靠。

③合闸时三相不同期值应符合产品的技术规定。

④相间距离及分闸时,触头打开角度和距离应符合产品的技术规定。

⑤动、静触头应接触紧密良好。

(6) 试验记录:各项试验数据合格完备。

六、母线检修后验收项目

(1) 金属构件加工、配置、螺栓连接、焊接等应符合国家现行标准的有关规定。

(2) 所有螺栓、垫圈、闭口销、锁紧销、弹簧垫圈、锁紧螺母等应齐全、可靠。

(3) 母线配置及安装架设应符合设计规定,且连接正确,螺栓紧固,接触可靠;相间及对地电气距离符合要求。

(4) 瓷件应完整、清洁;铁件和瓷件胶合处均应无损,冲油套管应无渗油,油位应正常。

(5) 油漆应完好,相色正确,接地良好。

(6) 当线夹或引流线触头拆开后,再重新恢复时,许可人员应督促专业人员用力矩扳手按照厂家规定的要求进行安装。

(7) 检查所有试验项目是否合格,能否运行。

(8) 交接验收时,应提交下列资料和文件:

①设计变更部分的实际资料和文件。

②设计变更的证明文件。

③制造厂提供的产品说明书、试验记录、合格证件、安装图纸等技术文件。

④安装技术记录。

⑤电气试验记录。

⑥备品、备件清单。

七、无功补偿检修后验收项目

1. 电容器验收项目

(1) 电容器在安装投运前及检修后，应进行以下检查：

①套管到电杆应无弯曲或螺纹损坏。

②引出线端连接用的螺母、垫圈应齐全。

③外壳应无明显变形，外表无锈蚀，所有接缝不应有裂缝或渗油。

(2) 电容器的布置与接线应正确，电容器组的保护回路应完整。

(3) 三相电容器的误差允许值应符合规定。

(4) 外壳应无凹凸或渗油现象，引出端子连接牢固。

(5) 熔断器熔体的额定电流应符合设计规定。

(6) 放电回路应完整且操作灵活。

(7) 电容器外壳及构架的接地应可靠，其外部油漆应完整。

(8) 电容器室内的通风装置应完好。

(9) 电容器瓷套无破损和裂纹。

(10) 电容器及构架无锈蚀，清洁。

(11) 电容器的修、试、校合格，记录完整，结论清楚。

(12) 缺陷处理时，应根据缺陷内容进行验收。

(13) 交接时应提供下列资料：

①改变设计的证明材料。

②制造厂提供的产品说明书、试验记录、合格证及安装图纸技术文件。

③调试试验记录。

④安装技术记录。

⑤备品、备件清单。

(14) 串联电抗器应按其编号进行安装,并应符合下列要求:

①三相垂直排列时,中间一相线圈的绕向与上下两相相反。

②垂直安装时各相中心线应一致。

③设备接线端子与母线的连接,在额定电流为1500A及以上时,应采取非磁性技术材料制成的螺栓,而且所有磁性材料的部件应可靠牢固。

(15) 串联电抗器在验收时还应检查:

①支柱应完整、无裂纹,线圈应无变形。

②线圈外部的绝缘漆应完好。

③油浸铁心电抗器的密封性能应足以保证最高运行温度下不出现渗漏。

④电抗器的风道应清洁、无杂物。

2. 干式电抗器、混凝土电抗器验收项目

(1) 干式电抗器包封完好,无起皮、脱落。

(2) 线圈外部的绝缘漆应完好。

(3) 支持绝缘子完整、无裂纹、无破损,表面清洁、无积尘,接地应良好。

(4) 电抗器风道无杂物,场地平整清洁。

(5) 引线、触头、接线端子等连接牢固完整。

(6) 户外电抗器的防雨罩安装牢固。

(7) 包封表面和支柱绝缘子按照"逢停必扫"原则进行清扫。

(8) 安全围栏安装牢固,接地良好,围栏门应可靠闭锁。

(9) 混凝土支柱的螺栓应拧紧。

(10) 混凝土电抗器的风道应清洁、无杂物。

(11) 各部位油漆应完整。

(12) 干式电抗器保护经传动试验合格。各种试验数据符合规定要求,试验数据完整,结论清楚并有记录。

(13) 引线、触头、触点墩子连接牢固、完整。

(14) 处理缺陷工作应按缺陷内容的要求验收。

(15) 交接资料和技术文件齐全。

八、避雷器检修后验收项目

(1) 现场各部件应符合设计要求。

(2) 避雷器外部应完整、无缺损,封口处密封良好。

(3) 避雷器应安装牢固,其垂直度应符合要求,均压环应水平。

(4) 阀式避雷器拉紧绝缘子应紧固可靠,受力均匀。

(5) 放电计数器密封应良好,绝缘垫及接地应良好、牢靠。

(6) 排气式避雷器的倾斜角和隔离间隔应符合要求。

(7) 带串联间隙避雷器的间隙应符合设计要求。

(8) 油漆应完整、相色正确。

(9) 引线、触头、触点端子应牢固完整。

(10) 瓷绝缘子无破损,金具完整。

(11) 低栏式布置的避雷器遮拦防误闭锁应正常,应悬挂警示牌. 栏内应无杂物

(12) 缺陷处理工作应按缺陷内容的要求进行验收。

(13) 标示牌应齐全,编号应正确。

(14) 交接资料和文件应齐全。

九、站用变压器检修后验收项目

(1) 外观清洁、顶盖无遗留物. 箱体无渗漏;油漆应完整,相色正确;本体及基础牢固,可靠接地。

(2) 附件:

①各装置的油门通向其他装置均应打开,且指示正确,注油阀应关闭,密封良好、无渗漏,油样活门应关闭,密封良好。

②分接开关位置及指示传动操作良好,远方指示信号正确,手动调节指示正确。

③油位指示正常,油温显示正常。

④冷却器连接处无渗漏油。

⑤压力释放阀位置安装方向正确．阀盖及弹簧无变动，电触点动作正确绝缘良好。

⑥呼吸器硅胶已更换，变色未超过 2/3，油封杯无渗漏油，呼吸器呼吸正常。

⑦储油柜油位正常，无渗漏油，无锈蚀。

⑧套管瓷套清洁，无机械损伤、无裂纹，套管引接线应连接牢固、无锈蚀、端子不受外力。

⑨本体接地应满足要求并可靠，接地线标志清晰。

(3) 试验记录：试验报告合格完备。

(4) 引线的连接到位，螺栓按要求打紧力矩。

十、继电保护及二次回路检验、测试及缺陷处理后验收项目

(1) 工作符合要求，接线完整，端子连接可靠，元件安装牢固。继电器的外罩已装好，所有接线端子应恢复到工作开始前的完好状态，标志清晰。有关二次回路的工作记录应完整、详细，并有明确可否运行的结论。

(2) 检验、测试结果合格，记录完整，结论清楚。

(3) 整组试验合格，信号正确，端子和连接片投退正确（调度命令除外），各小开关位置符合要求，所有保护装置应恢复到开工前调度规定的加用或停用状态，保护定值正确。保护和通道测试正常。

(4) 装置外观检查完整、无异物，各部件无异常，触点无明显振动、装置无异常声响等现象。

(5) 保护装置应无中央告警信号，直流屏内相应的保护装置无掉牌。

(6) 装置有关的计数器与专用记录簿中的记载一致。

(7) 装置的运行监视灯、电源指示灯应点亮，装置无告警信号。

(8) 装置的连接片或插件位置以及屏内的跨线连接与运行要求相符。

(9) 装置的整定通知单齐全，整定值与调度部门下达的通知单或调度命令相符。

(10) 装置的检验项目齐全，新投入的装置或装置的交流回路有异动时，需带负荷检验极性正确后，才能验收合格。

(11) 缺陷处理工作应根据缺陷内容进行验收。

(12) 继电器、端子牌清洁完好，接线牢固，屏柜密封，电缆进出洞要堵好，屏柜、端子箱的门关好。

(13) 新加和变动的电缆、接线必须有号牌，标明电缆号、电缆芯号、端子号，并核对正确。电缆标牌应标明走向，端子号和连接片标签清晰。

(14) 现场清扫整洁，借用的图纸、资料等如数归还。

(15) 对于更改了的或新投产的保护及二次回路，在投运前移交运行规程和竣工红线图，运行后一个月内移交正式的竣工图。

(16) 对于已投运过的微机保护装置应检查：①继电保护校验人员对于更改整定通知书和软件版本的微机保护装置，在移交前要打印出各CPU所有定值区的定值，并签字；②继电保护校验人员必须将各CPU的定值区可靠设置于停电校验前的状态；③由运行人员打印出该微机保护装置在移交前最终状态下的各CPU中的当前运行区定值，并负责核对，保证这些定值区均设置可靠。最后，继电保护与运行方人员在打印报告上签字。

(17) 由于运行方式需要，改变定值区后，运行人员必须将定值打印出并与整定通知书核对。

参考文献

[1] 刘赟主编. 变电运行与仿真 [M]. 重庆：重庆大学出版社，2015.

[2] 张平泽主编. 变电运行知识入门 [M]. 北京：中国电力出版社，2013.

[3] 张全元，赵连政，王永清主编. 变电运行 高压类 [M]. 北京：中国电力出版社，2013.

[4] 李建东，雷亚兰. 变电运行现场培训教材 [M]. 昆明：云南科技出版社，2013.

[5] 张全元，李洪波主编. 变电运行 超高压类 [M]. 北京：中国电力出版社，2013.

[6] 肖信昌主编. 变电运行及事故处理技术问答 [M]. 北京：中国电力出版社，2013.

[7] 本书编写组编. 变电运行现场技术问答 第 3 版 [M]. 北京：中国电力出版社，2013.

[8] 宁夏电力公司编. 变电运行 [M]. 银川：宁夏人民出版社，2008.

[9] 赵雪燕主编. 220kV 变电运行实训指导书 [M]. 北京：中国电力出版社，2013.

[10] 陈润颖，毛学锋主编. 变电设备故障诊断及分析 [M]. 北京：中国电力出版社，2013.

[11] 蔚晓红主编. 变电运行 [M]. 北京：中国电力出版社，2009.

[12] 马振良编. 变电运行 [M]. 北京：中国电力出版社，2008.

[13] 陈庆红主编. 变电运行 [M]. 北京：中国电力出版社，2006.

[14] 曹建忠主编；郑州市电业局编. 变电运行 [M]. 北京：中国电力出版社，2005.

[15] 于占统主编. 变电运行 [M]. 北京：中国电力出版社，2004.

[16] 山西省电力公司编. 图解变电运行设备巡视 [M]. 北京：中国电力出版社，2010.

[17] 福建省电力有限公司编. 供电企业员工现场安全图册 变电运行 [M]. 北京：中国电力出版社，2011.

[18] 山西省电力公司编；赵建宏主编；吴国虎副主编. 图解变电运行设备巡视危险因素辨识与控制 [M]. 北京：中国电力出版社，2011.

[19] 福建省电力有限公司组编. 变电运行岗位培训教材 技能篇 [M]. 北京：中国电力出版社，2010.

[20] 福建省电力有限公司组织编写. 变电运行岗位培训教材 基础篇 [M]. 北京：中国电力出版社，2010.

[21] 樊运晓等著. 变电运行与变电检修安全标准化作业（SSOP）[M]. 北京：化学工业出版社，2010.

[22]《供电企业生产班组作业风险辨识和控制图册》编写组编. 供电企业生产班组作业风险辨识和控制图册 变电运行 [M]. 北京：中国电力出版社，2010.

[23] 赵晓波主编. 变电运行 500kV [M]. 北京：中国电力出版社，2015.

[24] 霍宏武主编. 变电运行 110kV [M]. 北京：中国电力出版社，2015.

[25] 乌兰主编. 发电厂、变电所电气设备运行与维护 [M]. 北京：北京理工大学出版社，2017.

[26] 徐波主编. 变电设备运行维护及异常处理 [M]. 北京：中国电力出版社，2013.

[27] 薛博文编著. 变电所综合自动化系统调试与维护 [M]. 北京：北京邮电大学出版社，2014.

[28] 徐海明，周艾兵编著. 变电站直流设备使用与维护培训教材 阀控密封铅酸蓄电池 [M]. 北京：中国电力出版社，2009.

[29] 北京铁路局编. 牵引变电所运行与维护 [M]. 北京：中国铁道出版社，2015.

[30] 黄院臣，杨爱晟主编. 变电设备运行维护培训教材 一次设备篇 [M]. 北京：中国电力出版社，2016.

[31] 黄晋华主编. 变电设备运行维护培训教材 二次设备篇 [M]. 北京：中国电力出版社，2016.

[32] 王晴编著. 变电设备运行维护与值班工作手册 [M]. 北京：中国电力出版社，2014.

[33] 黄院臣主编. 变电设备运行维护培训教材 基础篇 [M]. 北京：中国电力出版社，2015.

[34] 王远璋主编；詹必川等编写. 变电设备维护与检修作业指导书 [M]. 北京：中国电力出版社，2005.

[35] 徐海明，王全胜编著. 变电站直流电源设备使用与维护 阀控密封铅酸蓄电池 [M]. 北京：中国电力出版社，2007.

[36] 祁学红，常蓬彬主编. 变电站直流电源蓄电池智能专家管理系统 [M]. 兰州：兰州大学出版社，2013.

[37] 陈连凯主编. 变电运维一体化岗位技能培训教材 [M]. 北京：中国电力出版社，2014.

[38] 宁夏电力公司编. 变电运行 [M]. 银川：宁夏人民出版社，2008.